分 析 化 学

主　编　林　洁　周　怡
副主编　李　娜　李慧婉　卫晓英
　　　　毕春慧　余永婷
参　编　徐长绘　任　瑾　任凌云
　　　　周建征　郭水英　黄丛聪
　　　　全永亮　王琳琳
主　审　杨永红

北京理工大学出版社
BEIJING INSTITUTE OF TECHNOLOGY PRESS

内 容 提 要

本书以检验检测岗位能力需求为依据，以职业能力培养为中心，体现工学结合的理念，依托校企合作，融入了相关职业标准及"1+X"职业技能等级标准要求。本书内容涵盖分析检验岗位认知、化学分析基本技能、定量分析的误差、滴定分析技术、酸碱滴定分析、配位滴定分析、氧化还原滴定分析、沉淀滴定分析、重量分析等。本书选取真实的检测任务，将实验操作视频、原理演示动画等数字化资源以二维码形式呈现，方便学生自主学习，总结技能操作核心要点，提高实践技能，实现由"技术新手"到"技术能手"的转变。

本书适用于高等院校化工、环境、食品、药品、粮食、生物等相关专业教学，也可供企业分析检测、品质控制等技术人员参考、培训或职业技能鉴定使用。

图书在版编目（CIP）数据

分析化学 / 林洁，周怡主编. -- 北京：北京理工
大学出版社，2024.1
ISBN 978-7-5763-3049-6

Ⅰ.①分…　Ⅱ.①林…②周…　Ⅲ.①分析化学-高
等学校-教材　Ⅳ.①O65

中国国家版本馆CIP数据核字（2023）第207435号

责任编辑：高雪梅		**文案编辑**：高雪梅	
责任校对：周瑞红		**责任印制**：王美丽	

出版发行 /	北京理工大学出版社有限责任公司
社　　址 /	北京市丰台区四合庄路6号
邮　　编 /	100070
电　　话 /	(010) 68914026（教材售后服务热线）
	(010) 68944437（课件资源服务热线）
网　　址 /	http://www.bitpress.com.cn
版 印 次 /	2024年1月第1版第1次印刷
印　　刷 /	河北鑫彩博图印刷有限公司
开　　本 /	787 mm×1092 mm　1/16
印　　张 /	17
字　　数 /	426 千字
定　　价 /	89.00 元

前言

检验检测行业是现代社会经济发展的重要支撑，关系到人们的健康和生活质量。为了保障检验检测行业的合规性和有效性，培养合格的检验检测人才至关重要。

一、教材编写思路

深入贯彻党的二十大报告中推动中国制造向中国创造转变、中国速度向中国质量转变、中国产品向中国品牌转变，坚定不移推进质量强国建设的战略；落实立德树人根本任务，知识传授与价值引领有机结合，促进学生"专业成才、精神成人"；反映产业最新进展，对接科技发展趋势和市场需求，彰显内容的时代性；结合职业院校学生特点，坚持以学生为中心，注重强化基本操作能力，提高质量意识、工匠意识、环境保护意识，培养严谨的科学态度、辩证思维能力。

二、教材特色

（1）以职业能力培养为主线，结合分析检验技能操作和岗位要求，以任务、知识、技能、拓展为基础框架，以工作过程为导向，以典型工作任务和检测项目为载体，借助实施步骤的训练达成最终学习目标，充分体现职业教育"教、学、思、做、悟"一体化教学理念。

（2）编写过程中广泛吸收行业、企业专家智慧，将行业新标准、产业新技术、岗位新要求纳入其中，构建跟企业需求相对应的模块，使教材更贴近生产一线需要。

（3）深化"岗课赛证"融通，内容融入"1+X"职业技能等级证书、职业资格证书、技能大赛规程等要求，实现理论教学与实践教学合一、能力培养与岗位证书对接合一、专项实训与顶岗实践合一。

（4）充分挖掘思政元素，发挥教材育人功能，引导学生严格遵守国家法律法规制度，培养学生职业道德素养，认真、严谨、科学的实验态度，绿色节约的环保意识；通过任务小贴士、拓展资源等，将爱国主义精神、工匠精神等核心内容渗透到整部教材中，树立职业荣誉感、使命感和责任感，提升综合素养，德技并修，实现全过程育人。

（5）采用活页式装订，项目内容自成体系，可根据需要有选择地使用相关内容，便于个性化教学。配套二维码资源体现"互联网+"新形势下的一体化教材由"平面"到"立体"的空间延展，可实现随时随地学习，激发学习主动性和积极性。

（6）通过任务描述、任务小贴士、任务分析、任务流程、任务实施、任务报告、任务反思、任务评价的整个过程，获得工作过程知识（包括理论和实操知识），掌握操作技能，提高职业能力，提升职业素养，可操作性强。设计科学合理、完整系统的学习效果评价体系，每个模块后面附有巩固练习，通过评价反映教学存在的问题，掌握学习效果。

本书由山东商务职业学院林洁、周怡担任主编；安徽粮食工程职业学院李娜，邯郸职业技术学院李慧婉，山东商务职业学院卫晓英、毕春慧、余永婷担任副主编。具体分工如下：模块一由李娜（安徽粮食工程职业学院）编写；模块二由毕春慧（山东商务职业学院）、周建征（烟台市食品药品检验检测中心）共同编写；模块三由周怡（山东商务职业学院）编写；模块四由余永婷（山东商务职业学院）编写；模块五由卫晓英（山东商务职业学院）编写；模块六由李慧婉（邯郸职业技术学院）编写；模块七由林洁（山东商务职业学院）编写；模块八由徐长绘（山东轻工职业学院）编写；模块九由任瑾（新疆轻工职业技术学院）、郭水英（新疆天康饲料有限公司）编写。实操视频由山东商务职业学院黄丛聪、全永亮、王琳琳，山东省粮油检测中心任凌云参与制作，林洁负责组织编写及全书整体统稿工作。全书由新疆轻工职业技术学院杨永红教授主审。

本书中的操作视频可通过微信扫描二维码观看，3D仿真实训需先下载App（应用商店搜索MLabs Pro，或扫描下方二维码），安装完成后扫描二维码，可在高度仿真环境下进行交互式练习及考试。

本书为粮食储运与质量安全专业教学资源库《分析化学》课程配套教材，相应资源已上传至智慧职教平台，课程网址为：https://zyk.icve.com.cn/courseDetailed?id=xinzapivnofgb9oxlsnha，方便读者自学及教师搭建SPOC开展线上线下混合式教学使用。

Mlabs Pro 安装
包链接

本书编写过程中，承蒙多位专家提供宝贵资料和建议，在此表示诚挚的谢意。由于编者水平有限，书中难免有疏漏之处，恳请同行和读者批评指正。

编　者

目录

数字资源列表

实操视频

序号	名称	页码	序号	名称	页码
1	容量瓶的操作	24	16	HCl 标准溶液的配制与标定	121
2	酸式滴定管的操作	25	17	混合碱的测定	124
3	碱式滴定管的操作	25	18	金属指示剂变色原理	139
4	移液管与吸量管的操作	27	19	EDTA 标准溶液的配制与标定	144
5	电子天平的操作	28	20	水的总硬度测定	146
6	直接称量法	28	21	$KMnO_4$ 标准溶液的配制与标定	175
7	固定质量称量法	29	22	双氧水中过氧化氢含量的测定	178
8	减法称量法	29	23	$Na_2S_2O_3$ 标准溶液的配制与标定	184
9	50 mL 酸式滴定管的校准	43	24	胆矾中 $CuSO_4 \cdot 5H_2O$ 含量的测定	186
10	25 mL 单标移液管的校准	43	25	I_2 标准溶液的配制与标定	192
11	100 mL 容量瓶的校准	48	26	维生素 C 含量的测定	194
12	20 g/L NaCl 溶液的配制	83	27	$AgNO_3$ 标准溶液的配制与标定	216
13	$K_2Cr_2O_7$ 标准溶液的配制	86	28	水中氯离子含量的测定	218
14	NaOH 标准溶液的配制与标定	111	29	NH_4SCN 标准溶液的配制与标定	223
15	食醋总酸度的测定	114	30	KBr 含量的测定	226

3D 虚拟仿真

序号	名称	页码	序号	名称	页码
1	化学品取用	21	6	碱灰中总碱度测定	109
2	气瓶的使用	21	7	食用白醋酸总量的测定	109
3	实验室安全基本知识	21	8	水硬度测定	142
4	突发及应急事件处理	21	9	钙盐中钙含量的测定	168
5	危险废弃物处置	21			

第一篇
匠心筑梦——入门篇

模块一　检以求真，验德铸魂——分析检验岗位认知

2020 年 12 月 17 日 1 时 59 分，嫦娥五号返回器携带月球样品成功着陆，首次实现了我国地外天体采样返回，也是人类时隔 44 年再次将月球样品带回地球，中国也就此成为继美国和苏联之后第三个采集月球土壤的国家，标志着中国航天向前迈出的一大步，而采集的月壤样本，将主要被用来研究月球的起源和演化。基于样品的重要性与珍贵性，它的物质组成与成分研究应尽可能采取无损分析的方法和策略，这就需要用到分析化学的一些手段。

你是否很好奇月壤的主要成分是什么？怎样分析月壤的成分呢？

学习目标

知识目标：

1. 了解分析检验工作的职业道德规范；
2. 熟悉分析检验员的岗位职责；
3. 掌握分析化学的任务；
4. 掌握定量分析的一般过程。

能力目标：

1. 能够判断分析化学的分类；
2. 能够正确设计定量分析方案并规范操作；
3. 能够遵守分析检验人员的职业道德规范。

素养目标：

1. 具备遵守法规、爱岗敬业、乐于奉献、吃苦耐劳的职业素质；
2. 具备诚实守信、实事求是、团结协作的品德；
3. 培养爱国情怀，增强专业自信，树立质量意识、担当意识。

模块导学

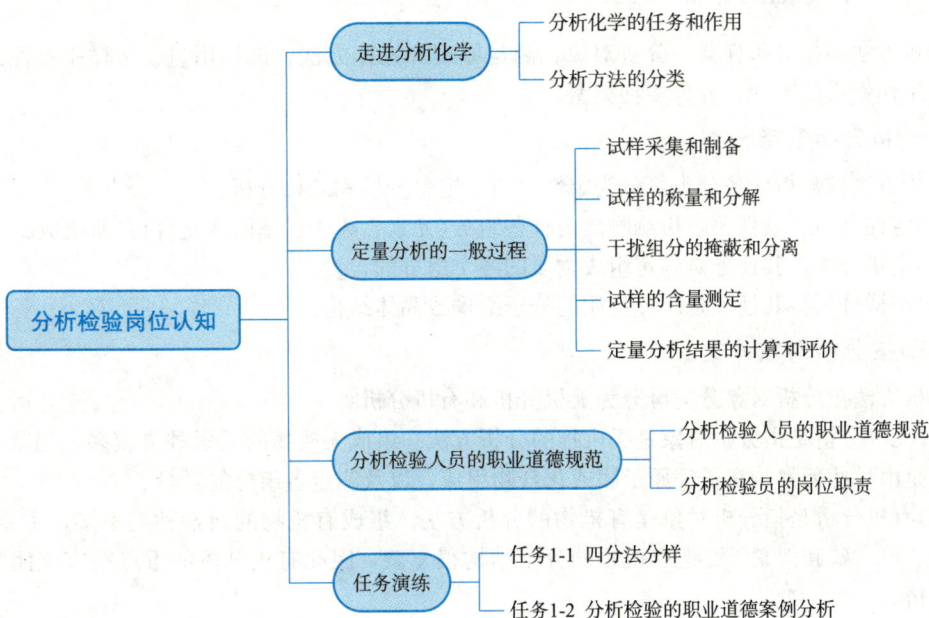

分析检验岗位认知
- 走进分析化学
  - 分析化学的任务和作用
  - 分析方法的分类
- 定量分析的一般过程
  - 试样采集和制备
  - 试样的称量和分解
  - 干扰组分的掩蔽和分离
  - 试样的含量测定
  - 定量分析结果的计算和评价
- 分析检验人员的职业道德规范
  - 分析检验人员的职业道德规范
  - 分析检验员的岗位职责
- 任务演练
  - 任务1-1　四分法分样
  - 任务1-2　分析检验的职业道德案例分析

任务资讯

知识点一　走进分析化学

一、分析化学的任务和作用

　　分析化学是研究物质的组成、含量、结构和形态等化学信息的分析方法及相关理论的一门科学，是化学的一个重要分支。

　　分析化学的主要任务是鉴定物质的化学组成、测定各组分的含量、表征物质的结构和形态，即它所要解决的问题是物质是由哪些组分组成的，这些组分在物质中是如何存在的，以及各组分的含量有多少。

　　分析化学是一门重要的工具学科。其基本理论、实验方法、分析测试技术不仅为化学科学的发展奠定了重要的基础，而且在与化学相关的其他领域也起着十分重要的作用。例如：在工业方面，从工业原料的选择、流程控制、新产品试制直至成品检验；在农业方面，从土壤成分及性质的测定，化肥、农药的分析到作物成长过程的研究；在国防建设方面，国防核武器和航天材料的生产和研制，核污染和生化污染的预警与防范，进出口贸易的原料、成品的质量检验，无不依赖分析化学的配合。另外，分析化学在生命科学、食品科学、材料科学、能源科学、环境科学、生物科学等科学技术方面，起着不可取代的作用。如病理诊断的化验、药品规格的检测、环境的监控等都需要分析化学的技术。

分析化学在工业、农业、国防建设和科学技术现代化进程中发挥着极其重要的作用，它是人类认识物质世界的"眼睛"，改造物质世界的"参谋"。

二、分析方法的分类

分析方法根据分析任务、分析对象、测定原理和操作方法、试样用量、试样中被测组分的含量、工作性质的不同，分为多种类型。

(一)按分析任务分类

分析方法按分析任务分类可分为定性分析、定量分析和结构分析。

(1)定性分析。其任务是检测物质由哪些组分(元素、离子、基团或化合物)所组成。

(2)定量分析。其任务是确定组成物质的各个组分的含量。

(3)结构分析。其任务是研究物质的分子结构或晶体结构。

(二)按分析对象分类

分析方法按分析对象分类可分为无机分析和有机分析。

(1)无机分析是指分析对象是无机物的分析方法。组成无机物的元素种类较多，通常要求鉴定试样是由哪些元素、离子、原子团或化合物组成，以及测定各组分的含量。

(2)有机分析是指分析对象是有机物的分析方法。组成有机物的元素种类不多，主要是碳、氢、氧、氮、硫和卤素等，但有机物的分子结构很复杂，因此有机分析的重点是官能团分析和结构分析。

(三)按测定原理和操作方法分类

分析方法按测定原理和操作方法分类可分为化学分析法和仪器分析法。

1. 化学分析法

以物质的化学反应为基础的分析方法称为化学分析法。化学分析法是分析化学的基础，历史悠久，又称经典分析法，主要分为滴定分析法(容量分析)和重量分析法(称量分析)。

(1)滴定分析法。将一种已知准确浓度的标准溶液，滴加到被测溶液中，直到所加的标准溶液与被测物质按化学式计量关系定量反应为止。根据标准溶液的浓度和所消耗的体积，计算出待测物质的含量。这种定量分析的方法称为滴定分析法，在常量分析中有较高的准确度。

(2)重量分析。通过化学反应及一系列操作步骤，试样中的待测组分转化为另一种组成恒定的化合物，再称量该化合物的质量，从而计算出待测组分的含量，这种方法称为重量分析法。

化学分析法的特点是仪器简单、操作方便、结果准确度高、应用范围广，常用于常量组分的测定。

2. 仪器分析法

以物质的物理和物理化学性质为基础的分析方法。这类方法通常需要较特殊的仪器，故又称为仪器分析法。它包括光学分析法、电化学分析法、色谱分析法、质谱分析法等，随着科学的发展，不断有新的分析方法出现，使仪器分析法的内容日益丰富。

仪器分析法的特点是操作简便、分析速度快、灵敏度高，适用于微量组分、痕量组分的测定。

(四)按试样用量分类

分析方法按试样用量分类可分为常量分析、半微量分析、微量分析和超微量分析。

各种分析方法的试样用量见表1-1。

表 1-1　各种分析方法的试样用量

分析方法	试样质量/mg	试液体积/mL
常量分析	＞100	＞10
半微量分析	10～100	1～10
微量分析	0.1～10	0.01～1
超微量分析	＜0.1	＜0.01

(五)按试样中被测组分的含量分类

分析方法按试样中被测组分的含量分类可分为常量组分分析、微量组分分析和痕量组分分析，见表 1-2。

表 1-2　分析方法按被测组分的含量分类

分析方法	待测组分含量/%
常量组分分析	＞1
微量组分分析	0.01～1
痕量组分分析	＜0.01

(六)按工作性质分类

分析方法按工作性质分类可分为例行分析、快速分析和仲裁分析三类。

1. 例行分析

例行分析是指一般实验室对日常生产中的原料、半成品和产品所进行的分析，又称常规分析，如工厂化验室的日常分析等。

2. 快速分析

快速分析是指简易、能在短时间内获得结果的分析，如土壤速测、炼钢厂炉前分析等。

3. 仲裁分析

仲裁分析是指不同单位对某一产品的分析结果有争议时，要求权威的机构用公认的标准方法进行准确的分析，以判断原分析结果的准确性。

知识点二　定量分析的一般过程

定量分析就是测定物质有关组分的相对含量。分析过程一般包括五个步骤：试样采集和制备、试样的称量和分解、干扰组分的掩蔽和分离、试样的含量测定、定量分析结果的计算和评价。

一、试样采集和制备

采样又称取样、扦样、抽样，是从大批物料中采集一部分物质作为原始试样。采样原则：试样应具有高度的代表性，即必须代表全部物料。因此应根据试样的来源、分析目的，采用科学的取样方法。

采样得到的试样的量很大，需要从几千克到几十克处理成几百克到几克的试样，要经过试样的制备，包括多次的破碎和缩分。缩分的方法有很多，常用四分法分样。

二、试样的称量和分解

对试样，一般称量试样的质量或体积。

大多数情况下必须将试样制成溶液后才能进行测定，方法有溶解法和熔融法。

(1)溶解法。采用适当溶剂将试样溶解制成溶液。

1)水溶法：溶剂为水，直接溶解水溶性试样。

2)酸溶法：溶剂为盐酸、硝酸、硫酸、磷酸、氢氟酸及其混合酸等，利用酸性、氧化还原性和形成配合物的作用，使不溶于水、可溶于酸的试样溶解。

3)碱溶法：溶剂为氢氧化钠、氢氧化钾、氨水等，利用碱性使试样溶解。

4)有机溶剂法：溶剂为乙醇、丙酮、三氯甲烷、苯等，适用于有机物的溶解。

(2)熔融法。对难溶于溶剂的试样，采用固体熔剂进行熔融，使之反应转化为易溶于溶剂的物质。

三、干扰组分的掩蔽和分离

采用加入掩蔽剂或分离的办法，消除干扰物质对测定的影响。常用的分离方法有萃取法、沉淀法、挥发法、色谱法等。

四、试样的含量测定

不同分析方法各有特点，应根据实际情况选用。如根据被测组分的含量来选择：测定常量组分，可用滴定分析法和重量分析法；测定微量组分，采用灵敏度较高的各种仪器分析法。

五、定量分析结果的计算和评价

根据分析数据得到定量分析结果的一般表示方法如下。

(1)固体试样：用质量分数表示。

(2)液体试样：用物质的量浓度、质量浓度、质量分数、体积分数表示。

(3)气体试样：用质量浓度、体积分数表示。

对定量分析结果进行评价时，需要形成书面报告，完整的表达包括测量次数 n、测定结果的平均值 $\bar{x}$、标准偏差 s 或相对标准偏差 RSD。

知识点三　分析检验人员的职业道德规范

职业道德是所有从业人员在职业活动中应该遵循的行为准则，涵盖了从业人员与服务对象、职业与职工、职业与职业之间的关系。随着现代社会分工的发展和专业化程度的增强，市场竞争日趋激烈，整个社会对从业人员职业观念、职业态度、职业技能、职业纪律和职业作风的要求越来越高。

一、分析检验人员的职业道德规范

1. 爱岗敬业，工作热情主动

爱岗敬业是分析检验人员实现自我价值、走向成功必备的第一心态，是分析检验人员应该具备的崇高精神，是做到求真务实、优质服务、勤劳奉献的前提和基础。分析检验人员首先要安心工作、热爱工作、献身所从事的行业，把自己远大的理想和追求落到工作实处，在平凡的工作岗位上作出不平凡的贡献。从业人员有了尊职敬业的精神，就能在实际工作中积极进取，忘我工作，把好工作质量关。对工作认真负责，把工作中所得出的成果，作为自己的天职和莫大的荣誉；同时认真总结分析工作中的不足并积累经验。

敬业奉献是从业人员的职业道德的内在要求。市场经济的发展，对分析检验人员的职业观念、态度、技能、纪律和作风都提出了新的、更高的要求。为此，分析检验人员要有高度的责任感和使命感，热爱工作，献身事业，树立崇高的职业荣誉感；要克服任务繁重、条件艰苦、生活清苦等困难，勤勤恳恳、任劳任怨、甘于寂寞、乐于奉献；要适应新形势的变化，刻苦钻研；应加强个人的道德修养，树立正确的世界观、人生观和价值观。

2. 实事求是，坚持原则，一丝不苟地依据标准进行检验和判定

实事求是中的"求"就是深入实际，调查研究。"是"有两层含义：一是是真不是假；二是是质量检验中的必然联系即规律性。分析检验人员要实事求是，坚持原则，一丝不苟地依据标准进行检验和判定。这就需要有心底无私的职业良心和无私无畏的职业作风与职业态度。如果夹杂着个人私心杂念，为了满足自己的私利或迎合某些人的私欲需要，弄虚作假、虚报浮夸就在所难免，也就背离实事求是这一基本的职业道德。实事求是、坚持原则的具体要求体现在以下几点。

（1）坚持真理。坚持实事求是的原则，办事情、处理问题要合乎公理正义，秉公办事。在大是大非面前立场坚定，照章办事，坚持原则，行所当行，止所当止，要敢于说"不"。

（2）公私分明。不能凭借自己手中的职权，谋取个人私利，损害社会、集体和他人利益，分析检验人员不能因为一己之私给出不合格的检验报告。

（3）公平公正。按照原则办事，处理事情合情合理，不徇私情。在发展市场经济、重视利益和利益关系多样化的情况下，做到公平公正是十分可贵的，做到公平公正，就要坚持按照原则办事。

（4）光明磊落。做人做事没有私心，胸怀坦白，行为正派，坚持办事公道的重要准则，是做人的一种高尚品德，也是对从业者品德的重要要求。

3. 要有扎实的基础理论知识与熟练的操作技能

分析检验的内容十分丰富，涉及的知识领域也十分广泛。分析方法不断更新，新工艺、新技术、新设备不断涌现，没有一定的基础知识是不能适应的。即使是一些常规分析方法，也包含较深的理论原理，如果没有一定的理论基础去理解它、掌握它，只能是知其然而不知其所以然，很难完成组分多变的、复杂的试样分析，更难独立解决和处理分析中出现的各种复杂情况。认为检验工作只是会摇瓶子、照方抓药的"熟练工"是与时代不相符的陈旧观念。当然，熟练掌握操作技能和过硬的基本功是分析检验者的起码要求，说起来头头是道而干起来却一塌糊涂的"理论家"也是不可取的。

4. 遵纪守法，不谋私利

遵纪守法是指从业人员都要遵守纪律和法律，尤其要遵守职业纪律和与职业活动相关的法律法规。遵纪守法是从业人员的基本要求。要做到遵纪守法，必须做到学法、知法、守法、用法，必须遵守企业各项纪律和规范。

首先，从业人员应有法律观念，知法、守法、护法。严格遵守与自己职业活动有关的各种法律法规（如《中华人民共和国计量法》《中华人民共和国产品质量法》《中华人民共和国标准化法》等）。

其次，从业人员要自觉遵守职业纪律。职业纪律是在特定的职业活动范围内，从业人员必须共同遵守的行为准则。它包括劳动纪律、组织纪律、财经纪律、群众纪律、保密纪律、宣传

纪律、外事纪律等基本纪律和各行各业的特殊纪律要求。

5. 遵守劳动纪律，注意安全

分析检验工作者是与量和数据打交道的，稍有疏忽就会出现差错。因点错小数点而酿成重大质量事故的事例足以说明问题；随意更改数据、谎报结果更是一种严重的犯罪行为。分析工作是一项十分仔细的工作，这就要求分析检验工作者心细、眼灵，对每一步操作必须谨慎从事，来不得半点马虎和草率，必须严格遵守各项操作规程。

分析检验人员经常接触强酸、强碱等腐蚀性溶液，苯、四氯化碳等有毒的有机溶剂。所以在工作过程中要注意安全，做到"三不伤害"原则，即不伤害自己、不伤害别人、不被别人伤害。

6. 要有不断创新的开拓精神

科学在发展，时代在前进，分析工作更是日新月异。作为一个分析工作者，必须在掌握基础知识的条件下，不断地去学习新知识。更新旧观念，研究新问题，及时掌握本学科、本行业的发展动向，从实际工作需要出发开展新技术、新方法的研究与探索，以促进分析技术的不断进步，满足生产的新要求。

二、分析检验员的岗位职责

(1)认真贯彻执行质量检验标准(规程)，严格执法，不徇私情，正确判断，对检验结果的正确性负责。

(2)按时完成检验任务，防止漏检、少检和错检，确保生产顺利进行。

(3)认真填写质量检验记录，做到数字准确、字迹清晰、结论明确，并将检验记录分类建档保存。

(4)贯彻执行检验状态标识的规定，防止不同状态的物资、产品混淆。检查、监督生产过程中的状态，请保留此标记执行情况，对不符合要求的予以纠正。

(5)负责进料、过程和成品的质量状况的统计和分析工作，并提出改进的意见和建议。

(6)搞好首检，加强巡检，特别要加强质控点的巡检，发现问题及时纠正。对于将不合格品混入下道工序的行为有权制止和批评。

(7)发现重大质量问题立即向生产、技术质量部门反映，以便及时采取措施，减少损失。

(8)有权制止不合格品的交付和使用。

(9)有权对个别的、一般性的不合格品作出处置。

(10)认真参加培训学习，努力提高自身的综合素质。

任务演练

任务 1-1　四分法分样

■任务描述

某面粉公司对生产的某一批次面粉进行质量检验，采样员共采集面粉样品 400 g，检测所需样品为 50 g。为了满足检验需要同时保证样品的均匀性，分取的样品也需要有代表性，请你设计分样方案，并按照规范用四分法进行分样。

任务小贴士

　　准确、可靠的分析检验结果，源于分析样品的代表性、均匀性。而由于原料成分、生产工艺条件的波动及水分、粒度、硬度等因素的影响，往往会造成产品成分含量和组成结构波动变化且不均匀。为此，分取出成分均匀的分析样品，使其与被检测对象的品质特征具有符合性，直接影响检测数据的质量。在样品检测之前，要正确掌握待测样品的相关标准和实验方法，才能采用相应的制备方法制备出检验用的样品。

任务分析

(1)四分法分样适用于什么类型的检测样品？

(2)四分法分析需要用到哪些仪器？

任务流程

任务实施

　　四分法分样适用于固体、颗粒、粉末状样品。用分样板先将样品混合均匀，然后按2/4的比例分取样品的过程，叫作四分法分样(图1-1)。操作步骤如下。

(1)将样品倒在光滑平坦的桌面或玻璃板上。

(2)用分样板把样品混匀。

(3)将样品摊成等厚度的正方形。

(4)用分样板在样品上划两条对角线，分成两个对顶角的三角形。

(5)任取其中两个三角形为样本。

(6)将剩下的样本再混合均匀，然后按以上方法反复分取，直至最后剩下的两个对顶角三角样品接近所需试样重量为止。

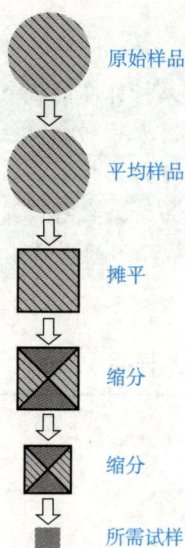

图 1-1 四分法分样

任务报告

任务反思

任务评价表

班级：_____   姓名：_____   学号：_____   成绩：_____

考核项目	考核要点	考核标准	配分	得分
知识考核（20分）	任务认知程度	认真阅读工作任务单，明确任务内容；分析任务，利用各种学习资源完成相关知识的学习（记笔记、认真听讲、积极讨论等）	10	
		课堂回答、课外作业完成好，并能灵活运用所学知识解答实际问题		
	任务决策计划	能查阅相关标准，绘制实验流程，计划科学、可行性强	10	

续表

考核项目	考核要点	考核标准	配分	得分
能力考核（50分）	任务实施过程	仪器准备充分	10	
		天平使用规范，称样量范围≤±5%	5	
		分样操作规范	15	
	任务检查评价	工作过程有条理、整洁有序、时间安排合理	2	
		计算方法及结果正确	10	
		精密度、准确度符合要求，报告规范	5	
		任务完成后能进行总结、反思	3	
素养考核（30分）	工作态度	守纪律（不迟到、早退、喧哗、串岗）、认真仔细、实事求是，无作弊或编造数据等行为	5	
		环保、安全、节约（废纸、废液处理，节约试剂等）	2	
		文明操作（实验台整洁、物品摆放合理等）	2	
	学习能力	运用各种媒体学习、提取信息、获取新知识	2	
		学习中能够发现问题、分析问题、归纳总结、解决问题	2	
	工作能力	按工作任务要求，完成工作任务	2	
		对工作过程和工作质量进行全面、客观的评价	2	
		工作过程中具备组织、协调、应变能力	2	
	创新能力	学习中能提出不同见解	2	
		工作中提出多种解决问题的思路、完成任务的方案等	2	
	团结协作	服从老师、组长的任务分配，积极参与并按时完成	3	
		能认真对待他人意见，与同学密切协作、互相帮助、互相探讨	2	
		遇到问题商量解决，不互相推责	2	
合计			100	

任务考核单

班级：_____　姓名：_____　学号：_____　成绩：_____

试题名称		四分法分样				时间：25 min		
序号	考核内容	考核要点	配分	评分标准		扣分	得分	备注
1	操作前的准备	(1)穿工作服	5	未穿工作服扣5分				
		(2)天平检查、调试	5	(1)未检查天平水平扣2分				
				(2)未调试天平零点扣3分				
		(3)清理桌面	5	(1)未清理扣3分				
				(2)清理不规范扣2分				
		(4)检查样品	5	未检查样品扣5分				

试题名称		四分法分样			时间：25 min		
序号	考核内容	考核要点	配分	评分标准	扣分	得分	备注
2	操作过程	(1)称量原始样品	5	称量操作不规范扣5分			
		(2)计算分样次数	5	计算不正确扣5分			
		(3)填写分样方案	10	未填写分样方案扣10分，填写不规范扣5分			
		(4)混合试样	20	(1)混合不充分扣10分			
				(2)中心点移动扣5分			
		(5)缩分试样	20	(1)四边形不规整、厚薄不一各扣5分			
				(2)四个三角形大小不一致、分样不均衡各扣5分			
		(6)分至接近所需试样量	10	未接近所需试样量，根据具体情况酌情扣5~10分			
		(7)原始记录	5	原始数据记录不规范、信息不全扣1~5分			
3	文明操作	清理仪器、用具、实验台面	5	实验结束后未清理扣5分			
4	安全及其他	(1)不得损坏仪器、用具	—	损坏一般仪器、用具按每件10分从总分中扣除			
		(2)不得发生事故	—	发生事故停止操作			
		(3)在规定时间内完成操作	—	每超时1 min从总分中扣5分，超时达3 min即停止操作			
合计			100				

否定项：若考生发生下列情况，则应及时终止其考试，考生该试题成绩记为零分。
①违章操作；②发生事故

任务 1-2　分析检验的职业道德案例分析

■任务描述

　　某公司化验员小 A 这天完成了检验工作后，收拾好东西准备下班接孩子放学，眼看还有 1 min 就可以打卡走人的时候，突然办公室的电话响了，她刚要迈步过去接，又犹豫了起来，这个电话会不会是紧急质量检测任务？如果是的话，那么她就得留下加班，眼看还有 1 min 就可以下班了，孩子的放学时间也快到了，接电话还是假装没听见？如果你是小 A，你会怎么选呢？

☀任务小贴士

　　质量是企业的生命线，检验员应倡导以爱岗敬业、诚实守信、办事公道、服务群众、奉献社会为主要内容的职业道德，鼓励人们在工作中做一个优秀的建设者。

任务实施

(1)请你列出可能会想到的处理方法，并阐明该方法对你有何利弊。选出你认为最佳的处理方法。

(2)小组内分享各自的做法，选出最佳的处理方法。

(3)各小组之间分享本组最佳做法，选出最佳的处理方法。

任务评价表

班级：＿＿＿＿＿＿　　姓名：＿＿＿＿＿＿　　学号：＿＿＿＿＿＿　　成绩：＿＿＿＿＿＿

序号	考核项目	评价指标	配分	得分
1	知识考核 （20分）	(1)对职业道德规范的理解与运用	10	
		(2)分析检验员的岗位职责的掌握	10	
2	能力考核 （50分）	(1)仪表大方、谈吐自如、条理分明	10	
		(2)声音清晰、言简意赅、突出重点	10	
		(3)在规定时间内完成，时间分配合理	10	
		(4)内容积极向上，正向引导	10	
		(5)能认真听取他人意见，及时修改	10	
3	素养考核 （30分）	(1)守纪律(不迟到、早退、喧哗、串岗)、认真仔细、实事求是	10	
		(2)服从任务分配，积极参与并按时完成	10	
		(3)与同学团结协作、互相帮助、互相探讨	10	
	合计		100	

任务考核单

班级：_____ 姓名：_____ 学号：_____ 成绩：_____

试题名称		分析检验的职业道德案例分析			时间：5 min		
序号	考核内容	考核要点	配分	评分标准	扣分	得分	备注
1	仪表	仪表大方、谈吐自如、条理分明	30	(1)仪表不大方扣10分			
				(2)谈吐不自如扣10分			
				(3)条理不清晰扣10分			
2	声音	声音清晰、言简意赅、突出重点	30	(1)声音不清楚扣10分			
				(2)语言不简洁扣10分			
				(3)重点不突出扣10分			
3	内容	内容积极向上，正向引导	30	(1)内容消极扣15分			
				(2)引导不正确扣15分			
4	时间	在规定时间内完成	10	超时1分钟扣5分			
	合计		100				

拓展资源

我国兴奋剂检测的奠基人——周同惠院士

周同惠(1924—2020年)，广西桂林人，中国科学院院士，分析化学家，长期致力于将分析化学新技术、新方法用于药物分析，成绩显著。特别是筹建中国兴奋剂检测中心，建立了5大类、100种禁用药物的分析检测方法，为我国主办亚运会和奥运会作出了突出贡献。

1984年，北京获得1990年第十一届亚洲运动会的主办权。按规定，主办国必须承担运动员的兴奋剂检测任务。韩国曾为第十届汉城奥运会的兴奋剂检测工作筹备10年，耗资上百万美元建立实验室，却因没有通过国际奥委会的考试，不得不花大价钱聘请联邦德国专家主持检测。而作为1990年亚运会东道主的中国，在这一关键领域上仍是空白。

兴奋剂检测是难度很高的高科技成果，有人曾经做过这样一个形象的比喻：兴奋剂检测的难度相当于在50 m长、25 m宽、2 m深的游泳池内放一勺糖，取样化验出含哪一种糖，及含量为多少，10个尿样涉及100种兴奋剂，难度可想而知。同时在仪器设备、人员组成、建立的分析方法和方法灵敏度、掌握的标准品、运动员在服药后的阳性尿是否齐全等方面都有一定要求。以上各项都要获得通过，才能有资格从事兴奋剂检测工作，其检测结果才为有效。

要建立一个兴奋剂检测实验室绝不是一件容易的事。欧洲老牌的实验室，历史最长的有25年，根据他们的经验，要建立并完善一个兴奋剂检测实验室并取得合格证书至少要花上8至10年的时间。

1985年11月国家体委决定筹建中国自己的兴奋剂检测中心。周同惠受命担任中国兴奋剂检测中心主任，负责筹建中国自己的兴奋剂检测实验室。他带领33人的集体从1986年3月开始，持续到1989年11月，历时仅3年零8个月，建立了5大类、100种违禁药物的气相色谱、高效液相色谱及气相色谱—质谱联用的检测和确证方法，经过国际奥委会医学委员会 4 次预考及 1 次正式考试，终于通过了国际奥委会兴奋剂检测资格考试，成为世界上第 20 个、亚洲第三个、发展中国家第一个国际奥委会承认的兴奋剂检测中心（实验室）。

在这样简陋的科研条件下，周同惠带领着老专家和年轻知识分子们能克服困难，勇于创新，强烈的爱国情怀和为国争光的强烈信念是其中的重要原因之一。

巩 固 练 习

一、单选题

1. 下面论述中说法正确的是（　　）。

　A. 按测定原理和操作方法不同，分析方法可以分为仪器分析法和化学分析法

　B. 按测定原理和操作方法不同，分析方法可以分为定性分析和定量分析

　C. 按分析对象不同，分析方法可以分为仪器分析法和化学分析法

　D. 按分析对象不同，分析方法可以分为定性分析和定量分析

2. 按被测组分含量来分，分析方法中常量组分分析指含量（　　）。

　A. $<0.1\%$　　　　B. $>0.1\%$　　　　C. $<1\%$　　　　D. $>1\%$

3. 定量分析的化学分析法可分为（　　）。

　A. 光谱分析法、电化学分析法　　　　B. 重量分析法、光谱分析法

　C. 重量分析法、滴定分析法　　　　D. 滴定分析法、电化学分析法

4. 试样取样量为 1～10 mL 的分析方法称为（　　）。

　A. 微量分析法　　B. 常量分析法　　C. 半微量分析法　　D. 痕量分析法

5. 分析化学依据分析的原理不同可分为（　　）。

　A. 定性分析、定量分析、结构分析　　B. 无机分析、有机分析

　C. 化学分析、仪器分析　　　　D. 常量分析、半微量分析、微量分析

6. 采集试样的原则是试样具有（　　）。

　A. 典型性　　　B. 代表性　　　C. 统一性　　　D. 随意性

7. 一般测定无机样品首先选择的溶剂是（　　）。

　A. 酸　　　　B. 碱　　　　C. 水　　　　D. 有机溶剂

8. 试样的制备操作步骤不包括（　　）。

　A. 破碎　　　B. 过筛　　　C. 混匀　　　D. 溶解

9. 下列说法中，违背实事求是、坚持原则的选项是（　　）。

　A. 某商场售货员按照顾客到来的先后次序为他们提供服务

　B. 某宾馆服务员根据顾客需求提供不同的服务

　C. 某车站服务员根据需求开办特殊购票窗口

　D. 某工厂管理人员不分年龄、性别安排相同的工种

10. 某公司人力资源部经理负责招聘一位出纳，在最终确定的两个候选人中一个是他的朋友，另一个是陌生人。假如你是经理，你会采取以下哪种做法？（　　）

　A. 聘用朋友　　　　B. 聘用陌生人

　C. 抓阄决定　　　　D. 由考核结果决定

二、多选题

1. 面对目前越来越多的择业机会，在以下说法中，你认为可取的是(　　)。
   A. 树立干一行、爱一行、专一行的观念
   B. 多转行，多学习知识，多进行锻炼
   C. 可以转行，但不可盲目，否则不利于成长
   D. 干一行就要干到底，否则就是缺少职业道德

2. 下列有关爱岗敬业的说法中，正确的是(　　)。
   A. 爱岗敬业就是一辈子不换岗
   B. 孔子所说的"敬事而信"，包含着爱岗敬业的观念
   C. 提倡爱岗敬业，在某种程度上会遏制人们的创造热情
   D. 职业选择自由与爱岗敬业不矛盾

3. 下列选项中符合实事求是、坚持原则的是(　　)。
   A. 顾全大局，服从上级　　　　　　B. 秉公执法，不徇私情
   C. 知人善任，培养亲信　　　　　　D. 原则至上，不计得失

4. 实事求是、坚持原则是(　　)。
   A. 企业生存和发展的重要条件　　　B. 抵制不正之风的客观要求
   C. 企业勤俭节约的重要内容　　　　D. 企业正常运转的基本保证

5. 符合坚持真理要求的是(　　)。
   A. 坚持实事求是的原则　　　　　　B. 尊敬师长就是坚持真理
   C. 敢于挑战权威　　　　　　　　　D. 多数人认为正确的就是真理

6. 职业技能的形成主要依赖于(　　)。
   A. 人的职业实践活动　　　　　　　B. 人际关系
   C. 人的先天生理条件　　　　　　　D. 接受教育的程度

7. 关于爱岗与敬业的论述，你认为正确的是(　　)。
   A. 爱岗与敬业是相互联系的　　　　B. 敬业不一定爱岗
   C. 爱岗敬业是现代企业精神　　　　D. 爱岗不一定敬业

8. 关于职业纪律表述正确的是(　　)。
   A. 每个从业人员在开始工作前，就应明确职业纪律
   B. 从业人员只有在工作过程中才能明白职业纪律的重要性
   C. 从业人员违反职业纪律造成损失，要追究其责任
   D. 职业纪律是企业内部的规定，与国家法律无关

三、判断题

1. 仪器分析的特点是测量灵敏度高，因此准确度差。　　　　　　　　　　　　(　　)
2. 四分法缩分样品，弃去相邻的两个扇形样品，留下另两个相邻的扇形样品。　(　　)

四、简答题

2004年，袁隆平领导的超级杂交稻项目不断取得重大突破，在育种方面提前一年实现了大面积亩产超过800 kg的目标，这意味着每年又可以多养活7 500万人。

在杂交水稻研究的初期，他实在拿不出钱来买遮光器物，就用墨水把自己唯一的床单染黑来充当。袁隆平的老母亲经常看到儿子带着一身臭汗，疲惫地回到家里，有一次终于忍不住双眼发潮，泣不成声地说："儿啊，你要干，妈知道也拉不住你。但毕竟一个人不该累死累活一辈子吧？"弟弟也劝道："二哥，我很赞成你这样坚持不懈的奋斗精神，但你已年逾花甲，怎么还跟那些二三十岁的年轻科技人员一起在泥巴田里打滚呢？你叫老人家看到怎么能不心痛！"

袁隆平回答说："人生最大的幸福是能够心情舒畅地干自己想干、爱干的事业，对于我来说，下田实验，这是一种想要穷究大自然奥秘的无限乐趣。"

请结合袁隆平的事迹谈谈你的想法。

第二篇

强技赋能——技能篇

模块二　精益求精，志在必得——化学分析基本技能

　　2018年6月，法国里昂大学的塞巴斯蒂安·维达(Sébastien Vidal)教授被告知，实验室的研究生尼古拉斯被针头扎了一下，已知针头中残留不到0.1 mL的二氯甲烷，教授急切赶去看尼古拉斯的伤口，发现事情没那么简单。距离事故发生才过去10 min左右，尼古拉斯的手指已经出现了大面积的粉色。维达教授当机立断带学生去医院处理伤口。从化学楼与校医院走路就到的工夫，学生的伤口周围已经变成紫色，甚至出现了坏死区域。而且情况迅速恶化！候诊时，尼古拉斯说自己手指"极度发烫，无法动弹"。外科医生评估伤口后，决定立即手术。此后进行了长达2 h的手术，才挽回了尼古拉斯的手指。医生切除了伤口周围的所有坏死区域，还从尼古拉斯的手臂上取下一块皮肤，移植到伤口上，以保住手指。而这一切的起因，只是不到0.1 mL的残留液体。

　　一年的时间里，尼古拉斯在繁忙的实验工作中，定期接受着手指复健、心理健康治疗。虽然手指伤口已经痊愈，但他再不能弹奏心爱的吉他了。

　　实验室无小事，每一个很小的细节、不经意的习惯，都可能会给实验室安全埋下隐患，规范操作，正确实验，才是保证自己及他人的安全。

学习目标

知识目标：

1. 了解化学分析实验室规则；
2. 掌握实验室安全知识；
3. 了解化学实验用水、化学试剂的规格及选用原则；
4. 掌握常用滴定分析仪器的使用及校准；
5. 掌握电子天平的使用方法、日常保养及维护；
6. 掌握天平的称量方法。

能力目标：

1. 能够遵守实验室规则，具备自我防护能力；
2. 能够预防并简单处理实验室安全事故；
3. 能够正确选择洗涤液洗涤玻璃仪器并干燥；
4. 能够正确识别并规范操作、使用基本仪器；
5. 能够对天平、滴定管、移液管、容量瓶等常见仪器进行维护和校准；
6. 能够根据要求选择合适的称量方法称量样品。

素养目标：

1. 树立安全意识，培养爱护公物的道德品质；
2. 具备科学严谨、规范操作的职业素养；
3. 具备节约意识和环保意识；
4. 具备精益求精的工匠精神和求真务实的科学探索精神；
5. 具备团队合作、创新探索意识。

模块导学

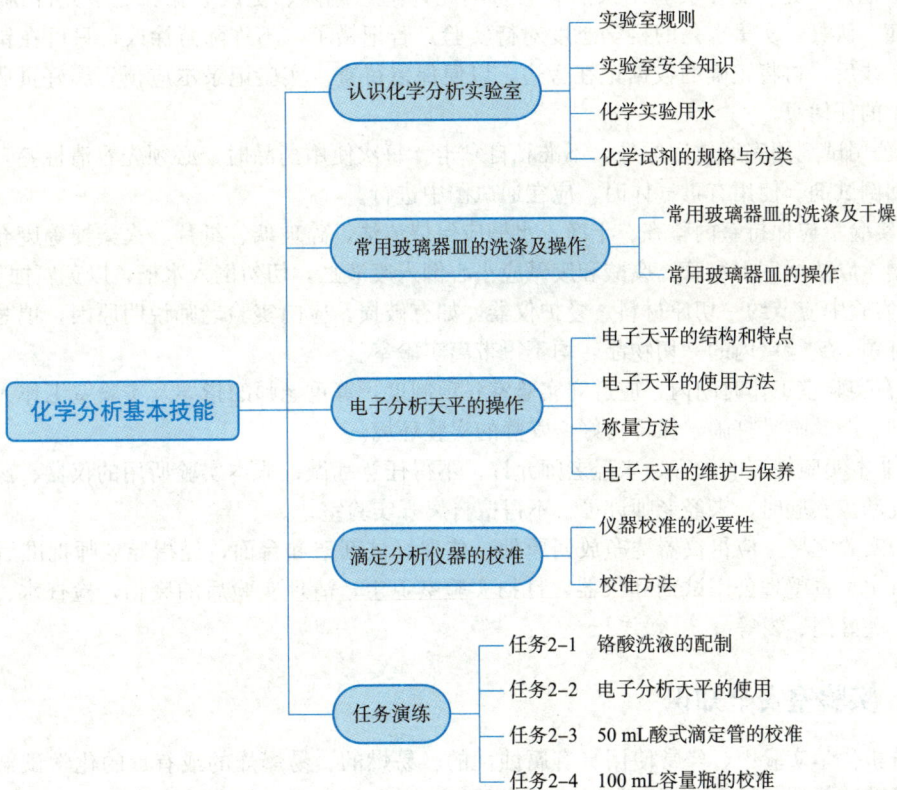

化学分析基本技能

- 认识化学分析实验室
  - 实验室规则
  - 实验室安全知识
  - 化学实验用水
  - 化学试剂的规格与分类
- 常用玻璃器皿的洗涤及操作
  - 常用玻璃器皿的洗涤及干燥
  - 常用玻璃器皿的操作
- 电子分析天平的操作
  - 电子天平的结构和特点
  - 电子天平的使用方法
  - 称量方法
  - 电子天平的维护与保养
- 滴定分析仪器的校准
  - 仪器校准的必要性
  - 校准方法
- 任务演练
  - 任务2-1　铬酸洗液的配制
  - 任务2-2　电子分析天平的使用
  - 任务2-3　50 mL酸式滴定管的校准
  - 任务2-4　100 mL容量瓶的校准

任务资讯

知识点一　认识化学分析实验室

一、实验室规则

　　实验室是分析检验工作者进行科学实验、理论联系实际、训练基本操作、培养良好工作习惯的场所。为保证实验的顺利进行并能得到正确的分析结果，在实验室进行实验时，必须遵守下列规则。

(1)实验前做好预习工作,明确实验目的和要求,领会实验原理,透彻地了解实验内容、各步操作和所用试剂的作用,写出实验预习提纲及记录格式,安排好实验顺序。

(2)进入实验室后,搞好卫生工作,查点所用的仪器,布置好实验台面。

(3)认真学习和领会"实验室安全知识"。实验时遵守操作规程,采取一切必要措施以防事故发生,随时做好水、电、煤气、门、窗等各方面的安全工作,保证实验安全。

(4)实验中,要认真操作、仔细观察,并随时做好记录。实验原始记录是得出实验结论的唯一依据。认真、忠实地做好原始数据和实验现象的记录,而且应边做实验边将所得的实验数据和现象及时、准确地记录在专用的实验记录本上,而不应将原始数据和现象记录在单页纸、教材或其他地方,更不能在实验结束后补写。不允许随意删除、更改数据,更不允许伪造数据。要以严谨、认真、实事求是的科学态度对待实验。若记错了,不许随意涂改,只可在错的数据上画删除线后,再将正确的数据记在旁边,以便保留待查。实验记录本应预先编好页码,不得撕毁其中的任何页。

(5)公用试剂用完后放回原处,不准私自拿走。每次使用药品时,必须先看清标签,严禁向试剂瓶回倒试剂。使用有毒气体时,应在通风橱中进行。

(6)实验室应保持室内整齐、干净,水槽应保持清洁,碎玻璃、纸片、火柴梗等废弃物不应扔入水槽,以防堵塞下水管,废酸和废碱应小心倒入废液缸,切勿倒入水槽,以免腐蚀下水管。

(7)实验中应节约一切原材料。爱护仪器,如有破损,应向实验老师说明原因,填写损坏单后再行补领。实验室内的一切物品,均不得带离实验室。

(8)在实验室工作时间内,应遵守实验室各项制度,尊重老师的指导及实验室工作人员的职权和劳动,严禁喧哗打闹,保持良好、安静的实验环境。

(9)非本实验规定的内容,未经老师允许,不得任意乱做;非本实验所用的仪器、药品,不得随意乱动。实验时,未经老师许可,不得擅自离开实验室。

(10)实验完毕,应将仪器洗净放回原处,整理好试剂架和台面,经指导老师批准后方可离开。值日生负责整理公用试剂和仪器,打扫实验室卫生,清理实验后的废物,检查水、电、煤气开关,关好门、窗等。

二、实验室安全知识

在分析化学实验中,经常使用具有腐蚀性的、易燃的、易爆炸的或有毒的化学试剂,大量易破损的玻璃仪器、精密分析仪器,以及煤气、水、电等,为确保实验工作的正常进行和人身安全,应对一般安全知识有所了解,并严格遵守实验室安全规则。

(1)进入实验室,首先要熟悉实验室及周围环境,记住电闸、水闸、灭火器的位置及其正确使用方法。

(2)实验室内严禁饮食、吸烟,禁止将食品带进实验室,禁止一切化学药品入口,禁止将实验器皿用作食具,离开实验室时要仔细洗手,若曾使用过有毒的试剂,还应漱口。

(3)使用煤气灯时,应先将空气孔调小,再点燃火柴,然后一边打开煤气开关,一边点火,不允许先开煤气灯,再点燃火柴。点燃的火柴用后立即熄灭,不得乱扔。点燃煤气灯后,调节好灯焰,用后随时关闭。

(4)使用电器设备时,应特别细心,切不可用湿润的手去开启电闸和电器开关,凡是漏电的仪器,不要使用,以免触电。

(5)水、电、煤气灯使用完毕后,应立即关闭。离开实验室时,应仔细检查水、电 、煤气、门、窗是否均已关好。

（6）分析天平、分光光度计、酸度计等均为分析化学实验中使用的精密仪器，使用时应严格遵守其操作规程。仪器使用完毕后，拔去插头，将仪器各部分旋钮恢复到原来位置。

（7）许多氧化剂、还原剂，如氯酸钾与硫黄等，不可在一起研磨，绝对不允许随意混合各种化学试剂，以免发生意外事故。

（8）不要俯向容器去嗅放出气体的气味，应将面部远离容器，并用手将容器口逸出的气体慢慢扇向鼻孔。凡涉及有刺激性或有毒气体（如 H_2S、HF、Cl_2、CO、NO_2、SO_2 等）的实验，必须在通风橱内进行。

（9）浓酸、浓碱具有强烈的腐蚀性，切勿溅在皮肤、衣服或鞋袜上，更应注意保护眼睛。使用浓 HNO_3、浓 HCl、浓 H_2SO_4、浓氨水时，均应在通风橱中操作，绝不允许在实验室加热。稀释浓 H_2SO_4 时，应将浓 H_2SO_4 慢慢地加入水中，并不断搅拌，切不可把水加入浓 H_2SO_4，以免酸液溅出，引起灼伤。

（10）使用 CCl_4、乙醚、苯、丙酮、三氯甲烷等有机溶剂时，一定要远离火焰和热源。使用完后将试剂瓶塞严，放在阴凉处保存。用过的试剂应倒入回收瓶，不要倒入水槽。低沸点的有机溶剂不能直接在火焰上或热源（煤气灯或电炉）上加热，而应采用水浴加热。

（11）热的浓 $HClO_4$ 遇到有机物易发生爆炸。如果试样为有机物，应先用浓 HNO_3 加热，使之与有机物发生反应，待有机物被破坏后，再加入 $HClO_4$。蒸发 $HClO_4$ 所产生的烟雾易在通风橱中凝聚，如经常使用 $HClO_4$ 的通风橱应定期用水冲洗，以免 $HClO_4$ 的凝聚物与尘埃、有机物作用，引起燃烧或爆炸，造成事故。

（12）汞盐、钡盐、重铬酸盐等为有毒物品，砷化物、氰化物则为剧毒物品，使用时应特别小心。特别是氰化物，不能在酸性介质中使用，因为它与酸作用时产生含有剧毒的 HCN。含氰化物的废液应倒入碱性亚铁盐溶液，将其转化为亚铁氰化铁盐类，然后做废液处理，严禁直接倒入下水道或废液缸。

（13）如发生烫伤，可在烫伤处抹上黄色的苦味酸溶液或烫伤软膏。严重者应立即送医院治疗。

（14）如发生玻璃碎片割伤，应立即取出伤口内的玻璃碎片，并用水洗净伤口，涂以碘酒或红汞药水，或用创可贴贴紧，严重者需立即送医院治疗。

（15）实验室如发生火灾，应根据起火的原因有针对性地灭火。酒精、丙酮、松节油等有机物及其他可溶于水的液体着火时，可用水灭火；金属钠及汽油、乙醚等有机溶剂着火时，用砂土扑灭，绝对不能用水，否则易扩大燃烧面；导线或电器着火时，不能用水及二氧化碳灭火器灭火，而应首先切断电源，用 CCl_4 灭火器灭火；衣服着火时，切忌奔跑，而应就地躺下滚动，或用湿衣服在身上抽打灭火。根据火情决定是否向消防部门报告。

（16）如遇汞泄漏，应立即用滴管或毛笔尽可能将汞拾起，然后用锌皮接触，使之成合金而消除，再撒上硫黄粉，使汞与硫反应，生成不挥发的硫化汞，最后清扫干净，并集中做固体废物处理。

| 3D 虚拟仿真：化学品取用 | 3D 虚拟仿真：气瓶的使用 | 3D 虚拟仿真：实验室安全基本知识 | 3D 虚拟仿真：突发及应急事件处理 | 3D 虚拟仿真：危险废弃物处置 |

三、化学实验用水

1. 实验用纯水的规格及合理选择

纯水并非绝对不含杂质，只是杂质含量极微量而已。由于制备纯水的方法不同，水中含杂质的情况也不同，我国已建立了实验室用水规格的国家标准《分析实验室用水规格和试验方法》（GB/T 6682—2008），分析化学实验室用水的级别及主要指标见表2-1。

表2-1　分析化学实验室用水的级别及主要技术指标（GB/T 6682—2008 ）

指标名称	一级	二级	三级
pH 范围（ 25 ℃）	—	—	5.0～7.5
电导率(25 ℃)/(mS·m^{-1})	≤0.01	≤0.10	≤0.50
吸光度(254 nm，1 cm 光程)	≤0.001	≤0.01	—
可溶性硅（以 SiO$_2$ 计)/(mg·L^{-1})	≤0.01	≤0.02	

注：由于在一级、二级纯度的水中，难以测定真实的 pH，对一级水、二级水的 pH 范围不做规定

根据实验对水质量的要求，合理选用适当级别的水，并注意节约用水。在化学定量分析实验中，一般使用三级水；仪器分析实验一般使用二级水；有的实验（如电分析化学、高效液相色谱等的实验）则需要使用一级水。

三级水通常采用蒸馏或离子交换的方式来制备（蒸馏水或去离子水）；二级水是将三级水再次蒸馏后制得的，可含有微量的无机、有机或胶态杂质；一级水是将二级水进一步经过石英设备蒸馏或交换混床处理后，再经 0.2 μm 微孔滤膜过滤而制得的，使其不含有溶解胶态离子杂质及有机物即可。

2. 纯水的制备方法

（1）蒸馏法。将自来水在蒸馏装置中加热汽化，水蒸气冷凝即得到蒸馏水。蒸馏法设备成本低，操作简单，但能量消耗大，只能除去水中非挥发性杂质及微生物等，不能完全除去水中溶解的气体杂质。另外，由于蒸馏装置所用材料不同，所带的杂质也不同，目前使用的蒸馏装置是由不锈钢、纯铝和玻璃等材料制成的。

（2）离子交换法。利用离子交换剂去除水中的阳离子和阴离子杂质所得的纯水，称为离子交换水或"去离子水"。去离子水的纯度比蒸馏水高，且成本低。但设备及操作较复杂，不能除去非离子型杂质，常含有微量的有机物。

（3）电渗析法。在直流电场的作用下，利用阴、阳离子交换膜对原水中存在的阴、阳离子具有有选择性渗透的性质去除离子型杂质。同离子交换法相似，此法也不能除去非离子型杂质。

3. 纯水的检验方法

纯水的质量检验指标很多，分析化学实验室主要对实验用水的电导率（或换算成电阻率）、酸碱度、钙镁离子、氯离子的含量等进行检测。

（1）电导率：选用适合测定纯水的电导率仪（最小量程为 0.02 μS/cm）测定。

（2）酸碱度：要求 pH 为 6～7。检验方法如下。

1）简易法：取 2 支试管，各加待测水样 10 mL，其中一支试管加入 2 滴甲基红指示剂不显红色，另一支试管加入 5 滴 0.1%溴麝香草酚蓝（溴百里酚蓝）不显蓝色，为符合要求。

2）仪器法：用酸度计测量与大气相平衡的纯水的 pH，值为 6～7 为合格。

（3）钙镁离子：取 50 mL 待测水样，加入 pH＝10 的氨水－氯化铵缓冲液 1 mL 和少许铬黑

T(EBT)指示剂，不显红色(应显纯蓝色)。

(4)氯离子：取 10 mL 待测水样，用 2 滴 1 mol/L HNO_3 酸化，然后加入 2 滴 10 g/L $AgNO_3$ 溶液，摇匀后不浑浊为符合要求。

在化学分析法中，除配位滴定必须用去离子水外，其他方法均可采用蒸馏水。分析实验用的纯水必须注意保持纯净、避免污染。通常采用以聚乙烯为材料制成的容器盛载实验用纯水。

四、化学试剂的规格与分类

分析化学实验中所用试剂的质量，直接影响分析结果的准确性，因此应根据所做实验的具体情况，如分析方法的灵敏度与选择性，分析对象的含量及对分析结果准确度的要求等，合理选择相应级别的试剂，在保证实验正常进行的同时，又可避免不必要的浪费，另外，试剂应合理保存，避免沾污和变质。

化学试剂的种类繁多，各国对化学试剂的分类和分级的标准不尽一致。根据化学试剂中所含杂质的多少，将实验室普遍使用的一般试剂划分为四个等级，见表 2-2。

表 2-2　化学试剂的级别和主要用途

级别	中文名称	英文标志	标签颜色	纯度	主要用途
一级	优级纯	G. R.	绿色	纯度高，杂质极少，99.8%	精密分析实验标准溶液的配制
二级	分析纯	A. R.	红色	纯度略低于优级纯，杂质略高于优级纯，99.7%	一般分析实验
三级	化学纯	C. P.	蓝色	纯度较分析纯差，但高于实验试剂，≥99.5%	教学及一般化学实验
四级	实验试剂	L. R.	棕色等	纯度比化学纯差，但比工业品纯度高	实验辅助试剂

另外，还有基准试剂、色谱纯试剂、光谱纯试剂等，它们都属于高纯品(≥99.99%)。其中，基准试剂的纯度相当于或高于优级纯试剂。基准试剂作为滴定分析中的基准物是非常方便的，也可用于直接配制标准溶液。

知识点二　常用玻璃器皿的洗涤及操作

一、常用玻璃器皿的洗涤及干燥

1. 常用玻璃器皿的洗涤

在定量分析实验中，常使用有刻度的容量玻璃仪器，如容量瓶、滴定管、吸量管等，若器皿内壁不洁净，则会引入测量误差。为了保证分析结果的准确性和良好的精密度，在分析实验中，必须保持玻璃仪器的洁净。

洗净的玻璃器皿内外清洁透明，水沿内壁流下后，均匀润湿，不挂水珠。可根据实验要求、污物的性质及程度选用洗涤剂。一般而言，附着在玻璃器皿上的污物有尘土、不溶性物质、可溶性物质和有机物质等，用自来水和刷子可除去仪器上的尘土、不溶性物质、可溶性物质，用去污粉、合成洗涤剂可除去油污和有机物质。也就是说，一般的器皿如烧杯、离心试管等，可先用自来水冲洗，再用去污粉刷洗，接着用自来水冲洗，最后用洗瓶的纯水涮洗2～3次。如仍不洁净，可用洗液洗净，通常选用铬酸洗液。有刻度的容量器皿如容量瓶、滴定管、吸量管等，为了保证容积的准确性，不宜用刷子刷洗，应选用铬酸洗液洗涤。

铬酸洗液常用来洗涤不宜用毛刷刷洗的器皿，可除去油脂及还原性污垢。其配制方法如下：称取 10 g $K_2Cr_2O_7$ 固体于烧杯中，加入 20 mL 水，搅拌下缓慢加入 180 mL 浓 H_2SO_4，溶液呈暗红色，储存于磨口玻璃瓶中备用，因浓 H_2SO_4 易吸水，需用磨砂玻璃塞盖好。铬酸洗液是酸性很强的强氧化剂，腐蚀性很大，易烫伤皮肤，烧毁衣服，且铬有毒，因此使用时一定要注意安全。铬酸洗液使用多次后，颜色会慢慢改变，当变为绿色时（$K_2Cr_2O_7$ 被还原为 Cr^{3+}），洗液失效，需重新配制。值得注意的是，不管在洗液使用过程中还是洗液失效后，都不能将洗液倒入下水道，以免造成环境污染，只能倒入废液回收瓶，另行处理。

洗涤仪器时，应注意按照少量多次的原则，尽量将仪器洗涤干净。为了避免有些污染难以洗去，要求在实验完毕后立即将所用仪器洗涤干净，养成用完即洗净的习惯。凡是洗净的仪器，绝不能再用布或纸擦拭，否则其纤维会留在器壁上而沾污仪器。

2. 仪器的干燥

实验用的仪器除要求洗净外，有些实验还要求仪器干燥，不附有水膜，如用于精确称量的盛载仪器；用于计量或盛有一定浓度溶液的仪器等。仪器的干燥有下列方法可采用。

(1)晾干。不急用的仪器，洗净后倒置在实验柜内或仪器陈列架上，任其自然干燥。

(2)烘干。将洗净的仪器，尽量倒净水后，放进烘箱内，温度控制在 105 ℃ 左右烘干。仪器放进烘箱时口应朝下，并在烘箱的最下层放一瓷盘，承接从仪器上滴下的水，以免水滴在电热丝上，损坏电热丝。木塞、橡皮塞不能与仪器一同干燥，玻璃塞虽可同时干燥，但应从仪器上取下来，以免烘干后卡住，取不下来。

(3)烤干。烧杯、蒸发皿等可放在石棉网上，用小火焰烤干。试管可用试管夹夹住后，在火焰上来回移动，直至烤干，但试管口必须低于管底，以免水珠倒流到灼热部位，使试管炸裂，待烤到不见水珠后，将管口朝上赶尽水汽。

(4)用有机溶剂干燥。加一些易挥发的有机溶剂（常用酒精和丙酮）到洗净的仪器中，把仪器倾倒并转动，使仪器壁上的水和有机溶剂互相溶解、混合，然后倒出有机溶剂，少量残留在仪器中的混合物很快挥发而干燥。如用电吹风吹，则干得更快。带有刻度的计量仪器不能用加热的方法进行干燥，因为加热会影响这些仪器的精密度。

二、常用玻璃器皿的操作

1. 容量瓶的使用

(1)容量瓶的形状与规格：容量瓶是一种细颈梨形的平底瓶，带有磨口塞。由棕色或无色玻璃制成，瓶颈上有一刻度线，瓶上标有温度和容积，表示在所指温度下（一般为20 ℃），当液体充满到弯月面与标线相切时，瓶内溶液体积恰好与瓶上所标示的体积相等。容量瓶用来配制准确浓度或稀释溶液，通常有 5 mL、10 mL、25 mL、50 mL、100 mL、500 mL、1 000 mL 等各种规格。

实操视频：容量瓶的操作

(2)容量瓶的使用方法：分为检查、洗涤、转移、定容、摇匀5步。

1)检查：使用前检查容量瓶是否漏水。检查方法：在瓶内注入适量水，盖紧瓶塞，右手握住瓶底，左手按住瓶塞，把瓶倒立约2 min，观察瓶塞周围是否有水渗出。如果不漏水，将瓶直立后，转动瓶塞180°再检查一次，若不漏水，才可使用。

2)洗涤：如果无明显油污，可用自来水冲洗，如不能洗净，则需用铬酸洗液浸泡，然后用自来水反复冲洗，最后用少量纯化水润洗2~3次。

3）转移：配制溶液时，先将称好的试剂在烧杯中用适量的蒸馏水溶解，然后在玻璃棒的引流下，将溶液转移至容量瓶，溶液全部流完后，将烧杯嘴沿玻璃棒向上提起1~2 cm并同时直立，使附着在玻璃棒与烧杯嘴之间的溶液流回烧杯，然后烧杯离开玻璃棒（图2-1）。用少量蒸馏水洗涤烧杯和玻璃棒，按同样方法将洗涤液转入容量瓶，重复冲洗3次。

4）定容：定量转移后，加蒸馏水到容量瓶容积的2/3，旋摇容量瓶，使溶液初步混合。然后慢慢加蒸馏水至液面距标线1~2 cm处，改用滴管滴加，直至凹液面最低点与标线相切。

5）摇匀：盖好瓶塞，一只手手指握住瓶底，另一只手食指压紧瓶塞，将容量瓶倒转摇动数次，再直立。如此反复10~20次，使溶液充分混匀（图2-2）。

注意：容量瓶不能长期存放溶液，配好的溶液应倒入洁净干燥的试剂瓶。

2. 滴定管的使用

（1）滴定管的形状和规格。滴定管按形状一般可分为两种：一种是下端带有活塞的酸式滴定管，用于盛放酸性溶液或氧化性溶液；另一种是碱式滴定管，用于盛放碱性溶液或非氧化性溶液，其下端连接一段橡皮管，内放一玻璃珠，以控制溶液的流速，橡皮管下端再连接一个尖嘴玻璃管。滴定管是一根具有精密刻度、内径均匀的细长玻璃管。管壁的刻度是按"放出"溶液体积表示的，它可以连续地放出不同体积的液体。常量分析使用滴定管的规格一般为10 mL、15 mL、25 mL、50 mL，最小刻度为0.1 mL，读数可估计到0.01 mL。

实操视频：酸式滴定管的操作

实操视频：碱式滴定管的操作

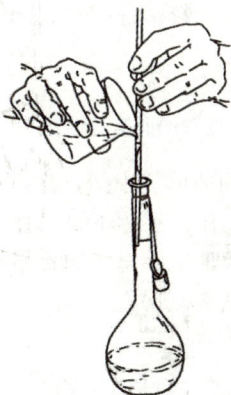

图 2-1　溶液转入容量瓶　　　**图 2-2　容量瓶摇匀**

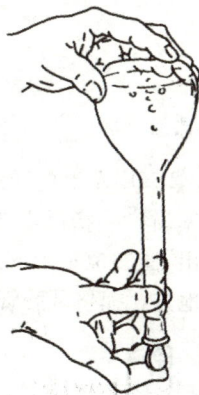

（2）滴定管的准备。

1）检漏：在滴定管内装入水，置滴定管架上直立2 min，观察是否有水渗出或漏水；酸式滴定管应将活塞旋转180°后再观察一次，如果不漏水，即可使用。

若酸式滴定管漏水或活塞不润滑、活塞转动不灵活，在使用之前，应在活塞上涂凡士林。操作方法是将酸式滴定管活塞拔出，用滤纸将活塞及活塞套擦干，用手指在活塞两头沿圈周各涂一薄层凡士林（切勿将活塞小孔堵住）。然后将活塞插入活塞套，沿同一方向转动活塞，直到活塞全部透明为止。最后用橡皮圈套住活塞尾部，以防脱落打碎活塞。

若碱式滴定管漏水，可将橡皮管中的玻璃珠稍加转动，或稍微向上推或向下移动，处理后仍漏水，则须更换玻璃珠或橡皮管。

2）洗涤：如果滴定管无明显油污，可用自来水冲洗，零刻度以上部位可用刷子蘸洗涤剂刷

分析化学

洗，零刻度以下部位可用洗液洗涤。注意洗涤碱式滴定管时，必须先除去乳胶管，用胶帽封住下口，以下方法相同。如滴定管太脏，可将洗液装满，放置一段时间，然后用自来水反复冲洗，最后用少量纯化水润洗2～3次。

3) 装液：为避免滴定管中残留的水分影响标准溶液的浓度，在滴定管装液前，要先用少量标准溶液润洗滴定管2～3次，每次用量为滴定管体积的1/5，冲洗时将滴定管倾斜，慢慢转动，使溶液润遍全管，然后打开活塞，使溶液从下端流出。装液时要直接从试剂瓶注入滴定管，不能经其他容器加入。

4) 排气泡，调零点：滴定管装满溶液后，应检查管下端是否有气泡。若酸式滴定管有气泡，打开活塞使溶液急速流出排除气泡，使溶液充满全部出口管；若碱式滴定管有气泡，则把橡皮管向上弯曲，玻璃尖嘴斜向上方，用两指挤压玻璃珠，使溶液从尖嘴处喷出而排除气泡(图2-3)。然后将溶液液面调节在0.00 mL刻度处，或在"0"刻度线以下但接近"0"刻度处。

5) 读数：读数时滴定管应保持垂直，视线必须与液面保持在同一水平面上(图2-4)。对于无色或浅色溶液，读取溶液的凹液面最低处与刻度相切点；对于深色溶液如$KMnO_4$、I_2溶液，可读取液面最上缘。初读数和终读数应取同标准。读数时，应估读到小数点后第二位。

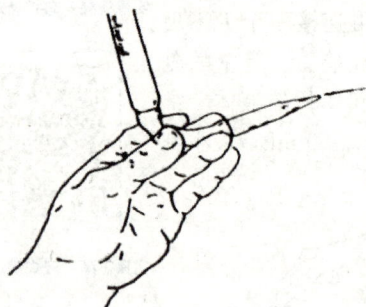

图2-3　碱式滴定管排气泡　　图2-4　目光在不同位置的滴定管读数

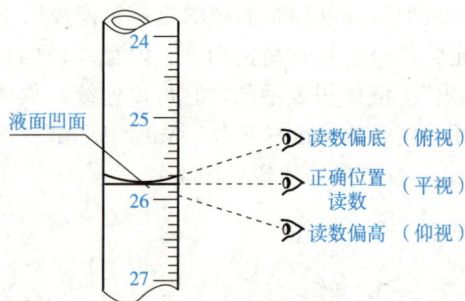

(3) 滴定操作。使用酸式滴定管，用左手握活塞，拇指在活塞柄的前侧中间，食指和中指在活塞柄的后侧上下两端。转动活塞时，手指微微弯曲，轻轻向里扣住，手心不要顶住活塞小头一端，以免顶出活塞，使溶液漏出[图2-5(a)]。使用碱式滴定管时，左手拇指和食指捏住乳胶管中玻璃珠所在部位稍上一些的地方，捏挤乳胶管，使溶液流出[图2-5(b)]。

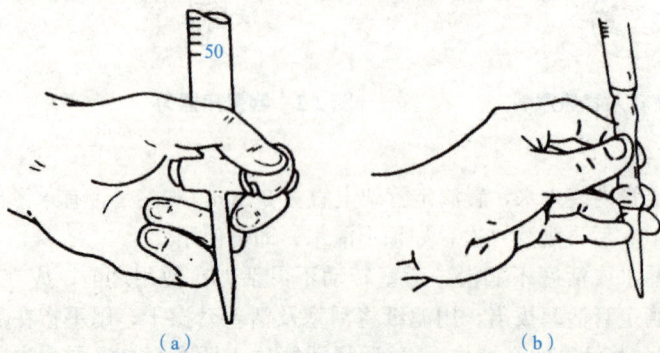

(a)　　　　　　　　　　(b)

图2-5　滴定管操作示意
(a)酸式滴定管操作；(b)碱式滴定管操作

滴定时，滴定管下端应插入锥形瓶口少许(1 cm左右)，左手控制溶液的流速，右手前3个手指握住瓶颈，沿同一方向做圆周运动旋摇，边滴边摇，使瓶内溶液完全反应，但不能使瓶内溶液溅出。开始滴定时，滴定速度以 3～4 滴/秒为宜。接近终点时，滴定速度要慢，以防滴定过量。每加一滴即将溶液摇匀，观察颜色变化情况，再决定是否还要滴加溶液。仅需半滴时，使溶液悬挂在管尖而不滴下，形成半滴溶液并将其与锥形瓶内壁接触，再用洗瓶冲洗下来与溶液反应。如此重复，直到终点出现。读取最终体积，与初始体积相减即为标准溶液消耗的体积。滴定完毕，用水冲洗滴定管，将洗净的滴定管倒放在滴定管架上。

注意：①向滴定管中转移溶液时，标准溶液要直接从试剂瓶倒入滴定管，不要经其他容器转移，以免污染标准溶液或影响标准溶液的浓度。②在平行实验的每次滴定中，溶液的体积应控制在滴定管刻度的同一部位，这样可以抵消因滴定管上下刻度不够准确而引起的误差。③每次滴定管初读数和末读数必须由一人读取，避免两人的读数误差不同而引起误差的累积。

3. 移液管和吸量管的使用

（1）移液管的形状与规格：移液管和吸量管是精密转移一定体积溶液的量器。移液管也叫腹式吸管，是一根细长而中间有一膨大部分（称为球部）的玻璃管，管颈上刻有标线，常用的移液管有 5 mL、10 mL、20 mL、25 mL、50 mL 等规格（20 ℃）。吸量管也叫刻度吸管，是一支具有多刻度的玻璃管，用于移取非固定量的溶液。一般情况下，吸量管是为了量取小体积或非整数体积的溶液，如量取 0.1 mL、1 mL、2 mL、3 mL 等溶液。常用的吸量管的规格有 1 mL、2 mL、5 mL、10 mL 等。

实操视频：移液管与吸量管的操作

（2）移液管的使用方法：检查、洗涤、荡洗、吸液、放液 5 步。

1）检查：使用前，应检查管尖是否完整，若有破损，则不能使用。

2）洗涤：洗涤方法与滴定管相同。尽可能只用自来水冲洗、蒸馏水荡洗，必要时采用洗液浸洗。

3）荡洗：用右手拇指和中指捏住移液管刻度线以上部分，左手拿洗耳球，将移液管下口插入欲吸取的溶液中。先挤出洗耳球内的空气，然后将球的尖端插入移液管颈的管口，慢慢放开左手指，使溶液吸入管内[图 2-6(a)]，先吸入容量的 1/3 左右，用右手的食指按住管口，取出，横置，转动管体壁使内壁被完全浸润，然后弃去，反复荡洗 3 次即可。

4）吸液：荡洗后的移液管放入待吸液中吸取溶液至刻度线以上时，移去洗耳球，立即用右手的食指按住管口，使管尖移出液面，管体始终保持垂直，稍减食指压力，使液面缓慢下降至弯月面下缘与标线相切[图 2-6(b)]，立即紧按管口，使液体不再流出。

5）放液：移液管竖直，容器倾斜，移液管尖与容器内壁接触。松开右手食指，溶液自然流出[图 2-6(c)]，待溶液全部流尽，再停留 15 s，方可取出移液管。

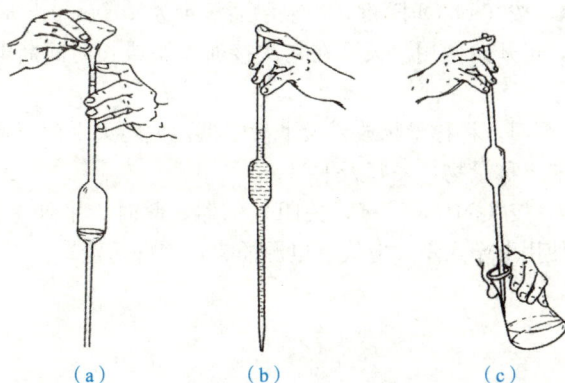

（a）　　　　（b）　　　　（c）

图 2-6　移液管转移溶液
（a）吸液；（b）调液面；（c）放液

残留在管嘴的少量溶液，不要吹出，因移液管校准时，这部分液体体积未计算在内。移液管使用完毕应立即洗净，置于移液管架上备用。

知识点三 电子分析天平的操作

一、电子天平的结构和特点

电子天平采用的电磁力平衡原理设计，具有体积小、使用寿命长、性能稳定、操作简便和灵敏度高等特点。其还具有自动校准、自动去皮、超载保护、故障报警等多种功能，可满足各种实训室质量分析的需求。电子天平的结构如图 2-7 所示。

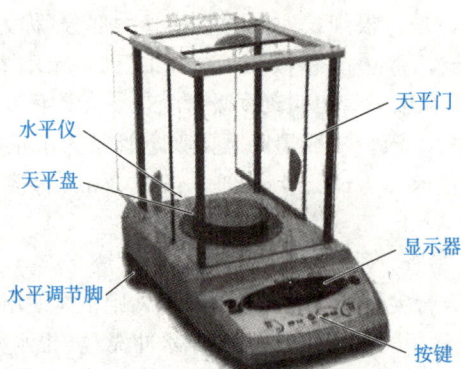

图 2-7 电子天平的结构

二、电子天平的使用方法

(1)检查天平。用小毛刷清洁天平盘，检查硅胶干燥剂是否变色失效，否则需要更换。

(2)调水平。天平开机前，应观察天平后部水平仪内的水泡是否位于圆环的中央，如不在，可通过天平的地脚螺栓调节，左旋升高，右旋下降。天平未调好水平也是产生称量误差的原因之一。

实操视频：电子天平的操作

(3)开机。接通电源，按"ON/OFF"键，当显示器显示为"0.000 0 g"时，电子称量系统自检结束，可开始使用。天平在初次接通电源或长时间断电后开机时，至少需要30 min 的预热时间。

(4)称量。打开天平侧门，将称量物放入天平盘中央，关闭天平门，待显示稳定的数值后记录数据，打开天平门，取出称量物，关好天平门。

(5)关机。称量完毕，按"ON/OFF"键，关闭显示器，此时天平处于待机状态，进行登记。若称量后较长时间内不使用电子天平，应拔下电源插头，盖好防尘罩。

三、称量方法

1. 直接称量法

此方法适用于称量洁净干燥的器皿、块状的金属及不易潮解或升华的整块固体试样。

实操视频：直接称量法

称量时，将天平调零，将称量物放在天平盘中央，直接称量其质量。

注意：称量时不得用手直接取放称量物，可戴干净的手套、用纸条包住或用镊子取放。

2. 固定质量称量法(增量法)

此方法适用于称取不易吸湿、在空气中性质稳定的粉末状物质。在分析化学实验中，当需要用直接配制法配制指定浓度的标准溶液时，通常用此方法来称取基准物。

称量时，将称量容器置于天平盘上，左手持药匙盛试样后小心地伸向容器上方2～3 cm处，以手指轻击匙柄，将试样弹入，直到所加试样量与预定量之差相近时，极其小心地以左手拇指、中指及掌心拿稳药匙，以食指摩擦匙柄，将药匙内的试样以尽可能少的量慢慢抖入容器。这时，既要注意试样抖入量，同时也要注意显示屏的读数，当读数正好等于所需要的量时，立即停止抖入试样，若不慎多加了试样，则用药匙取出多余的试样(不要放回原试样瓶)。

实操视频：固定质量称量法

注意：试样不能失落在天平盘上和天平箱内外，称量完毕后要仔细检查，必要时加以清除。

3. 减法称量法(差减法)

此方法适用于称量易吸湿、易氧化、易与CO_2反应的物质。因为称取试样的质量是由两次称量之差求得，故也称为差减法。在分析化学实验中，常用来称取基准物和待测样品，是最常用的一种称量方法。

称量时，将适量试样装入称量瓶(1/3～1/2)，用纸条叠成宽度适中的两三层纸带，毛边朝下套在称量瓶上[图2-8(a)]。左手拇指与食指拿住纸条，由天平的左门放入天平盘的正中，取下纸带，称出瓶和试样的质量 m_1(g)。然后左手仍用纸带把称量瓶从盘上取下，放在容器上方。右手用另

实操视频：减法称量法

一小纸片衬垫打开瓶盖，但勿使瓶盖离开容器上方。慢慢倾斜瓶身至接近水平，瓶底略低于瓶口，切勿使瓶底高于瓶口，以防试样冲出。此时原在瓶底的试样慢慢下移至接近瓶口。在称量瓶口离容器上方约1 cm处，用盖轻轻敲瓶口上部使试样落入接收的容器内[图2-8(b)]。倒出试样后，把称量瓶轻轻竖起，同时用盖敲打瓶口上部，使粘在瓶口的试样落下(或落入称量瓶或落入容器，所以倒出试样的步骤必须在容器口正上方进行)。盖好瓶盖，放回天平盘上，称出其质量 m_2(g)。两次质量之差，即为倒出的试样质量。重复以上操作，可称得 m_3、m_4……，这样可连续称取多份试样。

$$第一份试样质量＝m_1－m_2(g)$$
$$第二份试样质量＝m_2－m_3(g)$$

(a)　　　　　　　　　(b)

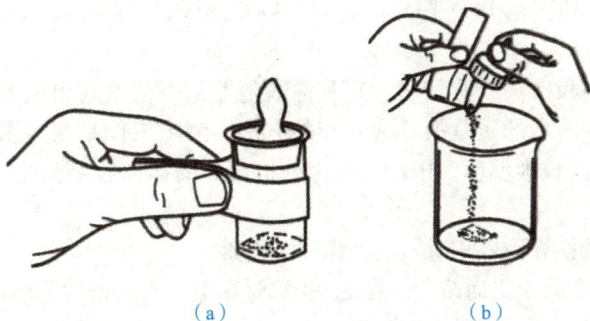

图2-8　减法称量法称量

(a)用纸条套住称量瓶；(b)减法称量法倾样方法

注意：若倒出的试样量不够，可重复上述操作，直至符合称量范围。若不慎倒出的试样超过了所需的量，则应弃去重称。

四、电子天平的维护与保养

(1)将电子天平置于水平、稳定的工作台上，避免振动和阳光直射。

(2)称量易挥发、具有腐蚀性的样品时，应放在密闭的容器中，以免腐蚀和损坏电子天平。

(3)存放时间较长、位置移动、磁场变化、环境温度变化等因素会影响电子天平称量的准确性。应经常对电子天平进行自校或定期外校，保证其处于最佳状态。电子天平的校准分为内部校准和外部校准。内校型号的电子天平是指校准砝码在电子天平内部，用电动机驱动有内置砝码升降装置的电子天平，校准时只要按一下校准键就可以完成校准过程。外校型号的电子天平是指通过手动，校准时先按校准键，再把标准砝码放到天平盘上，来完成校准过程，砝码用单独的砝码盒保存。

(4)电子天平不可过载使用，以免损坏天平。

(5)严禁用溶剂清洁天平外壳，应用软布清洁外壳。

知识点四　滴定分析仪器的校准

一、仪器校准的必要性

在实际应用中由于玻璃具有热胀冷缩的特性，在不同的温度下容量器皿的体积也会有所不同。容量器皿的容积与其所标出的体积并非完全符合。一般的生产控制分析，不必进行校准。但对于准确度较高的分析，如原材料分析、成品分析、标准溶液的标定、仲裁分析、科研分析等，则必须经校准后才能使用。仪器的校准，是指用标准器具或标准物对仪器的读数进行测定，以检查仪器的误差。

校准玻璃容量器皿时，必须规定一个共同的温度值，这个规定温度值为标准温度。国际上规定玻璃容量器皿的标准温度为 20 ℃，即在校准时都将玻璃容量器皿的容积校准到 20 ℃时的实际容积。

二、校准方法

滴定分析仪器的校准方法有衡量法、相对校准法和容量比较法。

1. 衡量法

衡量法也叫作绝对校准法或称量法。它是称取量器某一刻度放出或容纳纯水的质量，然后根据该温度下水的密度将水的质量换算为容积的方法。测定工作是在室温条件下进行的。一般规定以 20 ℃作为室温的校准温度。国产的滴定分析仪器的标称容量都是以 20 ℃为标准温度进行标定的。

将称出的纯水质量换算为容积时，应考虑以下因素。

(1)水的密度随温度的变化而改变，在 3.98 ℃时真空中水的密度为 1 g/cm³；高于或低于这个温度，其密度都小于 1 g/cm³。

(2)温度对玻璃量器热胀冷缩的影响。

(3)称量一般是在空气中进行，空气浮力对纯水质量产生影响，在空气中称得的质量要小于在真空中称得的质量。

将以上三方面因素综合考虑，得到一个总校正值 K，表 2-3 中的数字表示玻璃量器容积（20 ℃）为 1 mL 的纯水在不同的温度下于空气中用黄铜砝码称得的质量。利用此校正值可将不同温度下的水的质量换算成 20 ℃时的体积：

$$V_{20} = m_t \times K_t$$

式中　V_{20}——量器在校准温度 20 ℃时的实际容量（mL）；

　　　m_t——t ℃时，在空气中称得量器放出或装入纯水的质量（g）；

　　　K_t——量器中容积为 1 mL 的纯水在 t ℃时用黄铜砝码称得的质量（g）。

表 2-3　玻璃量器中 1 mL 水在空气中用黄铜砝码称得的质量

水温 t/℃	0.0	0.1	0.2	0.3	0.4	0.5	0.6	0.7	0.8	0.9
15	1.002 08	1.002 09	1.002 10	1.002 11	1.002 13	1.002 14	1.002 15	1.002 17	1.002 18	1.002 19
16	1.002 21	1.002 22	1.002 23	1.002 25	1.002 26	1.002 28	1.002 29	1.002 30	1.002 32	1.002 33
17	1.002 35	1.002 36	1.002 38	1.002 39	1.002 41	1.002 42	1.002 44	1.002 46	1.002 47	1.002 49
18	1.002 51	1.002 52	1.002 54	1.002 55	1.002 57	1.002 58	1.002 60	1.002 62	1.002 63	1.002 65
19	1.002 67	1.002 68	1.002 70	1.002 72	1.002 74	1.002 76	1.002 77	1.002 79	1.002 81	1.002 83
20	1.002 85	1.002 87	1.002 89	1.002 91	1.002 92	1.002 94	1.002 96	1.002 98	1.003 00	1.003 02
21	1.003 04	1.003 06	1.003 08	1.003 10	1.003 12	1.003 14	1.003 15	1.003 17	1.003 19	1.003 21
22	1.003 23	1.003 25	1.003 27	1.003 29	1.003 31	1.003 33	1.003 35	1.003 37	1.003 39	1.003 41
23	1.003 44	1.003 46	1.003 48	1.003 50	1.003 52	1.003 54	1.003 56	1.003 59	1.003 61	1.003 63
24	1.003 66	1.003 68	1.003 70	1.003 72	1.003 74	1.003 76	1.003 79	1.003 81	1.003 83	1.003 86
25	1.003 89	1.003 91	1.003 93	1.003 95	1.003 97	1.004 00	1.004 02	1.004 04	1.004 07	1.004 09

【例 2-1】　15 ℃时称得 250 mL 容量瓶中容纳纯水的质量为 249.52 g，求该容量瓶在 20 ℃时的容量是多少。

解：查表 2-3，15 ℃时 $K_{15} = 1.002\ 08$ g，$m_{15} = 249.52$ g，代入公式：

$$V_{20} = m_t \times K_t = 249.52 \times 1.002\ 08 = 250.04(\text{mL})$$

$$体积补正值 \Delta V = 250.04 - 250.00 = 0.04(\text{mL})$$

容量瓶在 20 ℃的容量是 250.04 mL，体积补正值为 0.04 mL。

2. 相对校准法

在分析工作中，经常是容量瓶和移液管配套使用，就不需要进行两种量器各自的绝对校准，而只需进行两种量器的相对校准。如将一定量的物质溶解在 250 mL 容量瓶中定容，用 25 mL 移液管移取进行定量分析，只需要确定 25 mL 移液管和 250 mL 容量瓶的容积比例为 1∶10 即可。

相对校准法是相对比较两个量器所盛液体的体积比例关系。校正方法是用 25 mL 移液管吸取纯水，注入干燥的 250 mL 容量瓶，如此进行 10 次，观察容量瓶中水的弯月面下缘是否与标线相切。若正好相切，说明移液管与容量瓶的容积关系比例为 1∶10；若不相切，表示有误差。待容量瓶干燥后再重复操作，若仍不相切，可在容量瓶瓶颈上另做一标记，以新标记为准。

3. 容量比较法

容量比较法需要一套精密的标准器，将待校准量器容量和标准器容量相比较。校准速度较快，但不如衡量法准确，一般分析室使用较少，多用于计量检定部门。

任务演练

任务 2-1　铬酸洗液的配制

任务描述

实验室吴主任这段时间是又欢喜又惆怅，欢喜的是今年的检测业务激增，各种大型设备不停转，效益好得不得了。令人惆怅的是，使用过的瓶瓶罐罐堆了一堆，专门调派了两个实验员不停手地刷洗，也赶不上消耗的速度。清洗过程中，吴主任发现一些有油污的仪器需要用铬酸洗液清洗，请你赶快配制一瓶铬酸洗液来帮助他们吧。

任务小贴士

铬酸洗液具强腐蚀性，操作时务必注意安全，穿戴好耐酸手套和围裙，防止洗液溅到皮肤和衣物上。万一不慎溅到皮肤上，应立即用大量清水冲洗。六价铬具有毒性，使用时应注意安全，绝对不能用口吸，只能用洗耳球吸取。废液排放将导致当地水生环境严重污染，因此不能直接倒入水池和下水道，应倒入废液缸回收处理。

任务分析

(1)铬酸洗液的主要成分是什么？

(2)铬酸洗液的氧化原理是什么？

(3)铬酸洗液如何保存？

任务流程

任务实施

一、实验原理

铬酸洗液由重铬酸钾（或重铬酸钠）和浓硫酸配制而成，其清洁效力主要应用其强氧化性和强酸性。铬酸越多，硫酸越浓，其清洁效力也就越强，当洗液变绿色后则不宜应用。

二、仪器、试剂

(1)仪器：烘箱、托盘天平、烧杯、量筒、玻璃棒。

(2)试剂：重铬酸钾($K_2Cr_2O_7$)、浓硫酸(H_2SO_4)、蒸馏水。

三、实验步骤

1. 称取样品

将 20 g 研细的重铬酸钾放入大烧杯。

2. 加水溶解

加入蒸馏水(40 mL)，放在石棉网上加热至沸腾并搅拌，使重铬酸钾充分溶解，待溶解后，冷却。

3. 加入硫酸

冷却后，将重铬酸钾液倒入酸缸，然后缓慢加入浓硫酸(360 mL)，并用一长玻璃棒不断搅拌，充分混合溶解。

4. 冷却、装瓶备用

冷却后，装入洗液瓶，贴上标签标识备用。

新配制的洗液为红褐色，氧化能力很强，当洗液用久后变为墨绿色(可加入固体高锰酸钾使其再生)，即说明洗液无氧化洗涤力。

四、注意事项

(1)溶解重铬酸钾的蒸馏水，最好是用热的，会提高重铬酸钾的溶解性。

(2)配制前，用研钵将重铬酸钾磨得越细越好，研成细的黄色粉末(注意戴防护口罩)。

(3)不能将水或溶液加入浓硫酸，整个过程防止吸水。

(4)太脏或盛过有机物的仪器应先用自来水洗一遍。加洗液前要尽量去掉仪器内的水，以减少对洗液的稀释(过度稀释会使其失效，可在加热蒸去大部分水分后继续使用)。

(5)将洗液倒入要洗的仪器内，应使仪器周壁全浸洗后稍停一会儿再倒回洗液瓶，第一次用少量水冲洗刚浸洗过的仪器后，废水不要倒在水池里和下水道里，以免腐蚀水池和下水道，应倒在废液缸中。

(6)洗液应反复使用，用后倒回原瓶并随时盖严，以防吸水。六价铬的毒性较大，大量使用会污染环境，所以凡不必使用铬酸洗液的仪器则应选用其他洗涤剂。洗液主要用于容量瓶、移液管、吸量管及滴定管的洗涤。

五、问题探究

(1)铬酸洗液有其他的配制方法吗？

(2)铬酸洗液如何再生？

(3)铬酸废液如何处理？

(4)除了铬酸洗液，还有哪些常用的洗涤剂？

■**任务报告**

■**任务反思**

任务评价表

班级：＿＿＿＿＿　　姓名：＿＿＿＿＿＿　　学号：＿＿＿＿＿＿　　成绩：＿＿＿＿＿＿

考核项目	考核要点	考核标准	配分	得分
专业能力（70分）	任务认知程度	认真阅读工作任务单，明确任务内容；分析任务，利用各种学习资源完成相关知识的学习（记笔记、认真听讲、积极讨论等）	10	
		课堂回答、课外作业完成好，并能灵活运用所学知识解答实际问题		
	任务决策计划	计划科学、可行性强	5	
	任务实施过程	实施方案（计划与步骤）详细、可操作性强	5	
		仪器药品准备充分	3	
		分析天平使用规范，称样量范围≤±5%	5	
		研磨、溶解等操作规范	5	
		加酸操作规范	5	
		保存方法正确	5	
		原始数据记录及时，有效数字、单位正确	5	
	任务检查评价	工作过程有条理，整洁有序、时间安排合理	2	
		计算方法及结果正确	5	
		准确度符合要求，报告规范	10	
		任务完成后能进行总结、反思	5	
职业素质（30分）	工作态度	守纪律（不迟到、早退、喧哗、串岗）、认真仔细、实事求是，无作弊或编造数据等行为	5	
		环保、安全、节约（废纸、废液处理，节约试剂等）	2	
		文明操作（实验台整洁、物品摆放合理等）	2	
	学习能力	运用各种媒体学习、提取信息、获取新知识	2	
		学习中能够发现问题、分析问题、归纳总结、解决问题	2	
	工作能力	按工作任务要求，完成工作任务	2	
		对工作过程和工作质量进行全面、客观的评价	2	
		工作过程中组织、协调、应变能力	2	
	创新能力	学习中能提出不同见解	2	
		工作中提出多种解决问题的思路、完成任务的方案等	2	
	团结协作	服从老师、组长的任务分配，积极参与并按时完成	3	
		能认真对待他人意见，与同学密切协作、互相帮助、互相探讨	2	
		遇到问题商量解决，不互相推诿指责	2	

任务考核单

班级：＿＿＿＿＿　姓名：＿＿＿＿＿　学号：＿＿＿＿＿　成绩：＿＿＿＿＿

试题名称		铬酸洗液的配制				考核时间：25 min	
序号	考核内容	考核要点	配分	评分标准	扣分	得分	备注
1	操作前的准备	(1)穿工作服	5	未穿工作服扣5分			
		(2)仪器设备选用	5	选用仪器不当扣5分			
		(3)重铬酸钾研磨	5	研磨操作不规范、细度不合适扣5分			
		(4)天平检查、调试	5	(1)未检查天平水平扣3分			
				(2)未调试天平零点扣2分			
2	操作过程	(1)重铬酸钾称取	10	(1)称样操作不规范扣5分			
				(2)称取量不当扣5分			
		(2)加水、溶解	20	(1)加水量不当扣10分			
				(2)搅拌操作不规范扣10分			
		(3)加酸	20	(1)加酸量不当扣10分			
				(2)加入速度不当扣10分			
		(4)洗液保存	20	(1)保存方法不当(装入带胶塞试剂瓶或敞口保存)扣10分			
				(2)未贴标签扣10分；信息不全，每漏1项扣2分			
		(5)原始记录	5	原始数据记录不规范、信息不全扣1~5分			
3	文明操作	仪器、设备、用具及实验台面整理	5	实验结束，未整理扣5分			
4	安全及其他	(1)不得损坏仪器用具	—	损坏一般仪器、用具按每件10分从总分中扣除			
		(2)不得发生事故	—	发生事故停止操作			
		(3)在规定时间内完成操作	—	每超时1 min从总分中扣5分，超时达3 min即停止操作			
	合计		100				

否定项：若考生发生下列情况，则应及时终止其考试，考生该试题成绩记为零分。
①违章操作；②发生事故

任务 2-2　电子分析天平的使用

▋任务描述

某食盐生产企业的生产线要对成品进行全样分析，样品送到检测中心，检验员小 B 接受了这个任务。要对样品进行分析的第一步骤是称量样品，请你用减量称量法（差减法）称取 0.45～0.50 g 的食盐样品 3 份（要求精确到 0.000 1 g）。该实验室中天平有百分之一电子天平、千分之一电子天平和万分之一电子天平，请你帮他选择合适的天平进行称量。

☀任务小贴士

放置天平的环境应是防震、防腐蚀和无爆炸的场所，不要将天平放置在有较大湿度、较高温度或者有强空气循环的环境中，放置天平的台子要平稳；也不要将天平放置在阳光直射和离暖气、空调等较近的位置；也不要安装在门窗附近，避免形成空气对流，影响称量的稳定性。

▋任务分析

(1)本次任务应该选择哪种天平进行称量？

(2)减量称量法称取样品需要准备哪些仪器？

(3)称量的数据如何记录？数据如何处理？

▌任务流程

▌任务实施

一、实验原理

电子天平是传感技术、模拟电子技术、数字电子技术和微处理器技术的综合产物，具有自动校准、自动显示、去皮重、自动数据输出、自动寻迹、超载保护等多种功能。

二、仪器、试剂

(1)仪器：电子天平、烧杯、称量瓶。

(2)试剂：食盐样品。

三、实验步骤

(1)预热：天平接通电源后，预热30 min以上。

(2)调水平：称量前应先检查天平是否水平，称盘是否清洁。

(3)调零点：调节天平零点。

(4)称量：

1)用纸条取一洁净干燥的称量瓶，装入食盐试样至称量瓶的1/3左右；

2)在电子天平上准确称其质量，记为m_1(g)；

3)事先准备好3个带编号的洁净的小烧杯，取出称量瓶，向1号小烧杯中倾出0.45~0.50 g，进行第二次称量，记录其质量为m_2(g)，用同样方法分别向2号、3号小烧杯中转移0.45~0.50 g，控制质量在规定量±5％范围内。

四、注意事项

(1)称取量不能超过电子天平的最大承载量。

(2)所有称量物都必须置于称量纸上或洁净干燥容器中(如烧杯、表面皿、称量瓶等)进行称量，以免沾染腐蚀天平。

(3)称量时动作尽量轻而缓慢。

(4)为避免手上的油脂、汗液污染，不能用手直接拿取容器或称量纸。

(5)勿将称量物撒落在秤盘上。如撒落，必须小心用刷子去除。

(6)称量完毕，整理干净天平台面，做好记录。

五、问题探究

(1)如果倾倒的样品质量不够，应该怎样操作？

（2）如果倾倒的样品超出要求的质量，应该怎样操作？

（3）在减量称量法称量过程中，若样品吸湿，对称量会造成什么后果？若样品倾入烧杯再吸湿，对称量是否有影响？为什么？

■ 任务报告

编号	1	2	3
倾出试样前称量瓶＋试样质量 m_1/g			
倾出试样后称量瓶＋试样质量 m_2/g			
试样质量 m/g			

■ 任务反思

任务评价表

班级：_____　姓名：_____　学号：_____　成绩：_____

考核项目	考核要点	考核标准	配分	扣分
专业能力（70分）	任务认知程度	认真阅读工作任务单，明确任务内容；分析任务，利用各种学习资源完成相关知识的学习（记笔记、认真听讲、积极讨论等）	10	
		课堂回答、课外作业完成好，并能灵活运用所学知识解答实际问题		
	任务决策计划	计划科学、可行性强	5	

续表

考核项目	考核要点	考核标准	配分	扣分
专业能力（70分）	任务实施过程	实施方案（计划与步骤）详细、可操作性强	5	
		仪器、药品准备充分	3	
		分析天平使用规范	5	
		称样量范围≤±5%	5	
		称量操作规范	5	
		使用记录填写	5	
		原始数据记录及时，有效数字、单位正确	5	
	任务检查评价	工作过程有条理，整洁有序、时间安排合理	2	
		计算方法及结果正确	5	
		准确度符合要求，报告规范	10	
		任务完成后能进行总结、反思	5	
职业素质（30分）	工作态度	守纪律（不迟到、早退、喧哗、串岗）、认真仔细、实事求是，无作弊或编造数据等行为	5	
		环保、安全、节约（废纸、废液处理，节约试剂等）	2	
		文明操作（实验台整洁、物品摆放合理等）	2	
	学习能力	运用各种媒体学习、提取信息、获取新知识	2	
		学习中能够发现问题、分析问题、归纳总结、解决问题	2	
	工作能力	按工作任务要求，完成工作任务	2	
		对工作过程和工作质量进行全面、客观的评价	2	
		工作过程中组织、协调、应变能力	2	
	创新能力	学习中能提出不同见解	2	
		工作中提出多种解决问题的思路、完成任务的方案等	2	
	团结协作	服从老师、组长的任务分配，积极参与并按时完成	3	
		能认真对待他人意见，与同学密切协作、互相帮助、互相探讨	2	
		遇到问题商量解决，不互相推诿指责	2	

任务考核单

班级：＿＿＿＿＿＿　姓名：＿＿＿＿＿＿　学号：＿＿＿＿＿＿　成绩：＿＿＿＿＿＿

试题名称		电子分析天平的使用				考核时间：25 min		
序号	考核内容	考核要点	配分	评分标准		扣分	得分	备注
1	操作前的准备	(1)穿工作服、戴手套	10	未穿工作服扣 5 分，未戴手套扣 5 分				
		(2)天平检查、调试	20	(1)未检查天平水平扣 10 分，操作不规范扣 5 分				
				(2)未调零点扣 10 分，操作不规范扣 5 分				

续表

试题名称		电子天平的使用			考核时间：25 min		
序号	考核内容	考核要点	配分	评分标准	扣分	得分	备注
2	操作过程	(1)承接容器选择	5	承接容器选择错误扣5分			增量法称量本项计0分
		(2)减量称量法称取样品	45	(1)操作不规范扣15分			
				(2)称样量在规定量±5%范围内为取样一次成功，每多称量一次扣10分			
				(3)试样撒漏一次扣5分			
		(3)结束称量	10	(1)未回零、未登记使用记录各扣3分			
				(2)未罩天平罩、坐凳未放回台下各扣2分			
		(4)原始记录	5	原始数据记录不规范、信息不全酌情扣1～5分			
3	文明操作	清理仪器用具、实验台面	5	实验结束后未整理扣5分			
4	安全及其他	(1)不得损坏仪器用具	—	损坏一般仪器、用具按每件10分从总分中扣除			
		(2)不得发生事故	—	发生事故停止操作			
		(3)在规定时间内完成操作	—	每超时1 min从总分中扣5分，超时达3 min即停止操作			
		合计	100				

否定项：若考生发生下列情况，则应及时终止其考试，考生该试题成绩记为零分。
①违章操作；②损坏分析天平或发生事故

任务 2-3　50 mL 酸式滴定管的校准

▌**任务描述**

某企业分析检验中心的检验员小C常用的酸式滴定管不小心摔碎了，他换了一根新管后，发现自己做的实验结果与其他同事的实验结果偏差较大，经过一番比对分析，小C发现他使用的这个新管恰好是公司新购置的一批50 mL的酸式滴定管，还没有经过校准就被他拿来使用了，请你帮他校准这批滴定管是否合格。

✵**任务小贴士**

新购买的玻璃量器的容积并不一定与它所标示的容积完全一致，而在容量分析中应用的容量量器都需要很准确的容积，否则会影响分析结果的准确性。因此，玻璃量器投入使用前均需校准。在日常检测过程中也是需要进行校准的。

■ **任务分析**

(1)怎样判断一支酸式滴定管的等级？

(2)50 mL酸式滴定管A级的允差是多少？

(3)50 mL酸式滴定管B级的允差是多少？

■ **任务流程**

■ **任务实施**

一、实验原理

衡量法又叫作称量法，即用天平称量被校准的容量器皿量入或量出纯水的表观质量，再根据当时水温下的表观密度计算出该量器在20 ℃时的实际容量。

二、仪器、试剂

(1)仪器：电子分析天平(千分之一)、50 mL酸式滴定管，温度计(0～50 ℃或0～100 ℃，公用)、锥形瓶(50 mL，带磨口玻璃塞)。

(2)试剂：纯水。

三、实验步骤

(1)取一洗净且外表干燥的带磨口玻璃塞的锥形瓶，用分析天平称出空瓶质量，可记录至0.001 g。

(2)向已洗净的 50 mL 酸式滴定管中加纯水，并将液面调至 0.00 mL 刻度或稍低处。

(3)从滴定管中放出 0～10 mL 的纯水于已称量的锥形瓶中，盖紧塞子，称出其质量，两次质量之差即为放出纯水的质量。放水时滴定管滴嘴应与锥形瓶内壁接触，以便收集管尖余液，放完等 1 min 后再准确读数。

(4)用同样的方法称出从滴定管放出 0～20 mL、0～30 mL、0～40 mL、0～50 mL 水的质量。

(5)记录水的温度，读数应准确到 0.1 ℃。

(6)用每次称得的纯水的质量，乘以表 2-3 对应的数值，即可得到滴定管各部分的实际容量 V_{20}。

(7)每个点重复校准一次，两次相应区间纯水的质量相差应小于 0.02 g，求出平均值，并计算校准值 $\Delta V(V_{20}-V_0)$。

(8)根据校准值制作校准曲线。

实操视频：50 mL 酸式滴定管的校准

实操视频：25 mL 单标移液管的校准

四、注意事项

(1)待校正的仪器检定前需进行清洗，清洗的方法：用重铬酸钾的饱和溶液和浓硫酸的混合液(调配比例为 1∶1)或 20%的发烟硫酸进行清洗，然后用水冲净。器壁上不应有挂水等沾污现象，使液面与器壁接触处形成正常弯月面。清洗干净的被检量器须在检定前 4 h 放入实验室。滴定管、移液管不必干燥，容量瓶必须干燥。

(2)校正的温度一般以 15～25 ℃为宜。

(3)校正所用的纯化水及欲校正的玻璃容器，至少提前 1 h 放进天平室，待温度恒定后，再进行校正，以减少校正的误差。

(4)校正时，滴定管尖端和外壁的水必须除去。

(5)校正时使用的温度计必须定期送计量部门检定，按检定结果读取温度。

五、问题探究

(1)在实际分析工作中如何应用滴定管的校准值？

(2)如果滴定管校准不合格，应该怎样处理？

任务报告

滴定管读数/mL	瓶的质量/g	瓶和水的质量/g	水的质量/g	实际容积/mL	校准值/mL	
10.00						
20.00						
30.00						
40.00						
50.00						

任务反思

任务评价表

班级：_____　姓名：_____　学号：_____　成绩：_____

考核项目	考核要点	考核标准	配分	扣分
专业能力（70分）	任务认知程度	认真阅读工作任务单，明确任务内容；分析任务，利用各种学习资源完成相关知识的学习（记笔记、认真听讲、积极讨论等）	10	
		课堂回答、课外作业完成好，并能灵活运用所学知识解答实际问题		
	任务决策计划	计划科学、可行性强	5	
	任务实施过程	实施方案（计划与步骤）详细、可操作性强	5	
		仪器、药品准备充分	3	
		分析天平使用规范	5	
		水温测定操作规范	5	
		具塞锥形瓶操作规范	5	
		滴定管操作规范，滴定速度适当	5	
		原始数据记录及时，有效数字、单位正确	5	
	任务检查评价	工作过程有条理，整洁有序、时间安排合理	2	
		计算方法及结果正确	5	
		准确度符合要求，报告规范	10	
		任务完成后能进行总结、反思	5	

续表

考核项目	考核要点	考核标准	配分	扣分
职业素质（30分）	工作态度	守纪律(不迟到、早退、喧哗、串岗)、认真仔细、实事求是，无作弊或编造数据等行为	5	
		环保、安全、节约(废纸、废液处理，节约试剂等)	2	
		文明操作(实验台整洁、物品摆放合理等)	2	
	学习能力	运用各种媒体学习、提取信息、获取新知识	2	
		学习中能够发现问题、分析问题、归纳总结、解决问题	2	
	工作能力	按工作任务要求，完成工作任务	2	
		对工作过程和工作质量进行全面、客观的评价	2	
		工作过程中组织、协调、应变能力	2	
	创新能力	学习中能提出不同见解	2	
		工作中提出多种解决问题的思路、完成任务的方案等	2	
	团结协作	服从老师、组长的任务分配，积极参与并按时完成	3	
		能认真对待他人意见，与同学密切协作、互相帮助、互相探讨	2	
		遇到问题商量解决，不互相推诿指责	2	

任务考核单

班级：_____ 姓名：_____ 学号：_____ 成绩：_____

试题名称		50 mL酸式滴定管的校准			考核时间：35 min		
序号	考核内容	考核要点	配分	评分标准	扣分	得分	备注
1	操作前的准备	(1)实验仪器、用具与试剂检查与清点	5	未检查与清点扣5分			
		(2)滴定管准备	15	(1)未进行滴定管查漏扣5分；查漏操作不规范酌情扣2分			
				(2)滴定管未洗涤扣5分；洗涤操作不规范酌情扣2分			
				(3)未进行滴定管润洗扣5分；操作不规范酌情扣2分			
		(3)天平准备	5	天平未检查、调试扣5分			
2	操作过程	(1)空瓶称量	10	(1)称量时未戴手套扣5分			直接用手拿取锥形瓶本项计0分
				(2)称量操作不规范扣5分			
		(2)滴定管校准点设置	5	校准点共5点，答错一点扣1分			
		(3)滴定管校准	22	(1)滴定管注入蒸馏水操作不规范扣3分			

试题名称		50 mL 酸式滴定管的校准			考核时间：35 min		
序号	考核内容	考核要点	配分	评分标准	扣分	得分	备注
2	操作过程	(3)滴定管校准	22	(2)滴定管初读数液位调整不当扣3分			
				(3)未排除滴定管管尖气泡扣4分			
				(4)未处理滴定管管尖所悬液滴扣4分			
				(5)放出液体时操作不规范扣4分			
				(6)滴定管读数操作不规范扣4分			
		(4)校准液称量	5	称量不准确扣5分			
		(5)水温测定	5	未进行水温测定扣5分；测定不规范酌情扣2分			
		(6)滴定管检定点2校准	8	未进行检定点2校准扣8分			
3	结果计算	(1)原始记录	5	原始数据记录不规范、信息不全酌情扣1~5分			计算公式错误扣5分
		(2)测定结果	5	(1)计算错误扣3分			
				(2)结果错误扣2分；不准确酌情扣1分			
4	自校结论	结论用语	5	结论错误扣5分；语言混乱、不准确各扣2分			
5	文明操作	(1)仪器设备及台面整理	3	实验结束后，未整理扣3分；未全部归位酌情扣1~2分			
		(2)仪器使用登记	2	未登记有关仪器使用记录扣2分			
6	安全及其他	(1)不得损坏仪器、设备及用具或发生事故	—	损坏玻璃仪器按每件10分从总分中扣除，发生事故停止操作			
		(2)废液处理	—	废液未放入指定废液杯中从总分中扣5分			
		(3)在规定时间内完成操作	—	每超过1 min扣3分，超时5 min即停止操作			
	合计		100				
否定项：若考生发生下列情况，则应及时终止其考试，考生该试题成绩记为零分。①违章操作；②发生事故；③伪造实验数据							

任务 2-4 100 mL 容量瓶的校准

任务描述

某公司采购部最近低价采购了一批 100 mL 容量瓶，用于化验中心对生产原料的成分分析。由于价格比较低，化验中心主任担心这批容量瓶质量不过关，采购员小 D 主动请缨，对这批容量瓶进行校准，请你分别采用衡量法和相对校准法来帮他判断容量瓶的级别。

任务小贴士

化学分析检测对操作的要求比较高，如果所用仪器不合格，对分析结果影响非常大，直接影响分析结果，对产品质量控制产生误导，可能造成质量事故。

玻璃容器产品在出厂前都按国家计量的规定经检验合格才可出厂、使用，大批产品虽然经过出厂检验及计量部门的抽查，但也不一定全部合格可靠，当用于要求较严格的实验时或检验人员认为有必要时，则应按要求对其准确度予以重新校准。

任务分析

(1)怎样判断容量瓶的等级？

(2)100 mL 容量瓶 A 级的允差是多少？

(3)100 mL 容量瓶 B 级的允差是多少？

■ 任务流程

■ 任务实施

一、实验原理

衡量法又叫作称量法，即用天平称量被校准的容量器皿量入或量出纯水的表观质量，再根据当时水温下的表观密度计算出该量器在 20 ℃时的实际容量。

相对校准法是相对比较两个量器所盛液体的体积比例关系。

二、仪器试剂

(1)仪器：电子分析天平(千分之一)、25 mL 单标移液管、100 mL 容量瓶、温度计(0～50 ℃或 0～100 ℃，公用)、锥形瓶(50 mL，带磨口玻璃塞)、洗耳球。

(2)试剂：纯水。

三、实验步骤

1. 衡量法

将洗净、干燥、带塞的容量瓶准确称重(空瓶)，注入蒸馏水至标线，记录水温(读数应准确到 0.1 ℃)，用滤纸条吸干瓶颈内壁水滴，盖上瓶塞称重(称重准确度要求应与容量瓶大小对应，如校正 250 mL 容量瓶应称准至 0.1 g)，两次重量之差即为容量瓶容纳的纯水质量，乘以表 2-3 对应的数值，算出该容量瓶 20 ℃时的真实容积 V_{20}，求出校正值。

2. 相对校准法

用洁净的 25.00 mL 移液管移取纯水于干净且晾干的 100 mL 容量瓶中，重复操作 4 次后，观察液面的弯月面下缘是否恰好与标线相切，若不相切，则用胶布在瓶颈上另做标记，在以后的实验中，若此移液管和容量瓶配套使用，以新标记为准。

实操视频：100 mL
容量瓶的校准

四、注意事项

(1)容量瓶必须干燥后才能校正。

(2)校正时，移液管尖端和外壁的水必须除去。

五、问题探究

(1)影响容量器皿体积刻度不准确的主要因素有哪些？

(2)容量瓶校准时为什么需要晾干？

■任务报告

衡量法					
容量瓶标称容积/mL	容量瓶空瓶质量/g	瓶与水的质量/g	水的质量/g	实际容积/mL	校准值/mL
100.00					

■任务反思

任务评价表

班级：_____　　姓名：_____　　学号：_____　　成绩：_____

考核项目	考核要点	考核标准	配分	扣分
专业能力（70分）	任务认知程度	认真阅读工作任务单，明确任务内容；分析任务，利用各种学习资源完成相关知识的学习（记笔记、认真听讲、积极讨论等）	10	
		课堂回答、课外作业完成好，并能灵活运用所学知识解答实际问题		
	任务决策计划	计划科学、可行性强	5	
	任务实施过程	实施方案（计划与步骤）详细、可操作性强	5	
		仪器、药品准备充分	3	
		分析天平使用规范	5	
		水温测定操作规范	5	
		容量瓶操作规范	5	
		容量瓶校正前干燥	5	
		原始数据记录及时，有效数字、单位正确	5	

考核项目	考核要点	考核标准	配分	扣分
专业能力 (70分)	任务检查评价	工作过程有条理，整洁有序、时间安排合理	2	
		计算方法及结果正确	5	
		准确度符合要求，报告规范	10	
		任务完成后能进行总结、反思	5	
职业素质 (30分)	工作态度	守纪律(不迟到、早退、喧哗、串岗)、认真仔细、实事求是，无作弊或编造数据等行为	5	
		环保、安全、节约(废纸、废液处理，节约试剂等)	2	
		文明操作(实验台整洁、物品摆放合理等)	2	
	学习能力	运用各种媒体学习、提取信息、获取新知识	2	
		学习中能够发现问题、分析问题、归纳总结、解决问题	2	
	工作能力	按工作任务要求，完成工作任务	2	
		对工作过程和工作质量进行全面、客观的评价	2	
		工作过程中组织、协调、应变能力	2	
	创新能力	学习中能提出不同见解	2	
		工作中提出多种解决问题的思路、完成任务的方案等	2	
	团结协作	服从老师、组长的任务分配，积极参与并按时完成	3	
		能认真对待他人意见，与同学密切协作、互相帮助、互相探讨	2	
		遇到问题商量解决，不互相推诿指责	2	

任务考核单

班级：_____ 姓名：_____ 学号：_____ 成绩：_____

试题名称		100 mL 容量瓶的校准			时间：25 min		
序号	考核内容	考核要点	配分	评分标准	扣分	得分	备注
1	操作前准备	(1)实验仪器、用具与试剂检查与清点	5	未检查与清点扣5分			
		(2)容量瓶准备	5	容量瓶未查漏各扣5分			
		(3)天平准备	10	(1)天平未检查扣5分			
				(2)天平未调试扣5分			
2	操作过程	(1)空瓶称量	10	(1)称量时未戴手套扣5分			直接用手拿取锥形瓶本项计0分
				(2)称量操作不规范扣5分			
		(2)容量瓶校准	25	(1)容量瓶注入蒸馏水不规范扣5分			
				(2)调整液面工具选择不正确扣5分			

续表

试题名称		四分法分样				时间：25 min	
序号	考核内容	考核要点	配分	评分标准	扣分	得分	备注
2	操作过程	(2)容量瓶校准	25	(4)洒漏处理不正确扣5分			
		(3)校准液称量	10	(1)未带塞操作扣5分			
				(2)称量不准确扣5分			
		(4)水温测定	5	未进行水温测定扣5分；测定不规范酌情扣2分			
3	结果计算	(1)原始记录	5	原始数据记录不规范、信息不全酌情扣1~5分			计算公式错误本项计0分
		(2)测定结果	15	(1)计算错误扣10分			
				(2)结果错误扣5分；不准确酌情扣2分			
4	自校结论	(1)结论用语	5	语言混乱、不准确各扣2分；结论错误扣5分			
5	文明操作	(1)仪器、设备、用具及台面整理	3	实验结束后，未整理扣3分；未全部归位扣1~2分			
		(2)仪器使用登记	2	未登记有关仪器使用记录扣2分			
6	安全及其他	(1)不得损坏仪器、设备及用具	—	损坏玻璃仪器等一般仪器、用具按每件10分从总分中扣除			
		(2)不得发生事故	—	发生事故停止操作			
		(3)在规定时间内完成操作	—	每超时1 min从总分中扣3分，超时5 min停止操作			
	合计		100				

否定项：若考生发生下列情况，则应及时终止其考试，考生该试题成绩记为零分。

①违章操作；②发生事故；③伪造实验数据

拓展 **资源**

你知道多年前实验室移取液体的方法吗？

　　如果在今天提起实验室，大多数人的印象应该是整洁、干净、规章制度多。可是，在大约100年前，这些高大上的实验室其实随意得可怕，甚至有些操作方法可以用"惊悚"来形容。

　　移液操作可能是各种生物医学或化学实验里最常见的操作了。很多人对这些实验的刻板印象就来自那些实验员手持移液枪操作的画面。

从 19 世纪末到 20 世纪初，很多科学家竟然都是用嘴来吮吸移液的！那个年代没有移液枪这样的精准仪器，移液需要的真空源基本上只能靠手捏橡胶头产生。可是这种方式对付一般的粗略移液还行，精确的移液操作就无能为力了。那时候碰巧发生了一件大事。美国商人马文·史东从美国人爱用麦秆吮吸冰冻酒的习惯中获取灵感，在自己的卷烟工厂中用纸造出了一支纸吸管。从那时开始，吸管就掀起了饮料界的大革命，仿佛那是时尚的象征。在这样的条件下，有人想到了用吸管喝饮料那样的方法来移液。为了保证移液量的精准，他们将一根有刻度的细长玻璃管的一端含在嘴里，另一端伸入液体，看着刻度想吸多少就吸多少。虽说用嘴巴解决了精确移液的问题，但也带来了新的麻烦。实验用到的液体可不是什么寻常的无害液体，万一不小心吸入，轻者拉肚子，重者不省人事。有的聪明人就想到在玻璃管的上端垫上一块棉花，防止误将溶液吸入嘴里，想法确实很美好，垫上棉花虽然能降低一定的风险，但是对浓氨水、浓盐酸这样挥发性强的溶液也没有效果。这还不是最致命的，在一些生化实验室里，实验员甚至用嘴直接吸病原体的培养液！有史料记载的第一次因嘴部移液导致的感染发生在 1893 年，一位内科医生在操作时因为意外吸入了伤寒杆菌的培养液，不幸中招。有调查指出，到 1915 年，约有 40% 的实验室源感染事件都是因吮吸移液导致的，每五次吮吸移液操作中就接近有一次会发生感染。

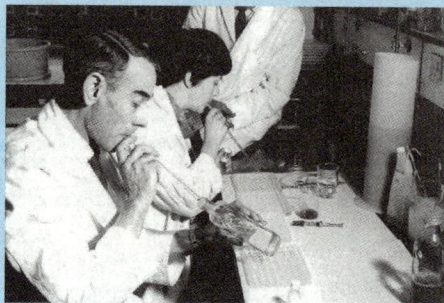

今天吮吸移液已经成为很多实验室里明令禁止的违规操作，现在的实验方法和操作规范都是前人在不断纠正错误认识，并在长期的工作积累中得到的经验和总结。这些勇士用血与泪筑起了如今可靠的实验安全规章，他们用自己的健康甚至是生命为全人类的事业作出了伟大的贡献。

巩固练习

一、单选题

1. 铬酸洗液呈（　　）时，表明其氧化能力已降低至不能使用。
   A. 黄绿色　　　　　B. 暗红色　　　　　C. 无色　　　　　D. 蓝色

2. 某一试剂的标签上英文缩写为 AR.，该试剂应为（　　）。
   A. 优级纯　　　　　B. 化学纯　　　　　C. 分析纯　　　　　D. 生化试剂

3. 金属钠着火，可选用的灭火器是（　　）。
   A. 泡沫式灭火器　　B. 干粉灭火器　　　C. 1211 灭火器　　　D. 7150 灭火器

4. 各种气瓶的存放，必须保证安全距离，气瓶距离明火应在（　　）m 以上，避免阳光暴晒。
   A. 2　　　　　　　B. 10　　　　　　　C. 20　　　　　　　D. 30

5. 有关滴定管的使用错误的是（　　）。
   A. 使用前应洗干净，并检漏
   B. 滴定前应保证尖嘴部分无气泡
   C. 要求较高时，要进行体积校正
   D. 为保证标准溶液浓度不变，使用前可加热烘干

6. 移液管在三角瓶内流完后管尖端接触瓶内壁约（　　）s后，再将移液管移出三角瓶。

　　A. 10　　　　　　　　B. 15　　　　　　　　C. 20　　　　　　　　D. 25

7. 配制好的盐酸溶液储存于（　　）中。

　　A. 棕色橡皮塞试剂瓶　　　　　　　　　B. 白色橡皮塞试剂瓶

　　C. 白色磨口塞试剂瓶　　　　　　　　　D. 试剂瓶

8. 进行移液管和容量瓶的相对校正时，（　　）。

　　A. 移液管和容量瓶的内壁都必须绝对干燥

　　B. 移液管和容量瓶的内壁都不必干燥

　　C. 容量瓶的内壁必须绝对干燥，移液管内壁可以不干燥

　　D. 容量瓶的内壁可以不干燥，移液管内壁必须绝对干燥

9. 在容量瓶上无须有标记的是（　　）。

　　A. 标线　　　　　　B. 温度　　　　　　C. 浓度　　　　　　D. 容量

10. 减量称量法称量的优点是适合称量（　　）。

　　A. 不易潮解物质　　　　　　　　　　B. 有毒物质

　　C. 多份易潮解的样品　　　　　　　　D. 不易挥发物质

二、多选题

1. 下列有关实验室安全知识说法正确的有（　　）。

　　A. 稀释硫酸必须在烧杯等耐热容器中进行，且只能将水在不断搅拌下缓缓注入硫酸

　　B. 有毒、有腐蚀性液体的操作必须在通风橱内进行

　　C. 氰化物、砷化物的废液应小心倒入废液缸，均匀倒入水槽，以免腐蚀下水道

　　D. 易燃溶剂加热应采用水浴加热或沙浴加热，并避免明火

2. 下列有关用电操作正确的是（　　）。

　　A. 人体直接触及电器设备带电体

　　B. 用湿手接触电源

　　C. 在使用电器设备时经检查无误后开始操作

　　D. 电器设备安装良好的外壳接地线

3. 在实验中，遇到事故采取的措施正确的是（　　）。

　　A. 不小心把药品溅到皮肤或眼内，应立即用大量清水冲洗

　　B. 若不慎吸入溴氯等有毒气体或刺激的气体，可吸入少量的酒精和乙醚的混合蒸气来
　　　解毒

　　C. 割伤应立即用清水冲洗

　　D. 在实验中，衣服着火时，应就地躺下、奔跑或用湿衣服在身上抽打灭火

4. 在实验室中，皮肤溅上浓碱液时，在用大量水冲洗后继而应（　　）。

　　A. 用5％硼酸处理　　　　　　　　　　B. 用5％小苏打溶液处理

　　C. 用2％醋酸处理　　　　　　　　　　D. 用1∶5 000 $KMnO_4$ 溶液处理

5. 可以直接加热的常用玻璃仪器为（　　）。

　　A. 烧杯　　　　　　B. 容量瓶　　　　　　C. 锥形瓶　　　　　　D. 量筒

6. 有关称量瓶的使用正确的是（　　）。

　　A. 不可作为反应器　　　　　　　　　B. 不用时要盖紧盖子

　　C. 盖子要配套使用　　　　　　　　　D. 用后要洗净

7. 电子天平使用时应该注意（　　）。

    A. 将天平置于稳定的工作台上避免振动、气流及阳光照射

    B. 在使用前调整水平仪气泡至中间位置

    C. 经常对电子天平进行校准

    D. 电子天平出现故障应及时检修，不可带"病"工作

8. 使用容量瓶时，不正确的操作是（　　）。

    A. 将固体试剂放入容量瓶中，加入适量的水，加热溶解后稀释至刻度

    B. 热溶液应冷至室温后再移入容量瓶稀释至标线

    C. 容量瓶中长久储存溶液

    D. 闲置不用时，盖紧瓶塞，放在指定的位置

三、判断题

1. 化学试剂中二级品试剂常用于微量分析、标准溶液的配制、精密分析工作。　（　　）

2. 实验中应该优先使用纯度较高的试剂以提高测定的准确度。　　　　　　　（　　）

3. 实验室三级水 pH 的测定应为 5.0～7.5，可用精密 pH 试纸或酸碱指示剂检验。（　　）

4. 实验结束后，无机酸、碱类废液应先中和后，再进行排放。　　　　　　　（　　）

5. 常用的滴定管、吸量管等不能用去污粉进行刷洗。　　　　　　　　　　　（　　）

6. 天平室要经常敞开通风，以防室内过于潮湿。　　　　　　　　　　　　　（　　）

7. 不可以用玻璃瓶盛装浓碱溶液，但可以盛装除氢氟酸以外的酸溶液。　　　（　　）

8. 标准溶液装入滴定管之前，要用该溶液润洗滴定管 2～3 次，而锥形瓶也需用该溶液润洗或烘干。　　　　　　　　　　　　　　　　　　　　　　　　　　　　　　（　　）

9. 使用天平时，称量前一定要调零点，使用完毕后不用调零点。　　　　　　（　　）

10. 实验室使用电器时，要谨防触电，不要用湿的手、物去接触电源，实验完毕后及时拔下插头，切断电源。　　　　　　　　　　　　　　　　　　　　　　　　　　（　　）

模块三 失之毫厘，谬以千里——定量分析的误差

案例引入

　　徐立平，中国航天科技集团高级技师，在航天系统工作 30 多年，曾获得中华技能大奖、全国五一劳动奖章，以及"时代楷模""最美奋斗者""感动中国人物"等称号，凭借一把刀和出神入化的手上功夫，协助国家将一件件大国利器送入太空，他的职业身份叫作"火药雕刻师"。

　　这项工作可谓是"用生命在工作"，因为迄今为止，没有任何足够精细的机器可以为导弹固体燃料发动机的火药进行微整形，只能通过人工调整，而只要雕刻的火药药面精度有超过 0.5 mm 的误差，就很有可能使导弹武器偏离轨道。在火药上动刀，稍有不慎就会引起燃烧甚至爆炸，这个被称为"在炸药堆上工作"的岗位，其危险程度可想而知。

　　尽管这项工作的难度与危险程度都超乎寻常，但经徐立平之手雕刻出的火药药面误差却不超过 0.2 mm。对于他而言，秉承严谨细致的工匠品质一直是他对自己的要求。"做事就要做到最好"，如今的徐立平，已经是我国航天固体推进剂整形技术领域的领军人物，为火箭上天、导弹发射、神舟遨游、北斗导航、嫦娥探月等航天重大工程任务"精雕细刻"，让一件件大国重器华丽绽放，被誉为新时代"雕刻火药的大国工匠"。

学习目标

知识目标：

1. 了解误差的来源及特点；
2. 掌握误差的减免方法；
3. 掌握有效数字的修约及运算规则；
4. 掌握分析结果的数据处理方法。

能力目标：

1. 能够判断误差产生的原因；
2. 能够正确记录有效数字及修约；
3. 能够正确对分析结果进行数据处理。

素养目标：

1. 具备一丝不苟的科学品质和良好的职业道德；
2. 具备法律意识，自觉守法，并付诸实践工作；
3. 培养认真严谨的思维方法。

模块导学

```
                                        ┌─ 定量分析的误差
                    ┌─ 认识定量分析的误差 ─┼─ 误差的表示方法
                    │                    └─ 提高分析结果准确度的方法
                    │
                    │                    ┌─ 有效数字
                    │                    ├─ 数字修约规则
                    │                    │
  定量分析的误差 ───┼─ 分析结果的数据处理 ─┼─ 有效数字的运算法则
                    │                    ├─ 有效数字在定量分析中的应用
                    │                    └─ 可疑测定值的取舍
                    │
                    │                           ┌─ 实验数据的记录
                    ├─ 分析结果的表述及实验报告的书写 ─┤
                    │                           └─ 实验报告的书写
                    │
                    │           ┌─ 任务3-1   检测结果分析
                    └─ 任务演练 ─┤
                                └─ 任务3-2   分析检验报告单书写
```

任务资讯

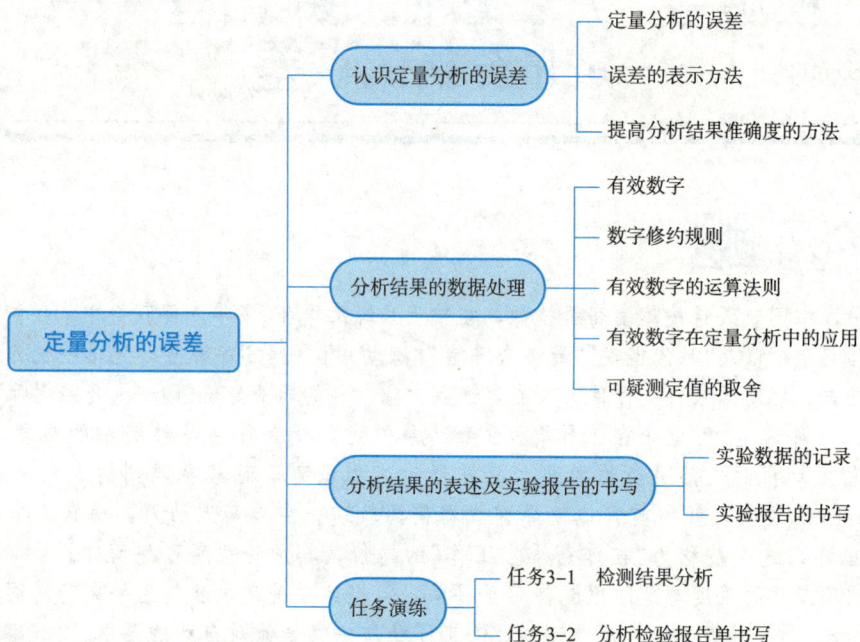

知识点一 认识定量分析的误差

一、定量分析的误差

定量分析的目的是准确测定试样中组分的含量，因此分析结果必须具有一定的准确度。在定量分析中，由于受分析方法、测量仪器、所用试剂和分析工作者主观条件等多种因素的限制，分析结果与真实值不完全一致。即使采用最可靠的分析方法，使用最精密的仪器，由技术很熟练的分析人员进行测定，也不可能得到绝对准确的结果。同一个人在相同条件下对同一种试样进行多次测定，所得结果也不会完全相同。这表明，在分析过程中，误差是客观存在，不可避免的。因此，我们应该了解分析过程中误差产生的原因及其出现的规律，以便采取相应的措施减小误差，以提高分析结果的准确度。

误差按其性质可以分为系统误差和随机误差两大类。

1. 系统误差

系统误差是由于某些比较确定的、经常性的原因所造成的误差，即由固定因素引起的。特点：重复测定时会重复出现，其误差的大小和正负往往是恒定的或相差很小，使分析结果偏高或偏低，对分析结果的影响比较固定，具有"单向性"。若能找出原因，就可消除，又称为可测误差。

（1）系统误差的来源。系统误差的来源主要有四个方面。

1）方法误差。方法误差是由于分析方法本身所造成的误差。

例如，在重量分析中，由于沉淀的不完全、共沉淀现象、灼烧过程中沉淀的分解或挥发；在滴定分析中，反应进行得不完全、滴定终点与化学计量点不符合，以及杂质的干扰等，都会使系统结果偏高或偏低。

2）仪器误差。仪器误差是由于仪器本身不够精确引起的。

例如，天平砝码不够准确，滴定管、容量瓶和移液管的刻度有一定误差，721 分光光度计没有预热就工作等都会使分析结果产生一定的误差。

3）试剂误差。试剂误差是由于试剂不纯引起的。

试剂纯度：工业纯＜化学纯＜分析纯＜优级纯。

4）操作误差。操作误差是指在正常条件下，分析人员的操作与正确的操作稍有差别而引起的误差。

例如，习惯性的试样分解不完全、沉淀洗涤不完全或洗涤过分；滴定管的读数系统偏低或偏高，对颜色不够敏锐等。

（2）系统误差的检查与减免方法。依据系统误差的来源进行检验和确定减免的方法，常用的方法有以下几种。

1）对照实验：常用已知准确含量的标准试样（人工合成试样），按同样方法进行分析以资对照，也可以用不同的分析方法，或者由不同单位的化验人员分析同一试样来互相对照，标准试样组成应尽量与试样组成相近。

例如，在进行新的分析方法研究时，常用标准试样来检验方法的准确度，或用国家规定的标准方法对同一试样进行分析。

2）空白实验：在不加待测组分的情况下，按分析试样的分析方法所进行的实验称为空白实验。所测得的值叫作空白值。从试样的分析结果中扣除空白值，就可以得到比较准确的分析结果。

$$分析结果＝测定值－空白值$$

空白实验可以检验和减免由试剂、蒸馏水不纯，或仪器带入的杂质所引起的误差，但空白值过大时，必须提纯试剂或改选仪器。

3）校准仪器：仪器不准确引起的系统误差，可以通过校准仪器减少其影响。

在日常分析工作中，因仪器出厂时已进行过校正，只要仪器保管妥善，一般可不必进行校准。在准确度要求较高的分析中，对所用的仪器如滴定管、移液管、容量瓶、天平砝码等，必须进行校准，求出校正值，并在计算结果时采用，以消除由仪器带来的误差。

4）校正方法：某些分析方法的系统误差可用其他方法直接校正。

例如，在重量分析中，使被测组分沉淀绝对完全是不可能的，如有必要，须采用其他方法对溶解损失进行校正。如在沉淀硅酸后，可再用比色法测定残留在滤液中的少量硅，在准确度要求高时，应将滤液中该组分的比色测定结果加到重量分析结果中去。

2. 偶然误差

偶然误差是由难以控制、无法避免的因素（环境的温度、湿度、气压的微小波动、仪器性能的微小变化）所引起的，也称为随机误差、不可测误差。特点：重复测定时，时高时低，时大时小，"非单向性"；随机性，不可测量。

随机误差的分布遵从以下统计规律，其概率分布如图 3-1 所示。

由图 3-1 可看出，大小相等的正负误差出现的概率相等；小误差出现的概率大，大误差出现的概率小，特大的误差出现的概率更小。

减免方法：在消除系统误差的情况下，测定次数越多，其平均值越接近真实值（正负误差抵消）。

3. 过失误差

过失误差是由分析人员的粗心大意引起的。

例如，溶液的溅失，加错试剂，读错读数，记录和计算错误等，这些都是不应有的过失，不属于误差的范围，正确的测量数据不应包括这些错误数据。当出现较大的误差时，应认真考虑原因，剔除由过失引起的错误数据。

二、误差的表示方法

1. 准确度和误差

准确度是指分析结果（测得值 X）与真实值（真值 T）相接近的程度。分析结果与真实值之间差别越小，则分析结

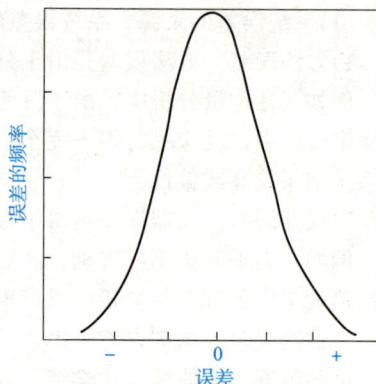

图 3-1　随机误差概率分布

果的准确度越高。准确度的大小用误差来衡量。误差是指测定结果与真值之间的差值。误差又可分为绝对误差和相对误差。两者都有正负值。正值表示分析结果偏高，负值表示分析结果偏低。

$$绝对误差(E)=测得值(X)-真实值(T)$$

$$相对误差(RE)=\frac{测得值(X)-真实值(T)}{真实值(T)}\times 100\%$$

【例 3-1】　分析天平称量两物体的质量分别为 1.638 0 g 和 0.163 7 g，假设两物体的真实值各为 1.638 1 g 和 0.163 8 g，则计算两者的绝对误差。

解： $E_1=1.638\ 0-1.638\ 1=-0.000\ 1(g)$　　　$E_2=0.163\ 7-0.163\ 8=-0.000\ 1(g)$

两者的相对误差分别为

$$RE_1=\frac{-0.000\ 1}{1.638\ 1}\times 100\%=-0.006\%$$

$$RE_2=\frac{-0.000\ 1}{0.163\ 8}\times 100\%=-0.06\%$$

由此可见，绝对误差相等，相对误差并不一定相等。在上例中，同样的绝对误差，称量物体越重，其相对误差越小。因此，用相对误差来表示测定结果的准确度更为确切。

2. 精密度和偏差

在实际工作中，真值往往是不知道的，因此无法用误差衡量分析结果的好坏。人们往往在相同条件下对同一试样进行多次平行测定，得到多个测定数据，取其算术平均值，以此作为最后的分析结果。

精密度就是多次平行测定结果相互接近的程度。精密度高表示结果的重复性或再现性好。精密度的高低用偏差表示。

偏差又称为表观误差，是指各单次测定结果与多次测定结果的算术平均值之间的差别。偏差分为绝对偏差（d_i）和相对误差（d_r）。

绝对偏差（d_i）=测得值 x_i 与平均值 $\bar{x}$ 之差。

$$d_i=x_i-\bar{x}$$

相对偏差（d_r）：某次测定的绝对偏差在平均值中所占的百分数。

$$d_r=\frac{d_i}{\bar{x}}\times 100\%$$

绝对偏差和相对偏差只能表示单次测定值与平均值的偏离程度，不能表示一组测量值中各测定值之间数据的分散程度，即不能表示精密度，为了描述多次测定结果的精密度，通常用平均偏差来表示。

平均偏差($\overline{d}$)：以各次测定偏差的绝对值的平均值表示。

$$\overline{d}=\frac{|d_1|+|d_2|+\cdots+|d_n|}{n}$$

相对平均偏差($\overline{d}_r$)：平均偏差在测定平均值中所占的百分比。

$$\overline{d}_r=\frac{\overline{d}}{\overline{x}}\times100\%$$

当分析常量组分时，分析结果的相对平均偏差一般要求小于 0.2%。

3. 标准偏差和相对标准偏差

用平均偏差表示精密度时，对于个别存在较大偏差的测定值还不能很好地体现其精密度，而采用标准偏差就可以突出较大偏差的影响。

标准偏差也叫作均方根偏差(s)：一用来描述有限次数($n<20$)测定数据的分散程度。

$$s=\sqrt{\frac{\sum d_i^2}{n-1}}=\sqrt{\frac{(x_1-\overline{x})^2+(x_2-\overline{x})^2+\cdots+(x_n-\overline{x})^2}{n-1}}$$

当 $n\geq50$ 时，分母 $n-1$ 可由 n 代替。

相对标准偏差(CV)：标准偏差占平均值的百分比，也称为变异系数。

$$CV=\frac{s}{\overline{x}}\times100\%$$

用标准偏差表示精密度比用平均偏差更合适，因为单次测定的偏差平方后较大的偏差更明显地反映出来，这样便能更好地说明数据的分散程度。但在要求不高的分析工作中，常采用计算简便的平均偏差来衡量精密度。对于要求较高的分析，经常采用标准偏差来衡量精密度。

例如，甲乙两人各自测得一组数据，其测定值分别为

甲组　2.9　2.9　3.0　3.1　3.1

乙组　2.8　3.0　3.0　3.0　3.2

通过计算我们获得甲乙两组数据的平均偏差和标准偏差如下：

	平均值 $\overline{x}$	平均偏差 $\overline{d}$	标准偏差 s
甲组	3.0	0.08	0.1
乙组	3.0	0.08	0.14

显然，甲乙两组数据的平均偏差相等，由平均偏差无法判断两组数据的精密度差异，但是通过标准偏差可以明显看出甲组数据的精密度高于乙组数据。因此，标准偏差比平均偏差更能灵敏地反映较大偏差的存在，能更好地反映测定结果的灵敏度。

【例 3-2】 分析某铁矿石中铁的含量(%)，其结果为 37.45、37.20、37.50、37.30、37.25。计算结果的平均值、平均偏差、标准偏差及变异系数。

解： $\overline{x}=\dfrac{37.45+37.20+37.50+37.30+37.25}{5}=37.34(\%)$

单次测量的偏差分别为

$d_1=+0.11\%；d_2=-0.14\%；d_3=+0.16\%；d_4=-0.04\%；d_5=-0.09\%$

$\overline{d}=\dfrac{1}{n}\sum\limits_{i=1}^{n}|d_i|=\dfrac{0.11+0.14+0.16+0.04+0.09}{5}=0.11(\%)$

$s=\sqrt{\dfrac{\sum\limits_{i=1}^{n}d_i^2}{n-1}}=\sqrt{\dfrac{0.11^2+0.14^2+0.16^2+0.04^2+0.04^2}{5-1}}=0.13(\%)$

$CV=\dfrac{s}{\overline{x}}\times100\%=\dfrac{0.13}{37.34}\times100\%=0.35\%$

4. 准确度和精密度的关系

在分析工作中，评价一项分析结果的优劣，应该从分析结果的准确度和精密度两个方面入手。精密度是保证准确度的先决条件。精密度差，所得结果不可靠，也就谈不上准确度高。但是，精密度高并不一定保证准确度高。

图 3-2 显示了甲、乙、丙、丁四人测定同一试样中铁含量时所得的结果。由图可见，甲所得的结果的准确度和精密度均好，结果可靠；乙分析结果的精密度虽然很高，但准确度较低；丙的精密度和准确度都很差；丁的精密度很差，平均值虽然接近真实值，但这是由于正负误差凑巧相互抵消的结果，因此丁的结果也不可靠。

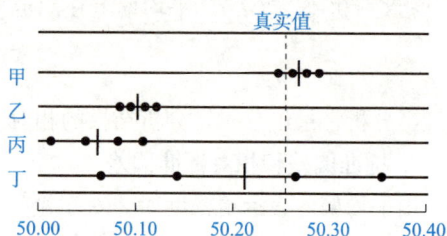

图 3-2　不同工作者分析同一试样的结果
（•表示个别测定值，∣表示平均值）

可见，精密度高不一定准确度高，准确度高一定需要精密度高。精密度是保证准确度的先决条件。精密度低则说明分析结果不可靠，自然也失去了衡量准确度的前提。总之，评价一个结果，既要考虑测定的精密度，也要考虑测定的准确度，即应该将系统误差和随机误差的影响结合起来考虑。

三、提高分析结果准确度的方法

从误差产生的原因来看，要提高分析结果的准确度，就必须熟练掌握操作方法，并采取一定的措施，尽量减小测定过程中的各种误差。

1. 选择合适的分析方法

要提高分析结果的准确度，首先要选择合适的分析方法。化学分析方法准确度高，但灵敏度低，因此适合常量组分（组分含量在 1% 以上的样品）分析；仪器分析法灵敏度高，但准确度低，适合微量、痕量组分（组分含量在 1% 以下的样品）分析。

2. 减小测量误差

为保证分析结果的准确度，必须尽量减小测量误差。在分析测定中，分析结果往往不是一步完成的，每步测定都有可能产生误差，并且都要传递到最终结果中去。为了保证分析结果的准确度，必须尽量减小分析过程中每一步的测量误差。过小的取样量将会影响测定的准确度。为了满足相对误差小于 0.1%，滴定管滴定过程中一般要求滴定液体积至少为 20 mL，分析天平称量量为 0.2 g 以上。

3. 消除测定过程中的系统误差

根据系统误差产生的原因，采用不同的方法来检验和消除系统误差。采用对照实验，用已知准确含量的标准试样（或用纯物质配成试液）按照相同的方法，在同样的条件下，用同样的试剂进行分析测定，找出校正值，校正可能引起的误差；进行空白实验，在不加试样的情况下，按照试样的分析条件进行分析，得出由试剂、溶剂、分析器皿中某些杂质引起的系统误差，在试样测定值中扣除，从而减小系统误差；分析测定前，对分析天平、玻璃量器等进行校准，从而消除仪器不准所引起的系统误差。

4. 增加平行测定次数，减小随机误差

从随机误差的规律可知，在消除系统误差的前提下，平行测定次数越多，测得的算术平均值越接近真实值。即可适当增加平行测定次数，来减小随机误差，从而提高分析结果的准确度，一般定量分析平行测定 3~4 次即可，要求高时，可适当增加平行测定次数。

知识点二 分析结果的数据处理

分析化学中的数字分为两类：一类数字为非测量所得的自然数，这类数字不涉及准确度的问题，如测量次数、样品份数、计算中的倍数、反应中的化学计量关系及各类常数等；另一类数字为测量所得，这类数字不仅表示数量的大小，而且还反映测量结果的准确度，其数字位数的多少应与分析方法的准确度及仪器测量的精度相适应，在记录和处理这类数据时，必须遵循有效数字的有关规则。

一、有效数字

1. 有效数字的定义

有效数字就是指在分析工作中实际能测量到的有实际意义的数字。在记录、处理测量数据和计算分析结果时，到底应该保留几位有效数字，这要根据测量仪器、分析方法的准确度来确定。总之，有效数字不仅能表示数值的大小，还可以反映测量的精确程度。

有效数字＝所有的可靠的数字＋一位可疑数字

例如，用万分之一的分析天平称某试样的质量为 3.679 8 g，这一数值中，3.679 是准确的，最后一位数字"8"存在误差，是可疑数字。该试样的实际质量应为(3.679 8±0.000 1)g。

有效数字的位数不同，说明用的称量仪器的准确度不同。

例：0.5 g   用的是托盘天平

　　0.518 0 g   用的是分析天平

2. 有效数字位数的确定

(1)进行单位变换时，有效数字的位数应保持不变。例如，10.00 mL 应写成 0.010 00 L；0.120 0 g 应写成 120.0 mg。

(2)数据中"0"的确定。"0"作为普通数字使用或作为定位的标志。例如：

0.600 0 g、20.05％、6.325×10³   四位有效数字

0.045 0 g、2.57×10³   三位有效数字

0.8 g、0.005％、5×10²   一位有效数字

(3)对于很小或很大的数，用 0 定位不方便时，可改用指数形式表示(科学记数法)，但应注意有效数字位数不变。

(4)pH、pM、pK、lgC、lgK 等对数值，其有效数字的位数取决于小数部分(尾数)数字的位数。因为其整数部分的数字只代表原值的幂次。其有效数字的位数仅取决于小数部分数字的位数。例如，pH＝12.68，即[H^+]＝2.1×10⁻¹³ mol/L，其有效数字只有两位，而不是四位。

(5)分析计算中的倍数、分数及常数 π、e 等一些非测量数字的有效数字位数视为无限多。

(6)首位为 8 或 9 的数字，有效数字可多计一位。例如，9.46 实际上只有三位有效数字，但它已接近 10.00，故在运算过程中可以认为它是四位有效数字。

二、数字修约规则

在计算时通常先根据有效数字的运算法则确定有效数字的位数，然后将多余尾数舍弃，该过程称为数字修约。

(1)"四舍六入五留双"规则。当被修约的数字小于或等于 4 时，则可舍去该数字；当被修约的数字大于或等于 6 时，则进位；当被修约的数字等于 5 时，按以下方法处理：

5 后有非"0"的数→进位

5 后无非"0"的数→5 前为奇数→进位

       5 前为偶数(包括 0)→舍去

例如，将下列测量值修约为四位数：

14.244 2	14.24
25.486 3	25.49
15.025	15.02
2.383 50	2.384
4.624 51	4.625

(2)一次修约至所需位数，不能分次修约。例如，将 8.506 修约为两位有效数字，不能先修约为 8.51，再修约成 8.6，而应一次修约为 8.5。

(3)运算过程中可先多保留一位有效数字，最后结果修约至相应位数。

(4)表示偏差、误差等的数值应修约得大一些。因为这些数值是表示不准确性的，所以修约的结果应使准确度变得更差些，提高可靠性。

三、有效数字的运算法则

1. 加减法运算

加减法传递的是绝对误差，所以应使计算结果的绝对误差与各数据中绝对误差最大(小数点后位数最少)的那个数相当。几个数据相加或相减时，它们的和或者差的有效数字的保留位数，应以小数点后位数最少的数据为依据。

例如，$0.012\ 4+23.35+1.057\ 43$，它们的和应以 23.35 为依据，保留到小数点后第二位。计算时，可先修约成 $0.01+23.35+1.06$ 再计算其和。

$0.01+23.35+1.06=24.42$

2. 乘除法运算

乘除法传递的是相对误差，所以应使计算结果的相对误差与各数据中相对误差最大(有效数字位数最少)的那个数相当。几个数相乘或相除时，它们的积或商的有效数字位数的保留，应以有效数字位数最少的数据为依据。

例如，$0.012\ 4\times23.35\times1.057\ 43$，其积的有效数字位数的保留以 0.012 4 三位有效数字为依据，确定其他数据的位数，修约后进行计算。

$0.012\ 4\times23.4\times1.06=0.308$

综上所述，分析化学中记录数据及计算分析结果的基本规则如下。

(1)记录测定结果时，正确保留有效数字位数，且只应在最末位保留一位可疑数字。

(2)根据运算法则确定有效数字位数后，按数字修约规则进行修约，然后计算出结果。

(3)有效数字的保留规则大致如下。

1)对于不同含量组分的测定，一般要求保留的有效数字位数是：高含量组分(>10%)4 位；中含量组分(1%～10%)3 位；微量组分(<1%)2 位即可。

2)对于不同分析方法测定结果有效数字位数保留要求，化学分析(滴定分析和重量分析)4 位，以表明分析结果有千分之一的准确度；而仪器分析(如光度分析)只要求 2～3 位。

3)对于各种化学平衡的计算，根据具体情况保留 2 或 3 位有效数字。

4)对于各种误差、偏差的计算，大多数情况下，只取一位有效数字即可，最多取两位有效数字，如 $RSD=0.06\%$。

5)计算中涉及的各种自然数一般视为准确的，不考虑其有效数字的位数问题。

四、有效数字在定量分析中的应用

1. 用于正确记录原始数据

根据选用仪器的实际准确度正确记录数据。例如，在滴定管上读取数据时，必须记录到以毫升为单位小数点后两位。如消耗滴定液的体积恰为 28 mL，也要记录为 28.00 mL。

2. 用于正确称取试剂的用量和选择适当的测量仪器

例如，万分之一的分析天平，其绝对误差为 ±0.0001 g，减重称量的绝对误差为 ±0.0002 g。称取样品的质量应大于 0.2 g。常量滴定管的绝对误差为 ±0.02 mL，在滴定分析中，一般要求消耗滴定液(标准溶液)体积为 20~30 mL，就是为了减少读数误差。

3. 用于正确表示分析结果

两位分析者同时测定某一试样中硫的质量分数，称取试样均为 3.5 g，分别报告结果如下。

甲：0.042%，0.041%。乙：0.040 99%，0.042 01%。问：哪一份报告是合理的？为什么？

答：甲的报告合理。因为在称样时取了两位有效数字，所以计算结果应和称样时相同，都取两位有效数字。换句话说，甲的报告的准确度和称样的准确度一致，而乙的报告的准确度与称样的准确度不相符，没有意义。

五、可疑测定值的取舍

在一组平行测定值中常常出现某一两个测定值比其余测定值明显地偏大或偏小，我们称之为可疑值，也称为离群值、异常值、逸出值。如果可疑值确实是由于实验过程中的过失(如溶液溅失、加错试剂等)造成的，就必须剔除；否则就不能随意取舍，而必须用统计的方法判断可疑值应该保留还是舍弃。

可疑值的检验方法有四倍法(也称 $4\bar{d}$ 法)、格鲁布斯法(Grubbs 法)(不作介绍)和 Q 检验法等。

1. $4\bar{d}$ 法

$4\bar{d}$ 法适用于测定 4~6 个数据的测量实验，也称为 4 乘平均偏差法：即偏差大于 4 倍平均偏差的测定值可以舍弃。

步骤：

(1)求异常值(Q_u)以外数据的平均值和平均偏差。

(2)如果异常值与平均值之差大于四倍的平均偏差($Q_u-\bar{x}>4\bar{d}$)，舍去；反之保留。

【例 3-3】　分析过程中我们测得一组数据，5 次平行测结果分别为 30.18、30.56、30.23、30.35、30.32，可疑值为 30.56 是否该舍弃呢？

解：(1)求可疑值以外的平均值：30.27。

(2)求可疑值之外的平均偏差：0.065。

(3)求可疑值与平均值之差：30.56－30.27＝0.29。

(4)将四倍平均偏差 4×0.065＝0.26 和步骤(3)中求出的差值 0.29 做比较，差值大于四倍平均偏差，则可疑值 30.56 应舍弃。

2. Q 检验法

当测定次数 $n=3\sim10$ 时，按下述步骤检验可疑值是否可以弃去。

检验步骤如下。

(1)数据按由小到大的顺序排列：x_1 x_2 $\cdots$ x_n（x 或 x_n 可能是可疑值）。

(2)求极差：x_n-x_1。

(3)求可疑数据与相邻数据之差：

$$x_n-x_{n-1} \quad 或 \quad x_2-x_1$$

(4)计算 Q 值：

$$Q=\frac{x_n-x_{n-1}}{x_n-x_1} 或 Q=\frac{x_2-x_1}{x_n-x_1}$$

(5)根据测定次数和要求的置信度，查 Q 值表（表3-1）。

(6)将计算 Q 与查表 Q_X（如 $x=0.90$）相比：

若 $Q>Q_X$，则舍弃该数据；

若 $Q<Q_X$，则保留该数据。

当数据较少时，舍去一个后，应补加一个数据。

表3-1 Q 值表

n	3	4	5	6	7	8	9	10
$Q_{0.90}$	0.94	0.76	0.64	0.56	0.51	0.47	0.44	0.41
$Q_{0.95}$	0.97	0.84	0.73	0.84	0.59	0.54	0.51	0.49
$Q_{0.95}$	0.99	0.93	0.82	0.74	0.68	0.63	0.60	0.57

【例3-4】 测定某矿石中铁的含量（％），获得如下数据：79.58、79.45、79.47、79.50、79.62、79.38、79.90。79.90为可疑数据，是否该舍弃？

解：检验步骤如下。

(1)排列数据：79.38、79.45、79.47、79.50、79.58、79.62、79.90。

(2)79.90偏差较大，为可疑数据，计算 Q 值。

$$Q=\frac{79.90-79.62}{79.90-79.38}=\frac{0.28}{0.52}=0.54$$

(3)测定次数 7 次，设置信度 $P=90\%$，查 Q 值表，$Q_{0.90}=0.51$，所以计算的 Q 值大于查表值 $Q_{0.90}$，则 79.90 应该舍去。

3. $4\bar{d}$ 法和 Q 检验法的比较

(1)相同处：从误差出现的概率考虑。

(2)不同处：$4\bar{d}$ 法将可疑数据排除在外，方法简单，只适合处理一些要求不高的实验数据。Q 检验法准确性相对较高，方法也简单易行。

知识点三　分析结果的表述及实验报告的书写

定量分析的任务是准确测定试样中有关组分的含量。为了得到准确的分析结果，不仅要精确地进行各种测量，还要正确地记录实验数据和报告分析结果。分析结果的数据不但能表达试样中待测组分的含量，还能反映测量的准确度。因此，学会正确地记录实验数据、书写实验报告、报告分析结果，是分析人员不可缺少的基本业务素质。

一、实验数据的记录

(1)应有专门的实验记录本，并标上页码数，不得撕去其中任何一页。也不允许将数据记在单页纸片上，或随意记在其他地方。

(2)实验记录上要写明日期、实验名称、测定次数、实验数据及检验人员。

(3)记录应及时、准确、清楚。记录数据时，要实事求是，要有严谨的科学态度，切忌夹杂主观因素，决不能随意拼凑和伪造数据。实验过程中涉及特殊仪器的型号和标准溶液的浓度、室温等，也应及时、准确地记录下来。

(4)实验过程中记录测量数据时，其数字的准确度应与分析仪器的准确度一致。

例如，用万分之一分析天平称量时，要求记录至 0.000 1 g；常量滴定管和吸量管的读数应记录至 0.01 mL。

(5)实验记录上的每一个数据都是测量结果。平行测定时，即使得到完全相同的数据也应如实记录下来。

(6)在实验过程中，如发现数据中有记错、测错或读错而需要改动之处，可将要改动的数据用一横线划去，在其上方写出正确的数字，并由修改人签注。

(7)实验结束后，应该对记录是否正确、合理、齐全，平行测定结果是否超差，是否需要重新测定等进行核对。

二、实验报告的书写

实验报告是总结实验情况、分析实验中出现的问题、归纳总结实验结果、提高学习能力不可缺少的环节。

独立地书写完整、规范的实验报告，是一名分析人员必须具备的能力和基本功，是信息加工能力的表现。因此，实验结束后，要及时地按要求完成实验报告，并注意不断总结提高标准。

书写实验报告和开具分析检验报告单在内容和要求上又有所不同，下面分别加以介绍。

1. 书写实验报告

书写实验报告的用语要科学规范、表达简明、字迹清楚、报告整洁。实验原理部分既要简捷又不能遗漏。实验报告的内容如下。

(1)实验名称、实验日期。

(2)实验目的。

(3)实验原理。例如，滴定分析实验应包括滴定反应式、测定方法、测定条件、化学计量点的 pH、指示剂的选择及使用的酸度范围、终点现象。

(4)试剂及仪器。包括特殊仪器的型号及标准溶液的浓度。

(5)实验步骤。实验步骤的描述，要按操作的先后顺序，用箭头流程法表示。

(6)实验数据及处理。采用列表法处理实验数据更为清晰、规范。列表法具有简明、便于比较等优点。滴定分析法和称量分析法常用此法。表中包括测定次数、数据、平均值、平均偏差、结果计算式等内容。涉及的实验数据应使用法定计量单位。

(7)实验误差分析。分析误差产生的原因、实验中应注意的问题及某些改进措施。

(8)体会。即对实验的感受。

(9)实验思考题。为促进对实验原理方法的掌握，培养分析问题和解决问题的能力，对预习中思考的问题作出回答，写入实验报告。同时便于教师对学生学习情况的了解，及时解决学习中出现的问题。

2. 开具分析检验报告单

要开出完整、规范的分析检验报告单，必须具备查阅产品标准及法定计量单位的能力，还要掌握生产工艺控制指标，这样才能对所检验的项目作出正确的结论。同时填写时要求字迹清晰，数码用印刷体。分析检验报告单的内容一般包括样品名称、送检单位、生产日期及批号、取样时间、检验时间、检验项目、检验结果、报告日期、检验员签字、主管负责人签字、检验单位盖章等。

填写分析检验报告单应做到以下几点。

(1)检验报告必须由考核合格的检验技术人员填报。进修及代培人员不得独自报出检验结果，必须有指导人员或实验室负责人的同意和签字，否则检验结果无效。

(2)检验结果必须经第二者复核无误后，才能填写分析检验报告单。分析检验报告单上应有检验人员和复核人员的签字及实验室负责人的签字。

(3)分析检验报告单一式两份，其中正本提供给服务对象，副本留存备查。分析检验报告单经签字和盖章后即可报出，但如果遇到检验不合格或样品不符合要求等情况，分析检验报告单应交给技术人员审查签字后才能报出。

分析检验报告单可按规定格式设计，也可按产品特点单独设计，以表 3-2 格式为例。

表 3-2　分析检验报告单式样

×××××××(检验单位名称)

分析检验报告单

编号：

送检单位		样品名称		
生产单位		检验依据		
生产日期及批号		送检日期	检验日期	
检验项目				
检验结果：				
结论：				
技术负责人：		复核人：	检验人：	

附注：(1)×××××××；

　　　(2)×××××××。

年　　月　　日

任务演练

任务 3-1　检测结果分析

■任务描述

测定 100 g 某果汁中维生素 C 的含量，进行 9 次平行测定，经校正系统误差后，数据分别为 3.49 mg、3.53 mg、3.71 mg、3.46 mg、3.44 mg、3.39 mg、3.56 mg、3.57 mg、3.51 mg。

(1)为检验测定结果的精密度，求出此次测定结果的标准偏差。

(2)分别用 $4\bar{d}$ 法和 Q 检验法检验数据中的可疑值。

任务小贴士

　　在实际分析中，在消除了系统误差后，多次平行测定的结果也会出现不一致，这主要是由于随机误差引起的，为了正确评估分析结果的可靠程度，对实验的数据不能简单处理，需要用统计的方法分析结果的可靠程度。

任务分析

(1)怎样判断检验结果是否可靠？

(2)本次任务中用到了哪些计算公式？

任务实施

任务报告

任务反思

任务评价表

班级：＿＿＿＿＿　姓名：＿＿＿＿＿　学号：＿＿＿＿＿　成绩：＿＿＿＿＿

序号	考核项目	评价指标	配分	得分
1	知识考核（20分）	(1)对精密度的理解与运用	10	
		(2)误差计算公式的掌握	10	
2	能力考核（50分）	(1)计算结果正确	10	
		(2)有效数字保留正确	10	
		(3)在规定时间内完成，时间分配合理	10	
		(4)结果判断正确	10	
		(5)能认真听取他人意见，及时修改	10	
3	素养考核（30分）	(1)守纪律(不迟到、早退、喧哗、串岗)、认真仔细、实事求是	10	
		(2)服从任务分配，积极参与并按时完成	10	
		(3)与同学团结协作、互相帮助、互相探讨	10	
	合计		100	

任务考核单

班级：＿＿＿＿＿　姓名：＿＿＿＿＿　学号：＿＿＿＿＿　成绩：＿＿＿＿＿

试题名称		检测结果分析			时间：10 min		
序号	考核内容	考核要点	配分	评分标准	扣分	得分	备注
1	精密度	精密度计算	20	计算公式不正确扣20分，计算结果不正确扣10分			
2	标准偏差	标准偏差计算	20	计算公式不正确扣20分，计算结果不正确扣10分			
3	可疑值判断	$4\bar{d}$检验法	20	计算公式不正确扣20分，计算结果不正确扣10分			
		Q检验法	20	计算公式不正确扣20分，计算结果不正确扣10分			
4	数据处理	有效数字保留	20	(1)有效数字保留位数不正确扣5分/个			
				(2)有效数字修约不正确扣5分/个			
	合计		100				

任务 3-2　分析检验报告单书写

■任务描述

氨基酸态氮含量是酱油的特征性指标之一，是指以氨基酸形式存在的氮元素的含量。它代表了酱油中氨基酸含量的高低。氨基酸态氮含量越高，酱油的质量越好，鲜味越浓。在行业标准中，酱油的质量等级主要是依据酱油中氨基酸态氮的含量确定的。特级、一级、二级、三级的氨基酸态氮含量要求分别为 $\geqslant 0.80$ g/(100 mL)、$\geqslant 0.70$ g/(100 mL)、$\geqslant 0.55$ g/(100 mL)、$\geqslant 0.40$ g/(100 mL)。国家强制性标准《食品安全国家标准 酱油》(GB 2717—2018)中规定酱油中氨基酸态氮含量大于或等于 0.40 g/(100 mL)。

假定你是某检验单位的技术人员，一酿造厂送来批号为 202301081205 的一批烹调酱油样品，检验氨基酸态氮的含量，你采用凯氏定氮法测定后，结果表明样品的含氮量为 0.65 g/(100 mL)，请你设计并填写一份食品分析检验报告单。

☀任务小贴士

分析检验报告是分析检验的最终产物，是产品质量的凭证，也是产品质量是否合格的技术根据，因此其反映的信息和数据，必须客观公正、准确可靠，填写要清晰完整。

■任务分析

(1)分析检验报告单包括哪些内容？

(2)分析检验报告单设计需要注意哪些问题？

■任务实施

■**任务反思**

任务评价表

班级：＿＿＿＿＿＿　　姓名：＿＿＿＿＿＿　　学号：＿＿＿＿＿＿　　成绩：＿＿＿＿＿＿

序号	考核项目	评价指标	配分	得分
1	知识考核 （20分）	(1)对分析检验报告单设计的理解与运用	10	
		(2)分析检验报告单填写要点的掌握	10	
2	能力考核 （50分）	(1)报告单设计条理分明	10	
		(2)报告单内容完整	10	
		(3)在规定时间内完成，时间分配合理	10	
		(4)报告单修改格式正确	10	
		(5)能认真听取他人意见，及时修改	10	
3	素养考核 （30分）	(1)守纪律(不迟到、早退、喧哗、串岗)、认真仔细、实事求是	10	
		(2)服从任务分配，积极参与并按时完成	10	
		(3)与同学团结协作、互相帮助、互相探讨	10	
合计			100	

任务考核单

班级：＿＿＿＿＿＿　　姓名：＿＿＿＿＿＿　　学号：＿＿＿＿＿＿　　成绩：＿＿＿＿＿＿

试题名称		分析检验报告单书写			时间：15 min		
序号	考核内容	考核要点	配分	评分标准	扣分	得分	备注
1	内容设计	(1)设计合理	20	设计不合理扣20分			
		(2)项目填写完整	20	缺一项扣5分			
		(3)修改格式正确	10	修改格式不正确扣5分/处			
2	结论	结论判断	10	结论不正确扣10分			
3	签字	负责人签字	20	未签字扣10分/处			
4	书面	字迹端正清楚	10	字迹潦草难以辨认，扣10分			
5	时间	规定时间内完成	10	超时1分钟扣2分			
合计			100				

拓展资源

"千克"被重新定义——我国计量迎来国际单位制重大变革

"千克死了，千克永存。"国家市场监管总局2018年12月11日召开国际单位重大变革新闻发布会，随着国际单位制迎来重大变革，从2019年5月20日起，中国开始使用新修订后的国际单位制。"千克"不再依赖实物来体现，计量更加方便精准，其误差可以"忽略不计"。

一个多世纪以来，国际基准质量单位都是由一块高尔夫球大小的铂铱合金圆柱体来定义。这个圆柱体学名为"国际千克原器"，被人们亲切地称为"大K"，1889年第一届国际计量大会赋予它原器的地位。

国际计量局数据显示，"国际千克原器"服役近130年来，它的质量与各国保存的质量基准、国际计量局官方作证基准的一致性出现了约50 μg的偏差，但国际千克原器的质量是否发生了变化，具体变化了多少至今仍是一个谜。

根据第26届国际计量大会决定，2019年的5月20日，"国际千克原器"正式退役，取代它的是符号为h的普朗克常数。经过全球各国国家计量院的多年研究，国际测量体系有史以来第一次全部建立在不变的自然常数上。至此，国际计量单位制的7个基本单位全部实现由常数定义，这是改变国际单位制采用实物计量的历史性变革。

国际单位制的全范围准确性，为科学发现和技术创新提供了新的机遇。得益于更高的测量准确度，我们将可以测量极高、极低温度的微小变化，从而更加准确地监测核反应堆内、航天器表面的温度变化；在生物医药领域，我们可以准确测量单个细胞内某种物质的含量，并根据患者的实际需要，制定更加精确的药物剂量。

我国目前获得国际互认的校准和测量能力已跃居全球第三、亚洲第一。已独立建立了基于新定义的千克复现装置，并成功研制了真空质量测量和质量标准传递装置，可以保障未来我国质量量值与国际等效一致。为抓住此次变革带来的历史性机遇，我国将强化计量量子化战略研究，并制定量子化时代的中国计量发展新规划。

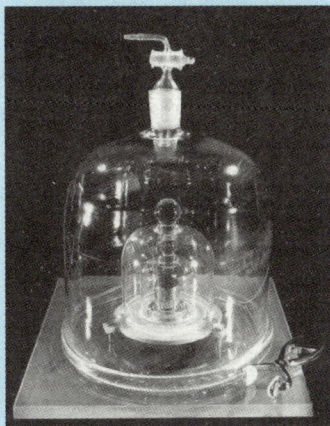

巩固练习

一、单选题

1. 分析测定中出现的下列情况，属于偶然误差的是（ ）。
   A. 滴定时所加试剂中含有微量的被测物质
   B. 滴定管的最后一位读数偏高或偏低
   C. 所用试剂含干扰离子
   D. 室温升高

2. 检验方法是否可靠的办法是（ ）。
   A. 校正仪器
   B. 测加标回收率
   C. 增加测定的次数
   D. 做空白实验

3. 使用万分之一分析天平用差减法进行称量时，为使称量的相对误差在 0.1% 以内，试样质量应（ ）。

    A. 在 0.2 g 以上　　　　　　　　　B. 在 0.2 g 以下

    C. 在 0.1 g 以上　　　　　　　　　D. 在 0.4 g 以上

4. 下列各措施中可减小偶然误差的是（ ）。

    A. 校准砝码　　　　　　　　　　　B. 进行空白实验

    C. 增加平行测定次数　　　　　　　D. 进行对照实验

5. 下述论述中错误的是（ ）。

    A. 方法误差属于系统误差　　　　　B. 系统误差包括操作误差

    C. 系统误差呈现正态分布　　　　　D. 系统误差具有单向性

6. 比较下列两组测定结果的精密度（ ）。

    甲组：0.19%，0.19%，0.20%，0.21%，0.21%

    乙组：0.18%，0.20%，0.20%，0.21%，0.22%

    A. 甲、乙两组相同　　　　　　　　B. 甲组比乙组高

    C. 乙组比甲组高　　　　　　　　　D. 无法判别

7. 测量结果与被测量真值之间的一致程度，称为（ ）。

    A. 重复性　　　　　　　　　　　　B. 再现性

    C. 准确性　　　　　　　　　　　　D. 精密性

8. $NaHCO_3$ 纯度的技术指标为 ≥99.0%，下列测定结果不符合要求的是（ ）。

    A. 0.990 5　　　　　　　　　　　　B. 0.990 1

    C. 0.989 4　　　　　　　　　　　　D. 0.989 5

9. 算式 $(30.582-7.44)+(1.6-0.526\ 3)$ 中，绝对误差最大的数据是（ ）。

    A. 30.582　　　　　B. 7.44　　　　　C. 1.6　　　　　D. 0.526 3

10. 下列各数据中，有效数字位数为 4 位的是（ ）。

    A. $[H^+]=0.000\ 3$ mol/L　　　　　B. pH=8.89

    C. $c(HCl)=0.100\ 1$ mol/L　　　　　D. 400 mg/L

二、多选题

1. 某分析结果的精密度很好，准确度很差，可能的原因是（ ）。

    A. 称量记录有差错　　　　　　　　B. 砝码未校正

    C. 试剂不纯　　　　　　　　　　　D. 所用计量器具未校正

2. 下列数据中，有效数字位数是 4 位的有（ ）。

    A. 0.052 0　　　B. pH=10.30　　　C. 10.30　　　D. 40.02%

3. 为提高滴定分析的准确度，对标准溶液必须做到（ ）。

    A. 正确配制

    B. 准确标定

    C. 对有些标准溶液必须当天配、当天标、当天用

    D. 所有标准溶液必须计算至小数点后第 4 位

4. 下述情况中，属于分析人员不应有的操作失误的是（ ）。

    A. 滴定前用标准滴定溶液将滴定管淋洗几遍

    B. 称量用砝码没有检定

    C. 称量时未等称量物冷却至室温就进行称量

    D. 滴定前用被滴定溶液洗涤锥形瓶

5. 在下列方法中可以减少分析中系统误差的是（　　　　）。

　　A. 增加平行实验的次数　　　　　　　　B. 进行对照实验

　　C. 进行空白实验　　　　　　　　　　　D. 进行仪器的校正

6. 下列数字保留 4 位有效数字，修约正确的有（　　　　）。

　　A. 1.567 5→1.568　　　　　　　　　　B. 0.076 533→0.076 5

　　C. 0.086 765→0.086 76　　　　　　　　D. 100.23→100.2

7. 下列表述正确的是（　　　　）。

　　A. 平均偏差常用来表示一组测量数据的分散程度

　　B. 偏差是以真值为标准与测定值进行比较

　　C. 平均偏差表示精密度的缺点是缩小了大误差的影响

　　D. 平均偏差表示精密度的优点是比较简单

8. 在分析中做空白实验的目的是（　　　　）。

　　A. 提高精密度　　　B. 提高准确度　　　C. 消除系统误差　　　D. 消除偶然误差

三、判断题

1. 器皿不洁净，溅失试液，读数或记录差错都可造成偶然误差。　　　　　　　　（　　　）

2. 精密度高，准确度就一定高。　　　　　　　　　　　　　　　　　　　　　　（　　　）

3. 对滴定终点颜色的判断，有的偏深、有的偏浅，所造成的误差为系统误差。　　（　　　）

4. 使用滴定管时，每次滴定应从"0"分度开始，是为了减小偶然误差。　　　　　（　　　）

5. 测定的精密度好，但准确度不一定好，消除了系统误差后，精密度好的，结果准确度就好。　　　　　　　　　　　　　　　　　　　　　　　　　　　　　　　　　　　（　　　）

6. 分析测定结果的偶然误差可通过适当增加平行测定次数来减免。　　　　　　　（　　　）

7. 6.788 50 修约为 4 位有效数字是 6.788。　　　　　　　　　　　　　　　　　（　　　）

8. Q 检验法适用于测定次数为 $3 \leqslant n \leqslant 10$ 时的测试。　　　　　　　　　　（　　　）

9. 分析中遇到可疑数据时，可以不予考虑。　　　　　　　　　　　　　　　　　（　　　）

10. 两位分析者同时测定某一试样中硫的质量分数，称取试样均为 3.5 g，分别报告结果如下：

甲：0.042％，0.041％。乙：0.040 99％，0.042 01％。甲的报告是合理的。　　（　　　）

四、计算题

测定试样中蛋白质的质量分数，5 次测定结果分别为 34.92％、35.11％、35.01％、35.19％、34.98％，计算 RSD。

模块四 追求卓越，滴滴品质——滴定分析技术

案例引入

滴定分析法的产生可追溯到 17 世纪后期。最初，"滴定"这种想法是直接从生产实践中得到启示的。1685 年，格劳贝尔在介绍利用硝酸和锅灰碱制造纯硝石时就曾指出：把硝酸逐滴加到锅灰碱中，直到不再产生气泡，这时两种物料就都失掉了它们的特性，这是反应达到中和点的标志。可见那时已经有了关于酸碱反应中和点的初步概念。

然而，滴定分析的进一步发展还要在工业革命开始之后。滴定分析原是在化学工业兴起的直接推动下从法国产生和发展起来的。一个使用各种化学产品的厂家，为了保证自身产品的质量，避免经济上的损失，化工原料的纯度和成分就显得非常重要。所以厂家就要对从专门工厂买回来的原料进行质检，纷纷建立起原料质量检验部门——工厂化验室。为适应简陋的环境和紧张的生产速度，工厂化验室需要迅速和简易的分析方法。然而，当时流行的重量分析方法需要经过分离、提纯、称量等多个步骤，明显不能满足要求。因此，滴定分析法应时而生。

由此可见，滴定分析起源于生产，更被生产推动。科学的发展，除了探索自然的奥秘，满足人的好奇心，更重要的是要满足人们日益增加且越发高级的物质文化需求。只有适应时代的趋势，满足生产生活的变化和要求，科技才能吸引更多的资金投入和人才贡献，才能更好、更快地发展，所以说社会需求是科技进步的一大动力，基础研究可起于实践，更要回归实践。

学习目标

知识目标：
1. 了解滴定分析的反应条件；
2. 掌握溶液的配制方法；
3. 掌握滴定分析结果的计算。

能力目标：
1. 能够选择正确方法配制溶液；
2. 能够判断滴定分析计算的依据；
3. 能够熟练进行滴定分析结果计算。

素养目标：
1. 具备辨伪求真的科学思维；
2. 具备严谨求实的工作作风；
3. 具备辩证思维，树立辩证唯物主义世界观。

模块导学

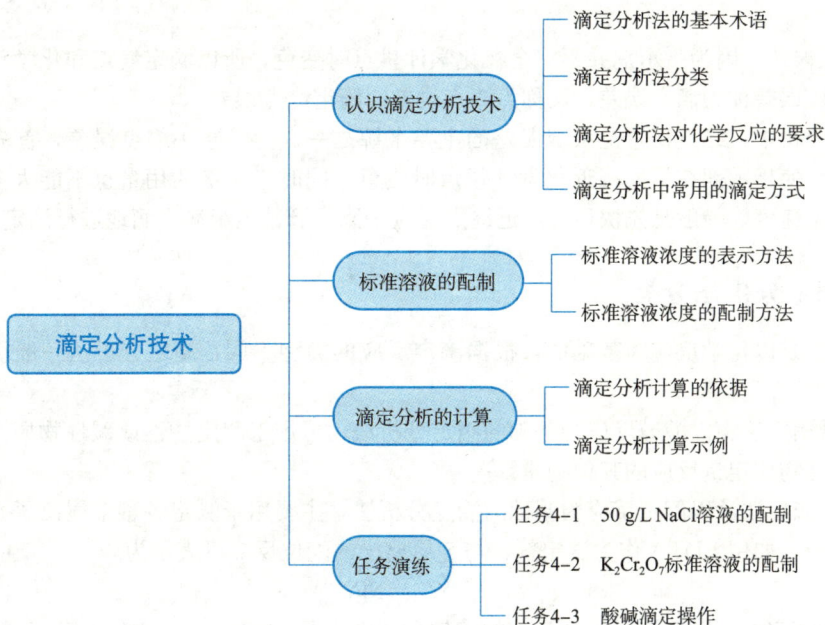

滴定分析技术
- 认识滴定分析技术
  - 滴定分析法的基本术语
  - 滴定分析法分类
  - 滴定分析法对化学反应的要求
  - 滴定分析中常用的滴定方式
- 标准溶液的配制
  - 标准溶液浓度的表示方法
  - 标准溶液浓度的配制方法
- 滴定分析的计算
  - 滴定分析计算的依据
  - 滴定分析计算示例
- 任务演练
  - 任务4-1　50 g/L NaCl溶液的配制
  - 任务4-2　$K_2Cr_2O_7$标准溶液的配制
  - 任务4-3　酸碱滴定操作

任务资讯

知识点一　认识滴定分析技术

滴定分析法又称容量分析法，是将一种已知准确浓度的试剂溶液（滴定液，也称标准溶液），从滴定管中滴加到被测物质溶液中，直到所加的滴定液与被测物质按化学式计量关系定量反应完全，然后根据所用滴定液的浓度和体积，求得被测组分含量的分析方法。

滴定分析法由于操作简便（所用仪器主要有滴定管、锥形瓶）、测定快速、应用范围广，分析结果准确度高，一般情况下相对误差在0.2%以下，常用于常量组分（组分含量≥1%）的分析。

一、滴定分析法的基本术语

（1）滴定：将标准溶液从滴定管滴到待测溶液中的过程。

（2）滴定液：已知准确浓度的试剂溶液。

注意：并不是知道浓度就是标准溶液，关键是浓度要准确。

例如：0.1 mol/L 的 HCl 溶液，只能叫近似浓度。准确浓度一般为四位有效数字，如0.100 0 mol/L 的 NaOH 溶液。

（3）化学计量点：滴加的标准溶液的量与被测物质的量正好符合化学反应式所示的计量关系时，称反应达到了化学计量点。这一点是理论上应该停止滴定的点。

（4）指示剂：能在化学计量点附近发生颜色改变的试剂。

(5)滴定终点：许多滴定反应在到达化学计量点时没有任何现象的变化，因此在实际的操作中常要加入指示剂，借助其颜色变化，作为滴定反应到达化学计量点而终止滴定的标志。指示剂颜色发生改变而停止滴定的点称为滴定终点。滴定终点是实际上停止滴定操作的那一点，是实际测量值。

(6)终点误差：因为指示剂并不完全在化学计量点时变色，所以滴定终点和化学计量点之间存在误差，该误差称为滴定误差，又称为终点误差、滴定终点误差。

在滴定分析中，终点误差是系统误差的主要来源之一。为了减小终点误差，首先应选择合适的指示剂，使指示剂在尽量接近化学计量点时变色，同时指示剂的用量也不能太多；其次还要控制好滴定速度，一般是先快后慢，近终点时应一滴一滴甚至半滴半滴地进行滴定。

二、滴定分析法分类

滴定分析是以化学反应为基础的，根据滴定反应的类型不同，滴定分析法一般可分为下列4种。

(1)酸碱滴定法：以酸碱反应为基础的滴定分析法，可用来测定酸性或碱性物质，也可以测定能与酸碱性物质定量反应的其他物质。

(2)配位滴定法：以配位反应为基础的滴定分析法，主要用于测定各种金属离子，也可以测定配体的含量。如用 EDTA 作为滴定剂，与金属离子的配位反应可表示为

$$M^{n+} + Y^{4-} = MY^{n-4}$$

(3)沉淀滴定法：以沉淀反应为基础的滴定分析法，可测定 Ag^+、CN^-、SCN^- 及卤族元素等物质的含量。如银量法，其反应可表示为

$$Ag^+ + X^- = AgX \downarrow (X：Cl、Br、I 等)$$

(4)氧化还原滴定法：以氧化还原反应为基础的滴定分析方法，根据标准溶液的不同，氧化还原滴定法可分为多种方法，如高锰酸钾法、重铬酸钾法、碘量法等。

三、滴定分析法对化学反应的要求

滴定分析法虽然能利用各种类型的反应，但并不是所有的化学反应都可以用来进行滴定分析，用于滴定分析的化学反应必须具备下列条件。

(1)反应要定量完成。滴定剂与被测物质，必须按照化学反应方程式定量地进行反应，不发生副反应，通常要求反应的完全程度达 99.9% 以上。

(2)反应速率要快。对于反应速率慢的反应，可通过加热或加入催化剂等来加快反应速率。

(3)要有简便、可靠的方法确定终点，如有合适的指示剂等。

四、滴定分析中常用的滴定方式

(1)直接滴定法。凡能满足上述条件的反应，都可以采用直接滴定法，即用标准溶液直接滴定被测物质的溶液。例如，用氢氧化钠标准溶液直接滴定盐酸溶液。

直接滴定法是滴定分析中最常用和最基本的滴定方法。

(2)返滴定法。当反应速度较慢或反应物是固体时，被测物质中加入滴定剂后，反应往往不能立即完成。在此情况下，可在被测物质中先加入过量的滴定剂，待反应完成后，再用另一种标准溶液滴定剩余的滴定剂，这种方法称为返滴定法，也叫作剩余滴定法。

例如，Al^{3+} 与 EDTA 之间的反应非常缓慢，不能用直接滴定法滴定，可在 Al^{3+} 溶液中先加入过量的 EDTA 标准溶液并加热，待 Al^{3+} 与 EDTA 反应完全后，再用 Zn^{2+} 或 Cu^{2+} 标准溶液去

滴定过量的 EDTA。

（3）置换滴定法。若被测物质与滴定剂的反应不按一定的反应式进行或伴有副反应，不能采用直接滴定法。可以先用适当的试剂与被测物质反应，使被测物质定量地置换成另外一种物质，再用标准溶液滴定这一物质，从而求出被测物质的含量，这种方法称为置换滴定法。

例如，$Na_2S_2O_3$ 不能直接滴定 $K_2Cr_2O_7$ 及其他氧化剂，因为这些氧化剂将 $S_2O_3^{2-}$ 氧化的同时还有 $S_4O_6^{2-}$ 和 SO_4^{2-} 产生，没有确定的化学计量关系。但是，如在酸性 $K_2Cr_2O_7$ 溶液中加入过量的 KI，产生一定量的 I_2，就可以用 $Na_2S_2O_3$ 标准溶液进行滴定。

（4）间接滴定法。有些被测物质不能直接与滴定剂起反应，可以利用间接反应使其转化为可被滴定的物质，再用滴定剂滴定所生成的物质，此过程称为间接滴定法。

例如，$KMnO_4$ 标准溶液不能直接滴定 Ca^{2+}，可先将 Ca^{2+} 沉淀为 CaC_2O_4，用 H_2SO_4 溶解，再用 $KMnO_4$ 标准溶液滴定与 Ca^{2+} 结合的 $C_2O_4^{2-}$，从而间接测定 Ca^{2+}。

知识点二　标准溶液的配制

在滴定分析中，无论采用哪种滴定方式，都离不开标准溶液，都是利用标准溶液的浓度和用量来计算待测组分的含量，因此，在滴定分析中，必须正确地配制标准溶液和确定标准溶液的准确浓度。

一、标准溶液浓度的表示方法

一定量溶剂或溶液中所含溶质的量叫作溶液的浓度。溶液的浓度可以用不同的方法表示，下面介绍一些常用的溶液浓度的表示方法。

1. 物质的量浓度

物质的量是表示物质数量的基本物理量，物质 B 的物质的量用符号 n_B 表示。物质的量的单位是摩尔，符号为 mol。

摩尔是含有相同数目的原子、分子、离子等微粒的集体。科学上把 $0.012\ kg\ ^{12}C$ 作为标准来衡量原子集体，$0.012\ kg\ ^{12}C$ 含有的原子数就是阿伏伽德罗常数，用符号 N_A 表示，取其近似值为 $6.02×10^{23}$。

摩尔是物质的量的单位，某物质如果含有阿伏伽德罗常数个微粒，这种物质就是 1 mol。

在使用摩尔时，应指明基本单元。同一系统中的同一物质，所选的基本单元不同，则其物质的量也不同。例如，若分别用 NaOH、1/2 NaOH 和 2NaOH 作为基本单元，则相同质量的氢氧化钠的物质的量之间有如下关系：

$$n_{NaOH} = \frac{1}{2}n_{1/2\ NaOH} = 2n_{2NaOH}$$

可见，基本单元的选择是任意的，既可以是实际存在的，也可以根据需要人为设定。

B 的物质的量 n_B 可以通过 B 的质量和摩尔质量计算。B 的摩尔质量 M_B 定义为 B 的质量 m_B 除以 B 的物质的量 n_B，单位是 kg/mol。

$$M_B = \frac{m_B}{n_B}$$

单位体积的溶液中所含溶质 B 的物质的量称为 B 的物质的量浓度，用 c_B 表示，单位为 mol/L。

$$c_B = \frac{n_B}{V}$$

【例 4-1】 用电子天平称取 1.234 6 g $K_2Cr_2O_7$ 基准物质，溶解后转移至 100.0 mL 容量瓶中定容，试计算 $c_{K_2Cr_2O_7}$。

解： 已知　　$m_{K_2Cr_2O_7} = 1.234\ 6\ g$　　$M_{K_2Cr_2O_7} = 294.18\ g/mol$

$$c_{K_2Cr_2O_7} = \frac{m_{K_2Cr_2O_7}}{M_{K_2Cr_2O_7} \cdot V} = \frac{1.234\ 6}{294.18 \times 100.0 \times 10^{-3}} = 0.041\ 97\ (mol/L)$$

【例 4-2】 配制 0.010 00 mol/L 的 $AgNO_3$ 标准溶液 500.0 mL，应称取基准 $AgNO_3$ 固体多少克？

解： $m_{AgNO_3} = c_{AgNO_3} \times V_{AgNO_3} \times M_{AgNO_3} = 0.010\ 00 \times 0.500\ 0 \times 169.87 = 0.849\ 4\ (g)$

2. 质量摩尔浓度

溶液中溶质 B 的物质的量除以溶剂的质量，称为物质 B 的质量摩尔浓度，用符号 b_B 表示，单位为 mol/kg。

$$b_B = \frac{n_B}{m_A}$$

【例 4-3】 50 g 水中溶解 0.585 g NaCl，求此溶液的质量摩尔浓度。

解： NaCl 的摩尔质量 $M_{NaCl} = 58.5\ g/mol$

$$b_{NaCl} = \frac{n_{NaCl}}{m_{H_2O}} = \frac{m_{NaCl}}{M_{NaCl} \cdot m_{H_2O}}$$

$$= \frac{0.585}{58.5 \times 50 \times 10^{-3}} = 0.2\ (mol/kg)$$

3. 溶质的质量分数

溶液中溶质的质量除以溶液的质量，称为物质的质量分数，符号 w_B，通常用百分比表示。

$$w_B = \frac{m_B}{m} \times 100\%$$

4. 滴定度

在实际工作中，如工厂实验室，经常需要对大量试样测定其中同一组分的含量。在这种情况下，常用滴定度来表示标准溶液的浓度，这样计算待测组分的含量就比较方便，只要把滴定时所用标准溶液的毫升数乘以滴定度，就可以得到被测物质的含量。

滴定度是指每毫升标准溶液相当于被测物质的质量，以符号 T 表示，单位 g/mL。

例如，用 $K_2Cr_2O_7$ 法测定铁时，若 1 mL $K_2Cr_2O_7$ 标准溶液可滴定 0.005 585 g 铁，则此 $K_2Cr_2O_7$ 溶液的滴定度是 0.005 585 g/mL。若某次滴定用去此标准溶液 20.00 mL，则此试样中铁的质量为 $20.00 \times 0.005\ 585 = 0.111\ 7\ (g)$。

5. 溶液浓度的换算和配制

在实际工作中，常常需要配制一定浓度的溶液。溶液的配制一般有两种情况：一种是将固体物质配制成溶液；另一种是用浓溶液配制稀溶液。无论哪种情况，都应遵守"溶液配制前后溶质的量保持不变"的原则。

(1)质量分数和物质的量浓度的换算。质量分数与物质的量浓度换算的桥梁是密度，以质量不变列等式。若某溶液中溶质的质量分数为 w_B，物质的量浓度为 c_B，B 的摩尔质量为 M，密度为 ρ，则

$$c_B \cdot M = \rho \times 1\ 000 \times w_B$$

即

$$c_B = \frac{\rho \times 1\,000 \times w_B}{M}$$

（2）浓溶液稀释制稀溶液。溶液稀释前后溶质的量不变，只是溶剂的量改变了，因此根据溶质的量不变原则列等式。若稀释前溶液的物质的量浓度为 c_1，体积为 V_1，稀释后溶液的物质的量浓度为 c_2，体积为 V_2，就存在下面的稀释公式：

$$c_1 \cdot V_1 = c_2 \cdot V_2$$

【例 4-4】　欲配制 0.1 mol/L 的盐酸溶液 400 mL，需浓度为 37%、密度为 1.19 g/mL 的浓盐酸多少毫升？

解：

$$c_{HCl} = \frac{1.19 \times 1\,000 \times 37\%}{36.5} \approx 12(\text{mol/L})$$

$$c_1 \cdot V_1 = c_2 \cdot V_2$$

则

$$V_1 = \frac{c_2 V_2}{c_1} = \frac{0.1 \times 400}{12} = 3.33(\text{mL})$$

【例 4-5】　现有 0.100 8 mol/L NaOH 溶液 500.0 mL，欲将其稀释为 0.100 0 mol/L，问应向溶液中加多少毫升水？

解： 设加水量为 x mL，稀释后溶液体积为 $(500+x)$ mL，根据稀释公式：

$$c_1 V_1 = c_2 V_2$$

则

$$0.100\,8 \times 500.0 = 0.100\,0 \times (500.0 + x)$$

$$x = 4.00 \text{ mL}$$

二、标准溶液浓度的配制方法

标准溶液的配制可分为直接配制法和间接配制法。

（一）直接配制法配制标准溶液

1. 基准物质

能用于直接配制或标定标准溶液的物质称为基准物质。

作为基准物质必须具备下列条件。

（1）物质的组成与化学式完全相符，若含结晶水，其含量也应与化学式相符。

（2）物质的纯度足够高，一般要求其纯度在 99.9% 以上。

（3）性质稳定，在保存或称量过程中其组成不变。如在空气中不易吸水、不与空气中的 CO_2、O_2 等作用，加热干燥时不分解等。

（4）具有较大的摩尔质量。这样称样质量相应较多，从而可减小称量误差。

常用的基准物质及使用条件见表 4-1。

表 4-1　常用的基准物质及使用条件

基准物质		干燥后的组成	干燥温度/℃	标定对象
名称	分子式			
无水碳酸钠	Na_2CO_3	Na_2CO_3	270～300	酸
草酸钠	$Na_2C_2O_4$	$Na_2C_2O_4$	130	$KMnO_4$
硼砂	$Na_2B_4O_7 \cdot 10H_2O$	$Na_2B_4O_7 \cdot 10H_2O$	放入装有 NaCl 和蔗糖饱和溶液的干燥器中	酸
邻苯二甲酸氢钾	$KHC_8H_4O_4$	$KHC_8H_4O_4$	105～110	碱或 $HClO_4$

续表

| 基准物质 | | 干燥后的组成 | 干燥温度/℃ | 标定对象 |
名称	分子式			
氯化钠	NaCl	NaCl	500～600	$AgNO_3$
金属锌	Zn	Zn	室温干燥器中保存	EDTA
氧化锌	ZnO	ZnO	800	EDTA
重铬酸钾	$K_2Cr_2O_7$	$K_2Cr_2O_7$	140～150	还原剂
三氧化二砷	As_2O_3	As_2O_3	室温干燥器中保存	还原剂

2. 直接配制方法

准确称取一定量的基准物质，溶于水后定量转入容量瓶中定容，然后根据所称物质的质量和定容的体积即可计算出该标准溶液的准确浓度。

例如，准确称取 4.903 g 基准试剂 $K_2Cr_2O_7$，用水溶解后，定量转移至 1 000 mL 的容量瓶中，加水稀释至刻度，即得 0.016 67 mol/L 的 $K_2Cr_2O_7$ 标准溶液。

(二)间接配制法配制标准溶液

当配制标准溶液所用的化学试剂不符合基准物质条件时，要用间接配制法配制。配制方法：先配制成近似浓度的溶液，然后用基准物质或已知准确浓度的标准溶液来标定该标准溶液的准确浓度，这种配制标准溶液的方法称为间接配制法，也称标定法。

例如，欲配制准确浓度为 0.1 mol/L 左右的 HCl 标准溶液，根据要配制溶液的体积，通过计算，取用一定体积的试剂浓盐酸，用水将其稀释，然后用基准物质如 $Na_2B_4O_7 \cdot 10H_2O$ 或 Na_2CO_3 对其进行标定；也可用已知浓度的 NaOH 标准溶液标定其准确浓度。

知识点三　滴定分析的计算

滴定分析当中经常要涉及滴定液的配制和浓度的标定计算，滴定液和待测物质间关系的计算等。滴定分析的计算很重要，只有计算准确才能得到准确的结果。

一、滴定分析计算的依据

1. 被测物与滴定剂之间物质的量的关系

设 A 为待测组分，B 为标准溶液，滴定反应为：

$$aA+bB \rightleftharpoons cC+dD$$

当 A 与 B 按化学式计量关系完全反应时，则

$$n_A : n_B = a : b$$
$$n_A = (a/b) \cdot n_B$$

2. 被测组分含量的计算

若称取试样的质量为 m_s，测得被测组分的质量为 m_A，则被测组分在试样中的含量 w_A 为

$$w_A = \frac{m_A}{m_s} \times 100\%$$

在滴定分析中，被测组分的物质的量 n_A 是由滴定剂的浓度 c_B、消耗的体积 V_B 及反应中的化学计量关系求得的，即

$$n_A = \frac{a}{b} \cdot n_B \Rightarrow \frac{m_A}{M_A} = \frac{a}{b} \cdot n_B = \frac{a}{b} \cdot c_B \cdot V_B \times \frac{1}{1\,000}$$

被测组分质量 m_A 为

$$m_A = \frac{a}{b} \cdot c_B \cdot V_B \cdot M_A \times 10^{-3}（体积 V 以 mL 为单位时）$$

因此　　　　$$w_A = \frac{m_A}{m_s（试样）} = \frac{\dfrac{a}{b} \cdot c_B \cdot V_B \cdot M_A}{m_s} \times 10^{-3}（体积 V 以 mL 为单位时）$$

这是滴定分析中计算被测组分含量的一般通式。

二、滴定分析计算示例

【例 4-6】　用邻苯二甲酸氢钾($KHC_8H_4O_4$)标定 NaOH 溶液浓度时，精密称取基准的邻苯二甲酸氢钾 0.499 8 g，加适量水溶解，以酚酞为指示剂，终点时消耗 NaOH 标准溶液 23.08 mL，求 NaOH 标准溶液的浓度。

解：

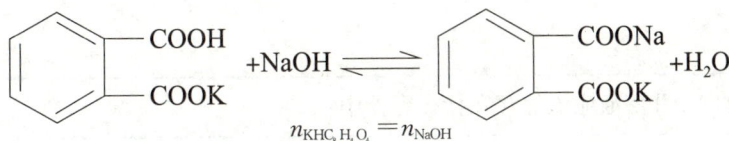

$$n_{KHC_8H_4O_4} = n_{NaOH}$$

$$\frac{m_{KHC_8H_4O_4}}{M_{KHC_8H_4O_4}} = c_{NaOH} \times V_{NaOH} \times 10^{-3}$$

$$c_{NaOH} = \frac{m_{KHC_8H_4O_4}}{M_{KHC_8H_4O_4} \times V_{NAOH} \times 10^{-3}} = \frac{0.499\,8}{204.2 \times 23.08 \times 10^{-3}} = 0.106\,0(mol/L)$$

【例 4-7】　称取工业纯碱试样 0.456 8 g，用 0.102 0 mol/L HCl 标准溶液滴定至终点，用甲基橙作为指示剂，消耗 HCl 溶液 25.80 mL，问纯碱的纯度为多少？

解：　　　　　　　$$Na_2CO_3 + 2HCl = 2NaCl + CO_2\uparrow + H_2O$$

$$n_{Na_2CO_3} = \frac{1}{2} n_{HCl}$$

已知 $M_{Na_2CO_3} = 105.99$ g/mol，则

$$w_{Na_2CO_3} = \frac{\dfrac{1}{2} c_{HCl} V_{HCl} M_{Na_2CO_3}}{m_s} \times 100\%$$

$$= \frac{\dfrac{1}{2} \times 0.102\,0 \times 25.80 \times 10^{-3} \times 105.99}{0.456\,8} \times 100\% = 30.53\%$$

任务演练

任务 4-1　50 g/L NaCl 溶液的配制

任务描述

小 E 是实验室新入职的检验员，他遇到的第一个任务就是配制一份 50 g/L 的 NaCl 溶液 1 000 mL，请你帮助他设计方案并完成任务。

任务小贴士

　　溶液配制是实验室分析人员最基础的一门技术，也是每天实验室工作中的必选项。掌握了溶液配制的技巧及注意事项，可以大大缩短配制时间，提高实验效率。需要注意的是，每瓶试剂溶液必须有标明名称、浓度和配制日期的标签，标准溶液的标签还应标明标定日期、标定者。

任务分析

(1)本实验需要用到哪些仪器和试剂？

(2)配制好的 NaCl 溶液应该保存在什么容器中？

(3)试剂标签应该填写哪些内容？

任务流程

▌任务实施

一、仪器、试剂

仪器：电子天平、试剂瓶、烧杯、玻璃棒、药匙、量筒、胶头滴管。

试剂：NaCl。

二、实验步骤

(1)计算所需要的溶质的质量。

(2)用天平称量。

(3)加少量水在烧杯中溶解。

(4)加水稀释至所需体积。

(5)混合均匀，保存至试剂瓶并贴标签。

实操视频：20 g/L NaCl
溶液的配制

三、注意事项

用量筒量取液体，读数时量筒要放平，视线应与量筒内液体凹液面的最低处保持水平。

四、问题探究

准确配制一定质量浓度的溶液，在实际应用中有什么重要意义？请举例说明。

▌任务反思

任务评价表

班级：＿＿＿＿＿　姓名：＿＿＿＿＿　学号：＿＿＿＿＿　成绩：＿＿＿＿＿

考核项目	考核要点	考核标准	配分	扣分
专业能力 (70分)	任务认知程度	认真阅读工作任务单，明确任务内容；分析任务，利用各种学习资源完成相关知识的学习(记笔记、认真听讲、积极讨论等)	10	
		课堂回答、课外作业完成好，并能灵活运用所学知识解答实际问题		
	任务决策计划	计划科学、可行性强	5	
	任务实施过程	实施方案(计划与步骤)详细、可操作性强	10	
		仪器准备充分	3	
		天平使用规范，称样量范围≤±5%	5	
		溶解操作规范	15	
	任务检查评价	工作过程有条理，整洁有序、时间安排合理	2	
		计算方法及结果正确	5	
		结果精密度、准确度符合要求，报告规范	10	
		任务完成后能进行总结、反思	5	

考核项目	考核要点	考核标准	配分	扣分
职业素质（30分）	工作态度	守纪律（不迟到、早退、喧哗、串岗）、认真仔细、实事求是，无作弊或编造数据等行为	5	
		环保、安全、节约（废纸、废液处理，节约试剂等）	2	
		文明操作（实验台整洁、物品摆放合理等）	2	
	学习能力	运用各种媒体学习、提取信息、获取新知识	2	
		学习中能够发现问题、分析问题、归纳总结、解决问题	2	
	工作能力	按工作任务要求，完成工作任务	2	
		对工作过程和工作质量进行全面、客观的评价	2	
		工作过程中组织、协调、应变能力	2	
	创新能力	学习中能提出不同见解	2	
		工作中提出多种解决问题的思路、完成任务的方案等	2	
	团结协作	服从老师、组长的任务分配，积极参与并按时完成	3	
		能认真对待他人意见，与同学密切协作、互相帮助、互相探讨	2	
		遇到问题商量解决，不互相推诿指责	2	

任务考核单

班级：_____ 姓名：_____ 学号：_____ 成绩：_____

试题名称		50 g/L NaCl 溶液的配制			时间：25 min		
序号	考核内容	考核要点	配分	评分标准	扣分	得分	备注
1	操作前的准备	(1)穿工作服	5	未穿工作服扣5分			
		(2)仪器用具选择	5	选用不当扣5分			
		(3)天平检查、调试	5	(1)未检查天平水平扣3分			
				(2)未调试天平零点扣2分			
2	操作过程	(1)计算 NaCl 用量	10	用量计算错误扣10分			
		(2)称量、溶解、稀释、定容	40	(1)天平选择错误扣10分			
				(2)称量操作不规范扣10分			
				(3)溶解操作不规范扣10分			
				(4)用容量瓶定容扣10分			
		(3)溶液保存	25	(1)试剂瓶选择错误扣10分			
				(2)转移溶液洒漏扣5分			
				(3)未贴标签扣10分，信息不全，每漏1项扣2分			
		(4)原始记录	5	原始数据记录不规范、信息不全扣1~5分			
3	文明操作	仪器、设备、用具及实验台面整理	5	实验结束后未整理扣5分			

续表

试题名称		50 g/L NaCl 溶液的配制			时间：25 min		
序号	考核内容	考核要点	配分	评分标准	扣分	得分	备注
4	安全及其他	(1)不得损坏仪器、用具	—	损坏一般仪器、用具按每件10分从总分中扣除			
		(2)不得发生事故	—	发生事故停止操作			
		(3)在规定时间内完成操作	—	每超时 1 min 从总分中扣 5 分，超时达 3 min 即停止操作			
	合计		100				

否定项：若考生发生下列情况，则应及时终止其考试，考生该试题成绩记为零分。
①违章操作；②损坏分析天平或发生事故

任务 4-2　$K_2Cr_2O_7$ 标准溶液的配制

■任务描述

化学需氧量(COD)是水质监测分析中最常测定的项目之一，反映水体中有机物和还原性无机物(不包括 Cl^-)含量的高低。实验室测定 COD 的方法之一是重铬酸钾法，某检测中心做实验用的 $c_{(1/6K_2Cr_2O_7)} = 0.250\ 0$ mol/L 标准溶液用完了，需要再配制 250.0 mL 该溶液，请你设计配制方案，并按照标准完成。

☀任务小贴士

重铬酸钾溶液对人有致癌作用，如不将其处理，随意排放，就会对周围的环境、水源和空气造成污染，损害人体健康。因此，含重铬酸钾废液应倒入废液缸或指定的容器，处理达标后才能排放。

■任务分析

(1)本实验你将采用何种方法配制标准溶液？

(2)本实验用到的仪器和试剂有哪些？

■任务流程

■任务实施

一、仪器、试剂

仪器：电子天平、试剂瓶、烧杯、玻璃棒、药匙、容量瓶、胶头滴管。

试剂：$K_2Cr_2O_7$。

实操视频：$K_2Cr_2O_7$ 标准溶液的配制

二、实验步骤

(1)计算：计算配制所需 $K_2Cr_2O_7$ 固体溶质的质量。

(2)称量：用电子天平称量固体质量。

(3)溶解：在烧杯中溶解。

(4)转移：将烧杯内冷却后的溶液沿玻璃棒小心转入 250 mL 的容量瓶中(玻璃棒下端应靠在容量瓶刻度线以下)。

(5)洗涤：用蒸馏水洗涤烧杯和玻璃棒 2～3 次，并将洗涤液转入容器中，振荡，使溶液混合均匀。

(6)定容：向容量瓶中加水至刻度线以下 1～2 cm 处时，改用胶头滴管加水，使溶液凹面恰好与刻度线相切。

(7)摇匀：盖好瓶塞，用食指顶住瓶塞，另一只手的手指托住瓶底，反复上下颠倒，使溶液混合均匀。

(8)保存：最后将配制好的溶液倒入试剂瓶中，贴好标签保存。

三、注意事项

(1)容量瓶使用前要检验是否漏水。

(2)不能将热的溶液转移到容量瓶中，更不能给容量瓶加热。如果溶质在溶解时是放热的，则须待溶液冷却后再移液。

(3)容量瓶只能用于配制溶液，不能长时间储存溶液，因为溶液可能会对瓶体进行腐蚀(特别是碱性溶液)，从而使容量瓶的精度受到影响。

四、问题探究

(1)容量瓶配制溶液前是否需要干燥？为什么？

(2)加水定容时如果超过刻度线，是否可以将多余液体吸出？

▍任务反思

任务评价表

班级：＿＿＿＿＿　姓名：＿＿＿＿＿　学号：＿＿＿＿＿　成绩：＿＿＿＿＿

考核项目	考核要点	考核标准	配分	扣分
专业能力（70分）	任务认知程度	认真阅读工作任务单，明确任务内容；分析任务，利用各种学习资源完成相关知识的学习（记笔记、认真听讲、积极讨论等）	10	
		课堂回答、课外作业完成好，并能灵活运用所学知识解答实际问题		
	任务决策计划	计划科学、可行性强	5	
	任务实施过程	实施方案（计划与步骤）详细、可操作性强	10	
		仪器准备充分	3	
		天平使用规范，称样量范围≤±5％	5	
		容量瓶操作规范	15	
	任务检查评价	工作过程有条理，整洁有序、时间安排合理	2	
		计算方法及结果正确	5	
		结果精密度、准确度符合要求，报告规范	10	
		任务完成后能进行总结、反思	5	
职业素质（30分）	工作态度	守纪律（不迟到、早退、喧哗、串岗）、认真仔细、实事求是，无作弊或编造数据等行为	5	
		环保、安全、节约（废纸、废液处理，节约试剂等）	2	
		文明操作（实验台整洁、物品摆放合理等）	2	
	学习能力	运用各种媒体学习、提取信息、获取新知识	2	
		学习中能够发现问题、分析问题、归纳总结、解决问题	2	
	工作能力	按工作任务要求，完成工作任务	2	
		对工作过程和工作质量进行全面、客观的评价	2	
		工作过程中组织、协调、应变能力	2	
	创新能力	学习中能提出不同见解	2	
		工作中提出多种解决问题的思路、完成任务的方案等	2	
	团结协作	服从老师、组长的任务分配，积极参与并按时完成	3	
		能认真对待他人意见，与同学密切协作、互相帮助、互相探讨	2	
		遇到问题商量解决，不互相推诿指责	2	

任务考核单

班级：＿＿＿＿＿＿＿＿　姓名：＿＿＿＿＿＿＿＿　学号：＿＿＿＿＿＿＿＿　成绩：＿＿＿＿＿＿＿＿

试题名称		$K_2Cr_2O_7$ 标准溶液的配制			考核时间：30 min		
序号	考核内容	考核要点	配分	评分标准	扣分	得分	备注
1	操作前的准备	(1)穿工作服	5	未穿工作服扣5分			
		(2)仪器用具选择	5	选用不当扣5分			
		(3)天平检查、调试	5	(1)未检查天平水平扣3分			
				(2)未调试天平零点扣2分			
2	操作过程	(1)计算 $K_2Cr_2O_7$ 用量	10	用量计算错误扣10分			
		(2)称量、溶解、转移、定容	45	(1)天平选择错误扣10分			
				(2)称量操作不规范扣10分			
				(3)转移操作不规范扣15分			
				(4)定容错误扣10分			
		(3)溶液保存	20	(1)试剂瓶选择错误扣5分			
				(2)溶液洒漏扣5分			
				(3)未贴标签扣10分，信息不全，每漏1项扣2分			
		(4)原始记录	5	原始数据记录不规范、信息不全扣1~5分			
3	文明操作	仪器、设备、用具及实验台面整理	5	实验结束后未整理扣5分			
4	安全及其他	(1)不得损坏仪器、用具	—	损坏一般仪器、用具按每件10分从总分中扣除			
		(2)不得发生事故	—	发生事故停止操作			
		(3)在规定时间内完成操作	—	每超时1 min从总分中扣5分，超时达3 min即停止操作			
	合计		100				

否定项：若考生发生下列情况，则应及时终止其考试，考生该试题成绩记为零分。
①违章操作；②损坏分析天平或发生事故

任务 4-3　酸碱滴定操作

任务描述

　　假设你到某公司化验室应聘化验员岗位，主任想测验你对滴定管的操作规范性和准确性，提出请你用酸碱溶液进行相互滴定。

　　要求：(1)以甲基橙为指示剂，用酸滴碱。

　　　　　(2)以酚酞为指示剂，用碱滴酸。

　　请你按照要求完成测试任务。

任务小贴士

　　滴定管是一种精密的液体度量仪器，准确读数是保证滴定准确的重要操作。读数时，滴定管应垂直架于滴定台上，视线与液体弯月面下部实线的最低点保持在同一水平面上，偏高或偏低都会带来误差。若滴定台太高，可将滴定管取下，用左(或右)手的拇指和食指轻轻握住滴定管上部，让滴定管依靠重力自然呈垂直状态，移至弯月面下部实线最低点与视线在同一水平面上读数。

任务分析

(1)滴定终点怎样判断？

(2)整个滴定过程中保持相同的滴定速度吗？为什么？

(3)怎样验证滴定反应正好到达终点？

任务流程

任务实施

一、实验原理

　　NaOH 溶液滴定 HCl 溶液时，用酚酞作为指示剂，终点时溶液由无色变为浅红色。HCl 溶液滴定 NaOH 溶液时，用甲基橙作为指示剂，终点时溶液由黄色变为橙色。其反应式为

$$HCl + NaOH = NaCl + H_2O$$

二、仪器、试剂

(1)仪器：酸式滴定管、碱式滴定管、锥形瓶、烧杯、洗瓶。

(2)试剂：0.1 mol/L NaOH 溶液、0.1 mol/L HCl 溶液、0.1％甲基橙指示剂、0.1％酚酞指示剂。

三、实验步骤

1. 酸(碱)式滴定管的准备

洗净酸、碱式滴定管各一支，涂油、试漏等。

酸式(或碱式)滴定管用 0.1 mol/L 的 HCl 溶液(NaOH 溶液)洗涤 3 次(每次10 mL 左右)，再装入 0.1 mol/L HCl(或 0.1 mol/L NaOH)溶液到刻度"0"线以上，排除滴定管下端的气泡，调节溶液的弯月面下缘与刻度"0.00"mL 线相切即为起点。

2. 酚酞作为指示剂

用 0.1 mol/L NaOH 溶液滴定 0.1 mol/L HCl 溶液。

从酸式滴定管准确放出 20.00 mL HCl 溶液于 250 mL 锥形瓶中。放溶液时，滴定管口下端伸入瓶口约 2 cm 处，右手拿锥形瓶颈，左手控制滴定管旋塞。向瓶内加 2 滴 0.1％酚酞指示剂。用 0.1 mol/L NaOH 溶液进行滴定，滴定时左手控制玻璃珠部位的胶皮管，右手拿锥形瓶颈，向瓶内滴加 NaOH 溶液，手腕放轻，边滴定边摇锥形瓶。注意滴落点周围溶液颜色的变化。若滴落点周围出现暂时性的颜色变化(呈粉红色)，应一滴一滴地放出 NaOH 溶液，随后颜色消失减慢，表示离终点越来越近，此时要更缓慢地滴加，接近终点时颜色扩散到整个溶液，摇动 1~2 次后才消失，此时再加一滴，摇几下，最后加入半滴溶液(可用锥形瓶内壁接触滴定管口挂的半滴溶液，使它沿瓶壁流入锥形瓶，再用洗瓶吹洗，摇动锥形瓶)。如此重复操作直到溶液由无色突然变为粉红色，并在半分钟内不消失为止。记下所消耗的 NaOH 溶液体积，然后滴加半滴 NaOH 溶液，若溶液的红色加深，即表示上面的终点判断正确。

重复以上操作，直到连续三次体积比 V_{NaOH}/V_{HCl} 的相对平均偏差不超过 0.2％为止。

3. 甲基橙作为指示剂

用 0.1 mol/L HCl 溶液滴定 0.1 mol/L NaOH 溶液。

从碱式滴定管准确放出 20.00 mL 0.1 mol/L NaOH 溶液于锥形瓶中，加 2 滴甲基橙指示剂，用 0.1 mol/L HCl 溶液滴定至溶液由黄色变为橙色，记录所消耗的 HCl 溶液的体积。重复以上操作，直到连续三次体积比 V_{NaOH}/V_{HCl} 的相对平均偏差不超过 0.2％为止。

滴定结束后，把滴定管中的剩余溶液倒出，用水充分冲洗干净后，装满蒸馏水，用小试管套在管口上，以保持滴定管洁净。

四、注意事项

(1)滴定管装溶液前要用待装溶液润洗。

(2)指示剂不得多加，否则终点难以观察。

(3)碱式滴定管在滴定过程中不得产生气泡。

(4)滴定仪器使用完毕后必须清洗干净，摆放到指定位置。

(5)体积读数要读至小数点后两位。

(6)滴定速度不要成流水线，近终点时采取半滴操作。

五、问题探究

(1)在滴定分析中，滴定管为什么需要用待装溶液润洗？锥形瓶是否也要润洗？为什么？

(2)滴定管有气泡存在时对滴定有何影响？应如何除去滴定管中的气泡？

(3)用 HCl 溶液滴定 NaOH 标准溶液时，是否可用酚酞作为指示剂？

▌任务报告

HCl 溶液滴定 NaOH 溶液　指示剂_____

次数项目	1	2	3
V_{NaOH}/mL			
V_{HCl}/mL			
V_{NaOH}/V_{HCl}			
V_{NaOH}/V_{HCl}的平均值			
相对平均偏差			

NaOH 溶液滴定 HCl 溶液　指示剂_____

次数项目	1	2	3
V_{HCl}/mL			
V_{NaOH}/mL			
V_{NaOH}/V_{HCl}			
V_{NaOH}/V_{HCl}的平均值			
相对平均偏差			

▌任务反思

任务评价表

班级：_____　姓名：_____　学号：_____　成绩：_____

考核项目	考核要点	考核标准	配分	扣分
专业能力（70分）	任务认知程度	认真阅读工作任务单，明确任务内容；分析任务，利用各种学习资源完成相关知识的学习（记笔记、认真听讲、积极讨论等）	10	
		课堂回答、课外作业完成好，并能灵活运用所学知识解答实际问题		
	任务决策计划	计划科学、可行性强	5	
	任务实施过程	实施方案（计划与步骤）详细、可操作性强	5	
		仪器、药品准备充分	3	
		滴定管润洗、排气泡规范	5	
		滴定管调零正确	5	
		滴定操作规范	5	
		滴定终点判断正确	5	
		原始数据记录及时，有效数字、单位正确	5	
	任务检查评价	工作过程有条理，整洁有序、时间安排合理	2	
		计算方法及结果正确	5	
		准确度符合要求，报告规范	10	
		任务完成后能进行总结、反思	5	
职业素质（30分）	工作态度	守纪律（不迟到、早退、喧哗、串岗）、认真仔细、实事求是，无作弊或编造数据等行为	5	
		环保、安全、节约（废纸、废液处理，节约试剂等）	2	
		文明操作（实验台整洁、物品摆放合理等）	2	
	学习能力	运用各种媒体学习、提取信息、获取新知识	2	
		学习中能够发现问题、分析问题、归纳总结、解决问题	2	
	工作能力	按工作任务要求，完成工作任务	2	
		对工作过程和工作质量进行全面、客观的评价	2	
		工作过程中组织、协调、应变能力	2	
	创新能力	学习中能提出不同见解	2	
		工作中提出多种解决问题的思路、完成任务的方案等	2	
	团结协作	服从老师、组长的任务分配，积极参与并按时完成	3	
		能认真对待他人意见，与同学密切协作、互相帮助、互相探讨	2	
		遇到问题商量解决，不互相推诿指责	2	

任务考核单

班级：_____　姓名：_____　学号：_____　成绩：_____

试题名称		酸碱滴定操作	考核时间	50 min	
操作项目	具体内容	技能要求	配分	扣分	得分
准备（2）	着装	穿实验用工作服，干净整洁	2		
酸式滴定管的使用（20）	检漏	检漏方法准确	5		
	润洗	蒸馏水冲洗，待测溶液润洗3遍	5		
	排气泡	正确排气泡	5		
	调零	操作准确	5		
碱式滴定管的使用（20）	检漏	检漏方法准确	5		
	润洗	蒸馏水冲洗，待测溶液润洗3遍	5		
	排气泡	正确排气泡	5		
	调零	操作准确	5		
酸碱溶液互相滴定（35）	放出溶液体积	放出溶液体积准确	5		
	滴定速度	滴定速度适中	10		
	终点判定	终点颜色正确	10		
	读数	读数准确，保留位数准确	10		
实验结果（20）	原始数据	数据记录准确，完整	5		
	计算	公式正确，计算结果准确	5		
	有效数字	保留位数准确	5		
	精密度	误差≤2%	5		
文明操作（3）	整理	废液处理，清洗实验仪器，整理实验药品，清理台面	1		
	实验室安全	安全操作，完成实验后断水、断电	2		
合计			100		

否定项：若考生发生下列情况，则应及时终止其考试，考生该试题成绩记为零分。
①违章操作；②损坏分析天平或发生事故

拓展 资源

考古证据显示中国人5 000年前就会酿啤酒

2016年5月，中美两国研究人员报告在西安市米家崖遗址发现了5 000年前酿制啤酒的证据，这是迄今在中国发现的最早酿酒证据，说明中国古人可能早在5 000年前就开始享受喝啤酒的乐趣。

这项研究发表在美国《国家科学院学报》上。负责该项研究的斯坦福大学考古专业博士生王佳静说，现在的啤酒大多是由大麦或小麦等原料酿造而成的，而他们发现的啤酒原料由黍、大麦、薏米和少量根茎作物混合而成，其中大麦不是中国本土培养栽培的，是由西亚驯化成栽种后传入中国，其他原料均在中国上古时期就有。

在米家崖的两个窖穴里发现了与制酒相关的器物，包括阔口罐、漏斗、小口尖底瓶和可移动的灶，年代测定为介于公元前3400年到公元前2900年，通过对残留物的科学分析，从中找到了啤酒酿造的三个证据。

第一，在这些器皿上发现的残留物中含有很多出现损伤迹象的淀粉粒，其中一些淀粉粒的中心出现明显缺坑，一些淀粉粒变形和糊化，这与酿酒过程中淀粉粒的损伤特征类似。

第二，在残留物里发现了谷物谷壳上特有的植硅体，这说明残留物中含有谷物的壳。而在啤酒酿造过程中，特别是第一步发芽时，谷壳是必不可少的。鉴定显示，这些壳来自黍和大麦。

第三，通过化学分析，研究人员还发现残留物中含有草酸，并认为此草酸可能源于草酸钙，也称作啤酒石，这是啤酒酿造时产生的副产品。

这项研究的主要意义有两个：首先，把大麦在中国出现的时间向前推了大约1000年，说明大麦从西亚传入中国中原地区可能与制酒有关；其次，酒是宴飨活动、宗教仪式的重要元素，可能是促进新石器时代社会复杂化和阶级产生的一种媒介。他们在古代中原地区发现的酒，可以和当时发生的社会变化相联系。

此前，中国最早关于谷芽酒的文字记载源于商周时期的甲骨文，当时称为醴。醴是用谷芽酿造的，即所谓蘖法酿醴，与古代美索不达米亚人和古埃及人一样。

巩固练习

一、单选题

1. 标定 HCl 溶液，使用的基准物是（　　）。
   A. Na_2CO_3　　　　　　　　　　B. 邻苯二甲酸氢钾
   C. $Na_2C_2O_4$　　　　　　　　　　D. NaCl

2. 用无水碳酸钠标定盐酸溶液时，应该选用（　　）物质的碳酸钠。
   A. 分析纯　　　　B. 化学纯　　　　C. 基准　　　　D. 实验

3. 制备的标准溶液浓度与规定浓度相对误差不得大于（　　）%。
   A. 1　　　　B. 2　　　　C. 5　　　　D. 10

4. 直接配制法配制标准溶液必须使用（　　）。
   A. 基准试剂　　　　　　　　　　B. 化学纯试剂
   C. 分析纯试剂　　　　　　　　　D. 优级纯试剂

5. 欲配制 1 000 mL 0.1 mol/L HCl 溶液，应取 12 mol/L 的盐酸（$\rho=1.19$ g/cm^3）体积为（　　）mL。
   A. 0.84　　　　B. 8.4　　　　C. 1.2　　　　D. 12

6. 将 4 g NaOH 溶解在 10 mL 水中，稀至 1 L 后取出 10 mL，其物质的量浓度是（　　）mol/L。
   A. 1　　　　B. 0.1　　　　C. 0.01　　　　D. 10

7. 在滴定分析中，一般用指示剂颜色的突变来判定化学计量点的到达，在指示剂变色时停止滴定，这一点称为（　　）。
   A. 化学计量点　　B. 滴定误差　　C. 滴定终点　　D. 滴定分析

8. 将称好的基准物质倒入湿烧杯，对分析结果产生的影响是（　　）。
   A. 正误差　　　　B. 负误差　　　　C. 无影响　　　　D. 结果混乱

9. 硼砂($Na_2B_4O_7 \cdot 10H_2O$)作为基准物质用于标定盐酸溶液的浓度，如事先将其置于干燥器中储存，就对所标定盐酸溶液浓度的结果影响是(　　)。

    A. 偏高　　　　　　B. 偏低　　　　　　C. 无影响　　　　　　D. 不能确定

10. 既可用来标定 NaOH 溶液，也可用来标定 $KMnO_4$ 的物质为(　　)。

    A. $H_2C_2O_4 \cdot 2H_2O$　　B. $Na_2C_2O_4$　　　　C. HCl　　　　　　D. H_2SO_4

二、填空题

1. 滴定分析法包括_____、_____、_____、_____ 4 大类。

2. 欲配制 0.10 mol/L 的 NaOH 溶液 500 mL，应称取_____ g 固体。

3. 称取纯金属锌 0.325 0 g，溶于 HCl 后，稀释定容到 250 mL 的容量瓶中，Zn^{2+} 溶液的物质的量浓度为_____。

4. 称取 0.328 0 g $H_2C_2O_4 \cdot 2H_2O$ 来标定 NaOH 溶液，消耗 25.78 mL，则 $c_{NaOH} =$ _____。

三、判断题

1. 滴定分析对化学反应的要求之一是反应速度要慢。　　　　　　　　　　　　　(　　)

2. 国标规定，一般滴定分析用标准溶液在常温(15～25 ℃)下使用两个月后，必须重新标定浓度。　　　　　　　　　　　　　　　　　　　　　　　　　　　　　　　(　　)

3. 标准溶液应由专人管理、配制、标定，并由另一人复标。　　　　　　　　　　(　　)

4. 用浓溶液配制稀溶液的计算依据是稀释前后溶质的物质的量不变。　　　　　　(　　)

5. 化学计量点和滴定终点是一回事。　　　　　　　　　　　　　　　　　　　　(　　)

6. 终点误差是由于操作者终点判定失误或操作不娴熟而引起的。　　　　　　　　(　　)

7. 滴定分析的相对误差一般要求为小于 0.1%，滴定时消耗的标准溶液体积应控制为 10～15 mL。　　　　　　　　　　　　　　　　　　　　　　　　　　　　　　　(　　)

四、简答题

1. 适用于滴定分析法的化学反应必须具备哪些条件？

2. 基准物质应符合哪些要求？标定碱标准溶液时，邻苯二甲酸氢钾（$KHC_8H_4O_4$，$M = 204.23$ g/mol）和二水合草酸（$H_2C_2O_4 \cdot 2H_2O$，$M = 126.07$ g/mol）都可以作为基准物质，你认为挑选哪一种更好？为什么？

3. 以下物质中哪些可用直接配制法配制标准溶液？哪些只能用间接配制法配制？

    NaOH、H_2SO_4、HCl、$KMnO_4$、$K_2Cr_2O_7$、$AgNO_3$、NaCl、$Na_2S_2O_3$

第三篇

知行合一——实践篇

模块五 姹紫嫣红，点到为止——酸碱滴定分析

案例引入

无酸不是味，无醋不成席。酸是酸甜苦辣咸五味之首，除了调味佐食，还有促进食物消化、杀菌消毒、美容护肤等妙用，深受人们喜爱。食醋起源于中国，中国有四大名醋，分别是山西老陈醋、镇江香醋、福建永春老醋、四川保宁醋。山西老陈醋距今已有 3 000 多年的历史，其他3 种也有 1 000 多年的历史了，这些都是我们的祖先留下的智慧。我国的醋主要以粮食为原料酿造，历经 40 多道工序，70 多天精心酿制而成，是我国农业文明酿造技术的高端产物。你知道食醋的酸味是由哪些成分引起的吗？食醋出厂前又需要检测哪些指标呢？

学习目标

知识目标：

1. 了解酸碱溶液的组成及 pH 计算；
2. 了解酸碱缓冲溶液的意义及选择原则；
3. 掌握酸碱滴定指示剂的选择原则；
4. 掌握酸性或碱性物质含量的测定方法。

能力目标：

1. 能够判断酸碱溶液；
2. 能够根据酸碱滴定的突跃范围选择合适的酸碱指示剂；
3. 能够利用酸碱滴定法直接或间接地测定酸碱物质。

素养目标：

1. 树立民族自豪感、专业认同感；
2. 具备实事求是、一丝不苟的科学品质；
3. 具备标准意识、规范意识，实事求是、精益求精的工匠精神。

模块导学

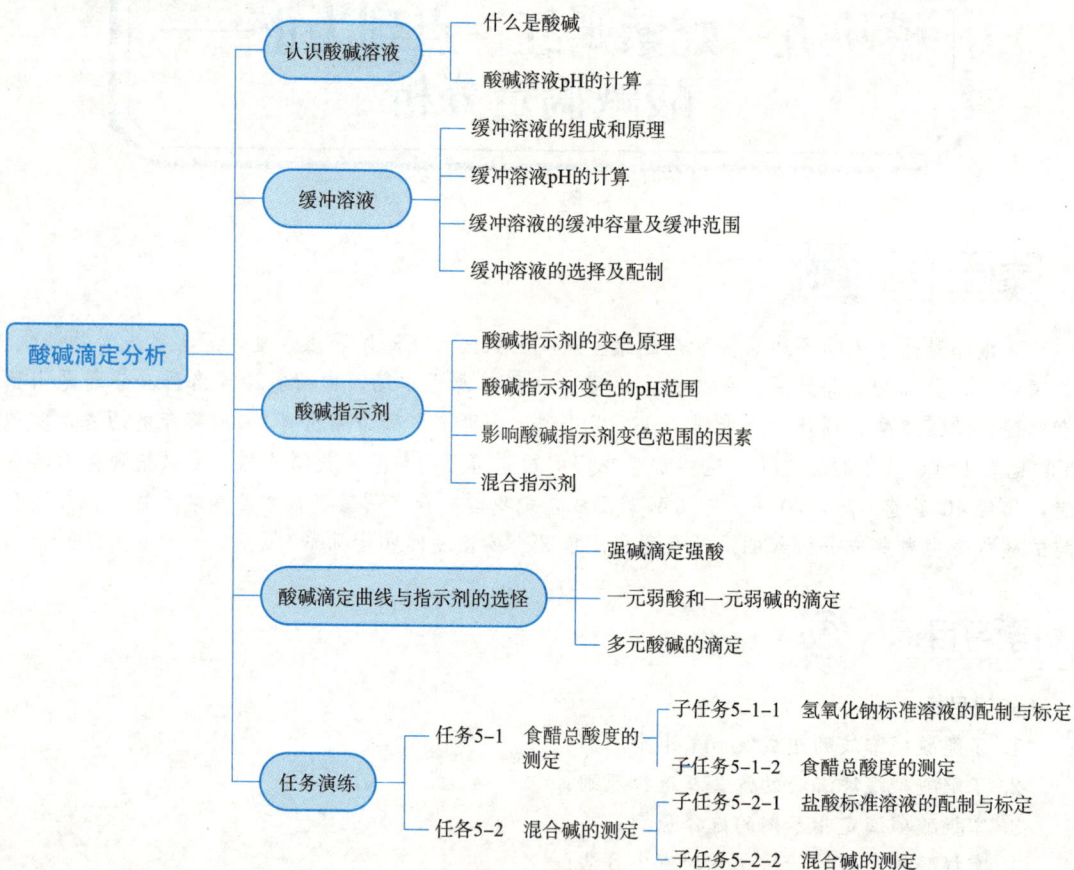

酸碱滴定分析
- 认识酸碱溶液
  - 什么是酸碱
  - 酸碱溶液pH的计算
- 缓冲溶液
  - 缓冲溶液的组成和原理
  - 缓冲溶液pH的计算
  - 缓冲溶液的缓冲容量及缓冲范围
  - 缓冲溶液的选择及配制
- 酸碱指示剂
  - 酸碱指示剂的变色原理
  - 酸碱指示剂变色的pH范围
  - 影响酸碱指示剂变色范围的因素
  - 混合指示剂
- 酸碱滴定曲线与指示剂的选怪
  - 强碱滴定强酸
  - 一元弱酸和一元弱碱的滴定
  - 多元酸碱的滴定
- 任务演练
  - 任务5-1 食醋总酸度的测定
    - 子任务5-1-1 氢氧化钠标准溶液的配制与标定
    - 子任务5-1-2 食醋总酸度的测定
  - 任务5-2 混合碱的测定
    - 子任务5-2-1 盐酸标准溶液的配制与标定
    - 子任务5-2-2 混合碱的测定

任务资讯

　　酸碱反应是一类极为重要的化学反应，许多化学反应和生物化学反应都属于酸碱反应。另外，许多其他类型的化学反应（如氧化还原反应、配位反应、沉淀反应等）也需要在一定的酸度条件下才能顺利进行。酸碱滴定法是一种最基本、最重要的滴定分析法，在化学、化工、生物、食品、医药、环境、材料等领域具有极其重要的应用价值。

知识点一　认识酸碱溶液

一、什么是酸碱

　　1923 年，布朗斯特在酸碱电离理论的基础上，提出了酸碱质子理论。根据酸碱质子理论，凡是能给出质子的物质称为酸；凡是能接受质子的物质称为碱。它们之间的关系可表示为

$$酸 \rightleftharpoons 质子 + 碱$$

当酸 HA 给出质子后形成 A^-，A^- 自然对质子具有一定的亲和力，故 A^- 是一种碱，即酸给出质子后生成相应的碱。同理，碱(A^-)接受质子后生成相应的酸(HA)，两者之间可以相互转化。这种酸碱之间相互联系、相互依存的关系称为共轭关系。

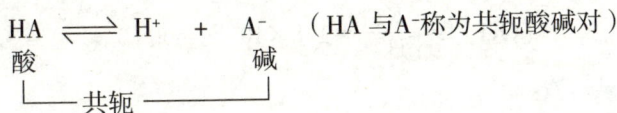

$$HA \rightleftharpoons H^+ + A^-　（HA 与 A^- 称为共轭酸碱对）$$
酸　　　　　　碱
└────共轭────┘

例如，下列等号左侧的各物质在一定条件下均能给出质子，故它们皆为酸；等号右侧各物质均能接受质子，故它们皆为碱。等号左右的酸、碱构成共轭酸碱对，如下例中 $HAc—Ac^-$、$NH_4^+—NH_3$ 等均为共轭酸碱对。

$$HAc \rightleftharpoons H^+ + Ac^-$$
$$NH_4^+ \rightleftharpoons H^+ + NH_3$$

$$两性物质 \begin{cases} HPO_4^{2-} \rightleftharpoons H^+ + PO_4^{3-} \\ HPO_4^{2-} + H^+ \rightleftharpoons H_2PO_4^- \end{cases}$$

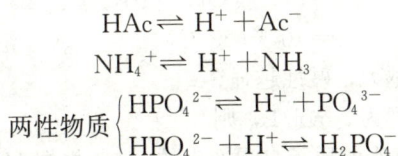

由上可见，质子酸碱和共轭酸碱对具有以下特点：

(1)酸或碱可以是中性分子，也可以是阳离子或阴离子。

(2)同一物质如 HPO_4^{2-} 等，在一定条件下可给出质子表现为酸，在另一条件下又可以接受质子表现为碱，此类物质称为两性物质。水就是最常见的两性物质。对于两性物质在共轭体系中表现为酸或碱的判断，应具体分析，灵活运用。

(3)酸和碱不是决然对立的两类物质，而是"酸中有碱，碱可变酸"，有着相互依存共轭关系的物质，酸与碱的根本区别仅在于对质子亲和力的差异。

(4)共轭酸碱对中酸与碱之间只差一个质子。

(5)酸碱质子理论的概念中，没有"盐"和"水解"的概念。如 $NaAc$、Na_2CO_3、Na_3PO_4 等，按酸碱质子理论，它们都是碱；在 $(NH_4)_2SO_4$ 中，NH_4^+ 是酸、SO_4^{2-} 是碱。电离理论中这类盐的水解反应，按酸碱质子理论都是酸碱反应。

二、酸碱溶液 pH 的计算

1. 强酸、强碱

强电解质在稀溶液中是全部电离的，因此其离子浓度可直接根据电解质浓度来确定。

(1)强酸溶液 pH 的计算。常见强酸：$HClO_4$、H_2SO_4、HCl、HNO_3。

如 0.1 mol/L HCl 溶液电离后溶液中 H^+ 浓度为 0.1 mol/L，Cl^- 浓度为 0.1 mol/L。$pH = -lg[H^+]$。

(2)强碱溶液 pH 的计算。常见强碱：$NaOH$、KOH 等。

如 0.1 mol/L 的 NaOH 溶液，其 OH^- 浓度、Na^+ 浓度也都相等，即$[NaOH] = [OH^-] = [Na^+] = 0.1$ mol/L。

$$pH = -lg[H^+] = -lg\frac{K_w}{[OH^-]} = -(lgK_w - lg[OH^-]) = -lgK_w + lg[OH^-]$$

其中，$K_w = [OH^-][H^+] = 10^{-14}$，$pH + pOH = 14$。

pH 越小(或 pOH 越大)，酸性越强；pH 越大(或 pOH 越小)，碱性越强。溶液的酸碱性所使用的 pH 均为 1～14，pH 为负值或大于 14 的以 H^+ 或 OH^- 的浓度直接表示。如果强酸或强酸溶液浓度小于 10^{-6} mol/L，计算溶液的酸度还必须考虑水的质子传递作用所提供的 H^+ 或 OH^-。

【例 5-1】 计算[H⁺]为 $5.5×10^{-2}$ mol/L HCl 溶液中的 [OH⁻]和溶液的 pH。

解: 因为

$$[H^+]=5.5×10^{-2}(mol/L)$$

所以

$$pH=-lg[H^+]=2-lg5.5=1.26$$

$$[OH^-]=\frac{K_w}{[H^+]}=1.8×10^{-12}(mol/L)。$$

2. 一元弱酸、弱碱溶液

一元共轭酸碱对的 K_a 和 K_b 有如下关系:

$$K_a×K_b=\frac{[H^+][Ac^-]}{[HAc]}×\frac{[HAc][OH^-]}{[Ac^-]}$$

$$=[H^+][OH^-]=K_w$$

$$=10^{-14}(25\ ℃)$$

K_a 越大,酸性越强;K_b 越大,碱性越强。

如一元弱酸 HA,设其浓度为 c mol/L,则

当 $cK_a^\ominus≥20K_w^\ominus$ 时,可以忽略水的质子自递产生的 H⁺,根据 $HA⇌H^++A^-$,则有

$$c(H^+)=c(A^-)\qquad c(HA)=c-c(H^+)$$

当 $c/K_a^\ominus≥500$ 时,已离解的酸极少,$c(HA)=c-c(H^+)≈c$,则有

$$K_a^\ominus=\frac{[c(H^+)/c^\ominus][c(A^-)/c^\ominus]}{c(HA)/c^\ominus}=\frac{c^2(H^+)}{c}$$

$$c(H^+)=\sqrt{cK_a^\ominus}$$

所以 $pH=-lg[H^+]=-lg\sqrt{K_a^\ominus c}$。

同理,一元弱碱溶液中 OH⁻浓度的最简式为

$$c(OH^-)=\sqrt{cK_b^\ominus}$$

$$pOH=-lg[OH^-]=-lg\sqrt{K_b^\ominus c}=-\frac{1}{2}lgK_b^\ominus-\frac{1}{2}lgc$$

$$pH=14+\frac{1}{2}lgK_b^\ominus+\frac{1}{2}lgc$$

【例 5-2】 计算 0.10 mol/L HAc 溶液的[H⁺]。

解: 因为

$$\frac{c}{K_a}=\frac{0.10}{1.8×10^{-5}}>380$$

所以

$$[H^+]=\sqrt{1.8×10^{-5}×0.10}=1.34×10^{-3}(mol/L)$$

3. 多元弱酸、多元弱碱溶液

二元共轭酸碱对,则有 $K_{a_1}·K_{b_2}=K_{a_2}·K_{b_1}$。

三元共轭酸碱对,则有 $K_{a_1}·K_{b_3}=K_{a_2}·K_{b_2}=K_{a_3}·K_{b_1}=K_w$。

即最强的酸对应的碱最弱,最弱的酸对应的碱最强。

多元弱酸、弱碱在水溶液中是分级离解的,每一级都有相应的质子转移平衡。因为 $K_{a_1}^\ominus≫K_{a_2}^\ominus$(当 $K_{a_1}^\ominus>10^4K_{a_2}^\ominus$ 时,可认为 $K_{a_1}^\ominus≫K_{a_2}^\ominus$),第二步产生的 H⁺ 相对于第一步来说小得多,可以忽略不计。因此,这种二元弱酸可以用一元弱酸电离平衡的方法来处理。

当 $K_{a_1}^\ominus≫K_{a_2}^\ominus$,$c/K_a^\ominus≥500$ 时,有

$$[H^+]=\sqrt{K_{a_1}^\ominus c_{初}}$$

$$pH=-\frac{1}{2}lgK_{a_1}-\frac{1}{2}lgc_{初}$$

多元弱碱溶液的 pH 的计算与此相似。

【例 5-3】　室温时，CO_2 饱和溶液的浓度约为 0.04 mol/L，计算溶液的 pH。

解：CO_2 溶于水，存在着平衡：

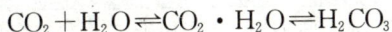

$$CO_2 + H_2O \rightleftharpoons CO_2 \cdot H_2O \rightleftharpoons H_2CO_3$$

查表得 $K_{a_1} = 4.2 \times 10^{-7}$，$K_{a_2} = 5.6 \times 10^{-11}$，$K_{a_1} \gg K_{a_2}$；

所以　　　　$[H^+] = \sqrt{K_{a_1} \times c} = \sqrt{4.2 \times 10^{-7} \times 0.04} = 1.3 \times 10^{-4} (mol/L)$

$$pH = -\lg[H^+] = 4 - \lg 1.3 = 3.89$$

4. 两性溶液

两性物质如 NaHA，HA^- 既可从溶剂中获得质子转变为共轭酸 H_2A，也可失去质子转变为共轭碱 A^{2-}，即

$$HA^- + H_2O \rightleftharpoons H_2A + OH^-$$

$$HA^- \rightleftharpoons H^+ + A^{2-}$$

一般来说，当浓度较高时，溶液的浓度可按下式进行计算：

$$[H^+] = \sqrt{K_{a_1}^{\ominus} K_{a_2}^{\ominus}}$$

【例 5-4】　计算 0.010 mol/L Na_2HPO_4 溶液的 pH。

解：$K_{a_2} c \geqslant 20 K_w$，$c/K_{a_2} \geqslant 20$

$$[H^+] = \sqrt{K_{a_2} \times K_{a_3}} = \sqrt{6.3 \times 10^{-8} \times 4.4 \times 10^{-13}} = 1.7 \times 10^{-10} (mol/L)$$

$$pH = -\lg[H^+] = 9.77$$

知识点二　缓冲溶液

缓冲溶液在工农业生产、医药、生物学、化学等方面都有重要的意义。例如，在半导体工业中常用 HF 和 NH_4F 混合腐蚀液除去硅片的氧化物（SiO_2）；电镀液常需用缓冲溶液来调节它的 pH；土壤中由于含有 $Na_2CO_3 - NaHCO_3$、$NaH_2PO_4 - Na_2HPO_4$、腐殖酸、腐殖酸盐等缓冲体系，才能使土壤维持一定的 pH，从而保证植物的正常生长。

一、缓冲溶液的组成和原理

1. 缓冲溶液的概念

能够抵抗外加少量强酸、强碱或稍加稀释，其自身 pH 不发生显著变化的性质，称为缓冲作用。具有缓冲作用的溶液称为缓冲溶液。缓冲溶液具有调节和控制溶液酸度的作用。

2. 缓冲溶液的组成

缓冲溶液的组成一般有以下几类。

(1)由浓度较大的弱酸及其共轭碱组成，如 HAc−NaAc，一般 pH＜7。

(2)由浓度较大的弱碱及其共轭酸组成，如 $NH_4Cl - NH_3 \cdot H_2O$，一般 pH＞7。

(3)高浓度的强酸或强碱溶液组成。强酸(pH＜2)或强碱(pH＞12)可作为缓冲溶液。在高浓度的强酸、强碱溶液中，由于 H^+ 或 OH^- 的浓度本来就很高，外加少量的酸或碱不会对溶液的酸度产生太大影响。

由于共轭酸碱对的 K_a、K_b 值不同，所形成的缓冲溶液能调节和控制的 pH 范围也不同，常用的缓冲溶液可控制的 pH 范围参考表 5-1。

表 5-1　常用的缓冲溶液

缓冲溶液名称	酸的存在形态	碱的存在形态	pK_a	可控制的 pH 范围
氨基乙酸—HCl	$^+NH_3CH_2COOH$	$^+NH_3CH_2COO^-$	$2.35(pK_{a_1})$	$1.4\sim3.4$
一氯乙酸—NaOH	$CH_2ClCOOH$	CH_2ClCOO^-	2.86	$1.9\sim3.9$
邻苯二甲酸氢钾—HCl	〔苯环〕COOH COOH	〔苯环〕COO⁻ COOH	$2.95(pK_{a_1})$	$2.0\sim4.0$
甲酸—NaOH	$HCOOH$	$HCOO^-$	3.76	$2.8\sim4.8$
HAc—NaAc	HAc	Ac^-	4.74	$3.8\sim5.8$
六亚甲基四胺—HCl	$(CH_2)_6N_4H^+$	$(CH_2)_6N_4$	5.15	$4.2\sim6.2$
NaH₂PO₄—Na₂HPO₄	$H_2PO_4^-$	HPO_4^{2-}	$7.20(pK_{a_2})$	$6.2\sim8.2$
Na₂B₂O₃—HCl	H_3BO_3	$H_2BO_3^-$	9.24	$8.0\sim9.0$
NH₄Cl—NH₃	NH_4^+	NH_3	9.26	$8.3\sim10.3$
氨基乙酸 NaOH	$^+NH_3CH_2COO^-$	$NH_2CH_2COO^-$	9.60	$8.6\sim10.6$
NaHCO₂—Na₂CO₃	HCO_3^-	CO_3^{2-}	10.25	$9.3\sim11.3$
Na₂HPO₄—NaOH	HPO_4^{2-}	PO_4^{3-}	12.32	$11.3\sim12.0$

3. 缓冲溶液的作用原理

通过解离平衡调节和控制溶液的 pH。

例如，HAc—NaAc 组成的缓冲溶液，HAc 和 Ac⁻ 的量都较大：

$$HAc \rightleftharpoons Ac^- + H^+ \tag{5-1}$$

$$NaAc \rightarrow Ac^- + Na^+ \tag{5-2}$$

(1)加入少量强酸时，H^+ 与 Ac^- 生成 HAc 分子，使式(5-1)质子转移平衡向左移动，结果溶液中 H^+ 浓度没有升高，即溶液的 pH 保持不变。

(2)加入少量强碱时，OH^- 与 H^+ 生成 H_2O 分子，使式(5-1)质子转移平衡向右移动，以补充 H^+ 的消耗，结果溶液中 H^+ 浓度没有降低，pH 保持不变。

(3)加入少量水稀释时，溶液中 H^+ 浓度和其他离子浓度相应地降低，促使 HAc 的离解平衡向右移动，给出 H^+ 来补充，达到新的平衡时，H^+ 浓度保持不变。

二、缓冲溶液 pH 的计算

由弱酸 HA 与其共轭碱 A⁻ 组成的缓冲溶液，若用 c_{HA}、c_A 分别表示 HA、A⁻ 的分析浓度，可推出计算此缓冲溶液中[H^+]及 pH 的最简式：

$$[H^+]=K_a \cdot \frac{c_{HA}}{c_{A^-}} \qquad pH=pK_a+\lg\frac{c_{A^-}}{c_{HA}}$$

即对于形成缓冲溶液的一对共轭酸碱对，若用 c_a 表示酸的浓度、c_b 表示相应共轭碱的浓度，则有

$$[H^+]=K_a \cdot \frac{c_{酸}}{c_{共轭碱}}=K_a \cdot \frac{c_a}{c_b} \qquad pH=pK_a+\lg\frac{c_b}{c_a}$$

【例 5-5】某缓冲溶液含有 0.10 mol/L HAc 和 0.20 mol/L NaAc，试问此时 pH 为多少？

解：已知 HAc 的 $pK_a=4.74$，代入公式可得

$$pH=pK_a+\lg\frac{c_b}{c_a}=4.74+\lg\frac{0.20}{0.10}=5.04$$

【例 5-6】 某缓冲溶液含有 0.10 mol/L NH_4Cl 和 0.20 mol/L NH_3，此溶液 pH 为多少？

解： 已知 NH_3 的 $K_b=1.8\times10^{-5}$，

所以 NH_4^+ 的 $K_a=K_w/K_b=5.6\times10^{-10}$

代入公式可得

$$pH=pK_a+lg\frac{c_b}{c_a}=9.26+lg\frac{0.20}{0.10}=9.56$$

三、缓冲溶液的缓冲容量及缓冲范围

在缓冲溶液中加入强酸或强碱时，溶液的 pH 变化不大，如果所加的酸或碱及溶剂超过了一定的限度，缓冲溶液就失去了缓冲能力，即溶液的 pH 会发生大幅度的变化。可见缓冲溶液的缓冲作用是有一定限度的。

缓冲容量是指在 1 L 缓冲溶液中，引起 pH 改变 1 个单位时，所需加入的强酸或强碱的量（mol）。

缓冲溶液作用时都有一个有效的 pH 范围，它大约在 pK_a 值两侧各一个 pH 单位之内，称为缓冲范围：$pH=pK_a\pm1$。

由此可知：

(1)缓冲容量的大小和缓冲物质的浓度有关，浓度高的缓冲容量大，浓度低的缓冲容量小。

(2)缓冲容量的大小还和缓冲物质的浓度比有关，当浓度比为 1：1 时，即浓度相等时，缓冲容量最大，两物质浓度相差越大，缓冲容量越小。相差量大到一定程度时，就失去了缓冲能力。因此，对任何一种缓冲溶液都有一个有效的缓冲范围。

四、缓冲溶液的选择及配制

常用缓冲溶液种类很多，要根据实际情况，选用不同的缓冲溶液。选择缓冲溶液的原则如下。

(1)缓冲溶液对分析反应无干扰。

(2)有足够的缓冲容量。

(3)其 pH 应在所要求的稳定的酸度范围之内。为此，组成缓冲溶液的酸的 pK_a 应等于或接近所需的 pH，或组成缓冲溶液的碱的 pK_b 应等于或接近所需的 pOH。

例如：若要控制溶液的酸度在 pH=5 左右，可选择 HAc—NaAc 缓冲溶液。

若要控制溶液的酸度在 pH=10 左右，可选择 NH_4Cl—$NH_3\cdot H_2O$ 缓冲溶液。

缓冲溶液的配制可参考有关手册，也可根据计算结果进行配制。

知识点三　酸碱指示剂

在酸碱滴定过程中，滴定反应达到化学计量点时，通常没有任何外观变化。

判断终点的方法通常有两种：一种是化学指示剂法；另一种是利用电位变化的指示方法。化学指示剂法是借助酸碱指示剂颜色改变来指示终点，本节主要讨论这种方法。

一、酸碱指示剂的变色原理

酸碱指示剂通常本身是有机弱酸或有机弱碱(用 HIn 表示)，这些弱酸和弱碱与其共轭酸碱

对由于结构不同而具有不同的颜色,当溶液的 pH 改变时,酸碱指示剂失去或得到质子,其结构发生变化,而引起颜色的变化。

例如,指示剂酚酞在不同 pH 值溶液中发生离解作用和颜色变化:

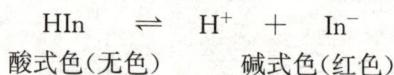

$$HIn \rightleftharpoons H^+ + In^-$$

$$酸式色(无色) \qquad 碱式色(红色)$$

当溶液为酸性时,酚酞主要以酸式结构(HIn)存在,呈无色;当向溶液中加入碱时,OH^- 浓度增大,平衡向右移动,酚酞主要以碱式结构(In^-)存在,呈红色。由此可见,酸碱指示剂颜色变化的内因是指示剂本身结构发生变化,外因是溶液 pH 发生变化。

二、酸碱指示剂变色的 pH 范围

酸碱指示剂变色与溶液的 pH 有关,但并不是溶液 pH 稍有变化或任意改变都能引起指示剂的颜色变化,现以弱酸型 HIn 为例介绍指示剂变色与溶液 pH 的关系。

酸碱指示剂在水溶液中存在如下离解平衡:

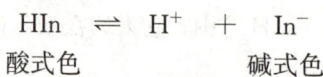

$$HIn \rightleftharpoons H^+ + In^-$$

$$酸式色 \qquad 碱式色$$

$$\frac{[H^+][In^-]}{[HIn]} = K_{HIn}$$

$$\frac{[In^-]}{[HIn]} = \frac{K_{HIn}}{[H^+]}$$

$$pH = pK_{HIn} - \lg\frac{[HIn]}{[In^-]}$$

显然,指示剂呈现的颜色由 $\frac{[HIn]}{[In^-]}$ 来决定。而 $\frac{[HIn]}{[In^-]}$ 的大小是由 K_{HIn} 与溶液的 pH 决定的。

当溶液 pH 发生变化时,$\frac{[HIn]}{[In^-]}$ 也随之改变,从而使溶液呈现不同的颜色。因人的视觉分辨能力有限,并不是指示剂颜色的任何微小变化人们都能用肉眼观察到,只有当指示剂两种颜色的浓度之比大于或等于 10 时,才能观察到其中浓度较大的那种颜色。

一般来说:

当 $\frac{[HIn]}{[In^-]} \geq 10$ 时,观察到 HIn 的颜色,溶液 $pH \leq pK_{HIn} - 1$;

当 $\frac{[HIn]}{[In^-]} \leq \frac{1}{10}$ 时,观察到 In^- 的颜色,溶液 $pH \geq pH_{HIn} + 1$;

当 $\frac{[HIn]}{[In^-]} = 1$ 时,观察到的是酸式色和碱式色的混合色,此时溶液的 $pH = pK_{HIn}$,即称为指示剂的理论变色点。

由此可见,溶液的 pH 在 $pK_{HIn} - 1$ 和 $pK_{HIn} + 1$ 之间变化时,人眼才能看到指示剂的颜色变化,"$pH = pK_{HIn} \pm 1$"称为指示剂变色的 pH 范围。

从理论上讲,指示剂的变色范围都有两个 pH 单位,但实际上并不都是如此。人的眼睛对各种颜色的灵敏度不一样,人眼观察到的实际变色范围与理论变色范围不完全一致。例如,甲基橙的 $pK_a = 3.4$,理论上的变色范围为 $pH = 2.4 \sim 4.4$,但人眼对红色较敏感,而对黄色不敏感。实践证明,$pH = 3.1$ 时,就能观察到明显的红色;$pH = 4.4$ 时,才能观察到明显的黄色。所以甲基橙的实际变色范围为 $pH = 3.1 \sim 4.4$。人眼观察指示剂颜色的变化为 $0.2 \sim 0.5$ pH 单位的误差。常见的酸碱指示剂见表 5-2。

表 5-2　常见的酸碱指示剂

指示剂	变色范围 pH	颜色		pK_{HIn}	配制方法
		酸式色	碱式色		
百里酚蓝 （第一次变色）	1.2～2.8	红	黄	1.65	0.1％的 20％乙醇
甲基黄	2.9～4.0	红	黄	3.25	0.1％的 90％乙醇
甲基橙	3.1～4.4	红	黄	3.45	0.05％的水溶液
溴酚蓝	3.0～4.6	黄	紫	4.1	0.1％的 20％乙醇或其钠盐
溴甲酚绿	3.8～5.4	黄	蓝	4.9	0.1％的水溶液，每 100 mL 指示剂加 0.05 mol/L NaOH 9 mL
甲基红	4.4～6.2	红	黄	5.0	0.1％的 60％乙醇或其钠盐水溶液
溴百里酚蓝	6.2～7.6	黄	蓝	7.3	0.1％的 20％乙醇或其钠盐水溶液
中性红	6.8～8.0	红	黄橙	7.4	0.1％的 60％乙醇
酚红	6.8～8.0	黄	红	8.0	0.1％的 60％乙醇或其钠盐水溶液
百里酚蓝（第二次变色）	8.0～9.6	黄	蓝	8.9	0.1％的 20％乙醇
酚酞	8.0～10.0	无	红	9.1	0.1％的 90％乙醇
百里酚酞	9.4～10.6	无	蓝	10.0	0.1％的 90％乙醇

三、影响酸碱指示剂变色范围的因素

1. 温度

温度的变化会引起指示剂离解常数 K_{HIn} 的变化，所以变色范围也随之改变。例如：18 ℃时，甲基橙的变色范围为 3.1～4.4；而 100 ℃时，甲基橙的变色范围为 2.5～3.7。

2. 溶剂

指示剂在不同溶剂中的 K_{HIn} 不同，故变色范围也不同。例如，甲基橙在水溶液中 K_{HIn} 为 3.4，在甲醇中 K_{HIn} 则为 3.8。

3. 指示剂用量

指示剂的用量直接影响滴定终点的准确到达，即影响滴定结果的准确度。指示剂用量过多，会使终点颜色变化不明显，并会消耗一定量的滴定剂，从而带来终点误差；但指示剂也不能太少，否则颜色太浅，不易观察到颜色的变化。

4. 滴定顺序

深色较浅色更易被人辨别，因此，在滴定顺序选择上应考虑指示剂颜色变化的趋势，尽量做到由浅色向深色方向滴定。例如，用 NaOH 标准溶液滴定 HCl 溶液时，选用酚酞作为指示剂，终点由无色变为红色，变化明显，易于辨认；若用甲基橙作为指示剂，终点由红色变为黄色，变色不太明显，标准溶液易滴过量。当用 HCl 标准溶液滴定 NaOH 溶液时，则宜选用甲基橙作为指示剂。

四、混合指示剂

在酸碱滴定中，有时需要将滴定终点控制在很窄的 pH 范围内，此时可采用混合指示剂。混合指示剂有两类。一类混合指示剂是由两种或两种以上的指示剂混合而成，利用颜色的互补作用，使指示剂变色范围变窄，变色更敏锐，有利于终点的判断，减小滴定误差，提高分析的准确度。例如，溴甲酚绿（$pK_a=4.9$）和甲基红（$pK_a=5.2$）两者按 3：1 混合后，在 pH＜5.1 的溶液中呈酒红色，而在 pH＞5.1 的溶液中呈绿色，且变色非常敏锐。另一类混合指示剂是在某种指示剂中加入另一种惰性染料组成。例如，采用中性红与亚甲基蓝混合而配制的指示剂，当配比为1：1 时，混合指示剂在 pH＝7.0 时呈现蓝紫色，其酸色为蓝紫色，碱色为绿色，变色也很敏锐。

几种常用的混合指示剂列于表 5-3。

表 5-3　几种常用的混合指示剂

指示剂组成	变色点(pH)	酸式色	碱式色	备注
1 份 0.1%甲基橙水溶液 1 份 0.25%靛蓝磺酸钠水溶液	4.1	紫	黄绿	pH＝4.1 灰色
3 份 0.1%溴甲酚绿乙醇溶液 1 份 0.2%甲基红乙醇溶液	5.1	酒红	绿	pH＝5.1 灰色
1 份 0.1%溴甲酚绿钠盐水溶液 1 份 0.1%氯酚红钠盐水溶液	6.1	黄绿	蓝紫	
1 份 0.1%中性红乙醇溶液 1 份 0.1%亚甲基蓝乙醇溶液	7.0	蓝紫	绿	
1 份 0.1%甲酚红钠盐水溶液 3 份 0.1%百里酚蓝钠盐水溶液	8.3	黄	紫	
1 份 0.1%百里酚蓝 50%乙醇溶液 3 份 0.1%酚酞 50%乙醇溶液	9.0	黄	紫	黄—绿—紫

如果把甲基红、溴百里酚蓝、百里酚蓝、酚酞按一定比例混合，溶于乙醇，配成混合指示剂，可随溶液 pH 的变化而呈现不同的颜色。实验室中使用的 pH 试纸就是基于混合指示剂的原理而制成的。

知识点四　酸碱滴定曲线与指示剂的选择

在酸碱滴定中，重要的是要估计待测组分能否被准确滴定，滴定过程中溶液的 pH 变化情况，以及如何选择合适的指示剂来确定终点。为了表征滴定反应过程变化的规律性，通过实验和计算方法记录滴定过程中 pH 随标准溶液体积或反应完全程度变化的图形，即可得到滴定曲线。滴定曲线在滴定分析中不但可从理论上解释滴定过程的变化规律，对指示剂选择也具有重要的实际意义。下面介绍几种基本类型的酸碱滴定过程。

一、强碱滴定强酸

【例 5-7】　0.100 0 mol/L 的 NaOH 滴定 20.00 mL 0.100 0 mol/L 的 HCl，滴定过程中溶液 pH 值变化分为 4 个阶段讨论并作图 5-1。

解：反应方程式如下：

$$NaOH + HCl = NaCl + H_2O$$

(1)滴定前 $c_{HCl} = c_{H^+} = 0.100\ 0\ mol/L$。

$$pH = 1.00$$

(2)滴定开始至化学计量点前，溶液 pH 取决于剩余的 HCl 的浓度。若加入 NaOH 体积为 19.98 mL，即剩下 0.1% HCl 未被中和。

$$c_{H^+} = \frac{0.100\ 0 \times 20.00 - 0.100\ 0 \times 19.98}{20.00 + 19.98} \approx 5 \times 10^{-5}(mol/L)$$

$$pH = 4.30$$

(3)化学计量点时，加入 20.00 mL NaOH，HCl 全部被中和，生成 NaCl 和水。

$$pH = 7.00$$

(4)化学计量点后，溶液 pH 取决于过量的 OH^- 的浓度，当加入 20.02 mL NaOH，即 NaOH 过量 0.1%。

$$c_{OH^-} = \frac{0.100\ 0 \times 20.02 - 0.100\ 0 \times 20.00}{20.02 + 20.00} \approx 5 \times 10^{-5}(mol/L)$$

$$pOH = 4.30 \quad pH = 9.70$$

由滴定曲线图 5-1 可以看出：

(1)从滴定开始到加入 NaOH 溶液 19.98 mL，溶液的 pH 仅改变 3.3 个单位，但在化学计量点附近加入 0.04 mL NaOH 溶液(从剩余 0.02 mL HCl 到过量 0.02 mL NaOH)，溶液的 pH 由 4.30 急剧改变为 9.70，改变了 5.40 个单位。这种在化学计量点附近溶液 pH 的突变称为滴定突跃。滴定突跃所在的 pH 范围称为突跃范围。此后再继续滴加 NaOH 溶液，溶液的 pH 变化越来越小。

图 5-1 NaOH 加入量

滴定突跃范围：pH=4.3~9.7。

化学计量点：7.0。

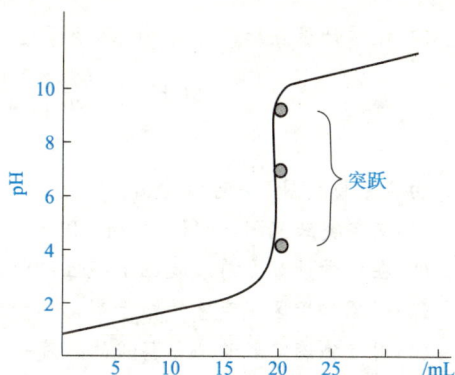

(2)选择指示剂的原则。指示剂的变色范围必须全部或部分落在滴定曲线的突跃范围内。其终点误差在 ±0.1% 以内。

(3)pH 突跃范围及其影响因素。pH 突跃范围是指化学计量点前后滴定由不足 0.1% 到过量 0.1% 范围内溶液 pH 的变化范围。此范围是选择指示剂的依据。

影响突跃范围大小的因素是酸的浓度。酸的浓度越高，滴定突跃范围越大。

(4)指示剂的选择。0.100 0 mol/L NaOH 滴定 0.100 0 mol/L HCl 时，可选酚酞、甲基红(甲基橙)；0.010 00 mol/L NaOH 滴定 0.010 00 mol/L HCl 时，可选酚酞、甲基红。

二、一元弱酸和一元弱碱的滴定

【例 5-8】 0.100 0 mol/L 的 NaOH 滴定 20.00 mL 0.100 0 mol/L 的 HAc。滴定过程中溶液 pH 值变化分为 4 个阶段讨论并作图 5-2。

解：反应方程式如下：

$$HAc + NaOH \rightleftharpoons NaAc + H_2O$$

(1)滴定前 0.100 0 mol/L HAc 溶液的 pH 为

$$[H^+] = \sqrt{K_a c} = \sqrt{1.8 \times 10^{-5} \times 0.100\ 0} = 1.34 \times 10^{-3}(mol/L)$$

$$pH = 2.87$$

(2)滴定开始至化学计量点前，由于 NaAc 不断生成，反应形成 HAc—NaAc 缓冲体系，当加入 19.98 mL NaOH 时：

$$[HAc] = \frac{0.02 \times 0.100\ 0}{20.00 + 19.98} = 5.0 \times 10^{-5}\ (mol/L)$$

$$[Ac^-] = \frac{19.98 \times 0.100\ 0}{20.00 + 19.98} = 5.0 \times 10^{-2}\ (mol/L)$$

$$[H^+] = K_a \frac{[HAc]}{[Ac^-]} = 1.8 \times 10^{-5} \times \frac{5 \times 10^{-5}}{5.0 \times 10^{-2}} = 1.8 \times 10^{-8}$$

$$pH = 7.74$$

(3)化学计量点时，溶液全部中和生成 NaAc，溶液的 pH 值由 Ac^- 水解求得：

$$[OH^-] = \sqrt{\frac{K_w}{K_a} c_{Ac^-}}$$

$$[Ac^-] = \frac{0.100\ 0 \times 20.00}{20.00 + 20.00} = 0.050\ 00 (mol/L)$$

$$[OH^-] = \sqrt{\frac{K_w}{K_a} c_{Ac^-}} = \sqrt{\frac{10^{-14}}{1.8 \times 10^{-5}} \times 0.050\ 00} = 5.3 \times 10^{-6}\ (mol/L)$$

$$pH = 8.72$$

(4)化学计量点后，溶液 pH 取决于过量的 OH^- 的浓度，加入 20.02 mL NaOH 时：

$$[OH^-] = \frac{0.02 \times 0.100\ 0}{20.00 + 20.02} = 5.0 \times 10^{-5}\ (mol/L)$$

$$pH = 9.70$$

由滴定曲线图 5-2 可以看出：

(1)滴定突跃范围：pH=7.74～9.70。

(2)在化学计量点前溶液已呈碱性，所以在化学计量点时 pH 不是 7 而是 8.72。

(3)选择碱性区域变色的指示剂，如酚酞、百里酚蓝等，但不能是甲基橙。

(4)用强碱滴定弱酸，当弱酸的浓度一定时，酸越弱（K_a 值越小），曲线起点的 pH 越大，突跃范围越窄。当 $K_a \leqslant 10^{-9}$ 时，无明显的突跃，就无法选择指示剂确定滴定终点。如图 5-3 所示。

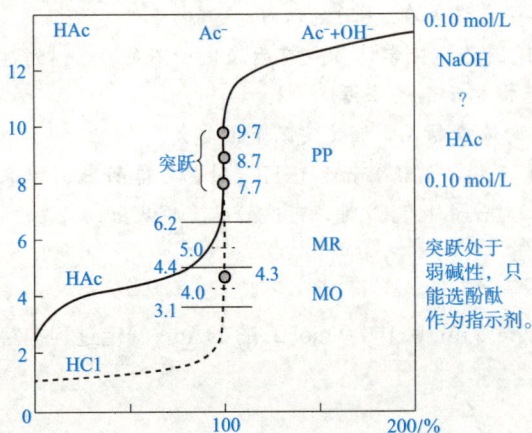

图 5-2　滴定曲线

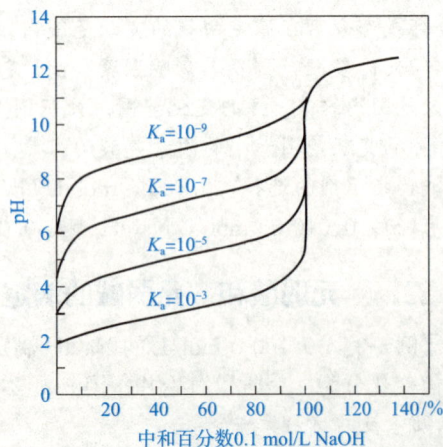

图 5-3　强碱滴定弱酸

根据以上知识可知：当酸的浓度一定时，如果要求终点误差为 ±0.2%，则强碱能够用指示剂直接准确滴定弱酸的可行性判据（滴定条件）为 $c_a K_a \geqslant 10^{-8}$。

三、多元酸碱的滴定

1. 多元酸的滴定

常见的多元酸多数是弱酸，它们在水溶液中分步离解。如 H_2B 分两级解离，但 H_2B 能否被分步滴定，则与其 $K_{a_1}^{\ominus}$、$K_{b_1}^{\ominus}$ 的数值及两者的数量级大小有关。

二元酸滴定原则如下。

（1）当 $cK_{a_1} \geqslant 10^{-8}$，$cK_{a_2} \geqslant 10^{-8}$ 时，一级、二级解离的 H^+ 都可以被准确滴定，若同时满足 $\dfrac{K_{a_1}}{K_{a_2}} \geqslant 10^4$，则两级 H^+ 可以分步滴定；

（2）当 $cK_{a_1} \geqslant 10^{-8}$，$cK_{a_2} < 10^{-8}$ 时，那么第一级解离的 H^+ 可以被准确滴定，第二级解离的 H^+ 则不能被准确滴定；

（3）当 $cK_{a_1} \geqslant 10^{-8}$，$cK_{a_2} \geqslant 10^{-8}$，但 $\dfrac{K_{a_1}}{K_{a_2}} < 10^4$ 时，则两级可一起被滴定，但不能被分步滴定。

用强碱滴定多元弱酸时，只有当相邻两个 K_a 相差 10^4 倍以上 $\left(\dfrac{K_{a_1}}{K_{a_2}} \geqslant 10^4\right)$，第一个等量点附近才能 pH 突跃。只有 $\dfrac{K_{a_1}}{K_{a_2}} \geqslant 10^4$ 时，第二个等量点附近才出现第二个 pH 突跃。如以氢氧化钠滴定磷酸为例，如图 5-4 所示。

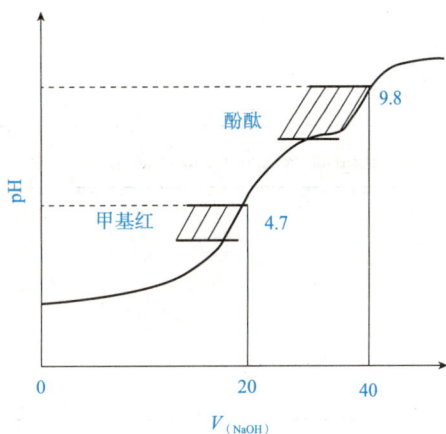

图 5-4　NaOH 滴定 H_3PO_4

2. 多元碱的滴定

多元弱碱的滴定与多元弱酸的滴定相似，有关多元酸分步滴定的条件也适用于多元碱，只需将 $K_a^{\ominus}$ 换成 $K_b^{\ominus}$。

3D虚拟仿真：碱灰中总碱度测定　　**3D虚拟仿真：食用白醋酸总量的测定**

任务演练

任务 5-1　食醋总酸度的测定

任务描述

酸味有增进食欲、促进消化吸收的作用，小 F 吃饺子喜欢蘸醋，周末妈妈包好了饺子，让他去买醋，可是他回家打开瓶子后却没有闻到酸味，难道他买了一瓶假醋吗？请你帮助他检验一下这瓶食醋的酸度是否合格。

任务小贴士

《食品安全国家标准 食醋》（GB 2719—2018）实施后，配制食醋从该标准中删除。这意味着，食醋应该是酿造食醋，标签原料表中至少要有糯米、大米等谷物，或者水果等含淀粉、糖的物料中的任意一种，但绝不能出现冰乙酸（又名冰醋酸）。食醋标签应标明总酸含量，食醋总酸每 100 mL 大于等于 3.5 g、甜醋总酸每 100 mL 大于等于 2.5 g 即符合国家标准，总酸含量越高，酸味越浓。

本实验要用到氢氧化钠，因其具有强烈的腐蚀性，接触皮肤或眼睛可导致严重伤害，使用时应注意防护。如果氢氧化钠意外接触皮肤，先用抹布擦干，用大量水冲洗，再用2%醋酸溶液或饱和硼酸溶液清洗，最后用水冲洗。

■ **任务分析**

(1)食醋的主要成分是什么？

(2)食醋总酸度指的是什么？

(3)食醋总酸度怎么表示？

(4)食醋总酸度测定的相关标准有哪些？

(5)食醋总酸度测定方法有哪些？

■任务流程

■任务实施

子任务 5-1-1　氢氧化钠标准溶液的配制与标定

一、实验原理

氢氧化钠易吸收 CO_2 和水，不能用直接配制法配制标准滴定溶液，应先配成近似浓度的溶液，再进行标定。

标定碱溶液用的基准物质很多，如草酸、苯甲酸、氨基磺酸、邻苯二甲酸氢钾（KHP）等，目前常用的是邻苯二甲酸氢钾，其滴定反应如下：

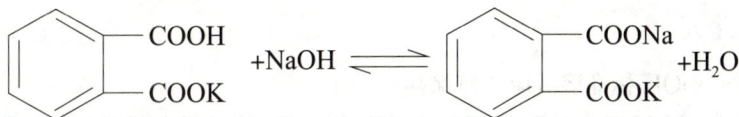

化学计量点时由于弱酸盐的水解，溶液呈微碱性，应用酚酞作为指示剂。

二、仪器、试剂

仪器：分析天平、托盘天平、碱式滴定管、锥形瓶、量筒、烧杯、塑料瓶、胶头滴管、玻璃棒。

试剂：氢氧化钠（A. R）、邻苯二甲酸氢钾（基准物质）、酚酞指示剂（1‰乙醇溶液）。

三、实验步骤

1. NaOH 标准溶液的配制

（1）NaOH 饱和溶液的配制。取 NaOH 约 110 g，倒入装有 100 mL 蒸馏水的烧杯中，搅拌使之溶解成饱和溶液。冷却后，置于聚乙烯塑料瓶中，静置数日，澄清后备用。

（2）NaOH 标准溶液（0.1 mol/L）的配制。吸取上述 NaOH 饱和溶液上层清液 2.7 mL，加蒸馏水 500 mL，用玻璃棒搅拌摇匀，转移至聚乙烯塑料瓶中，贴上标签，待标定。

实操视频：NaOH 标准
溶液的配制与标定

2. NaOH 标准溶液（0.1 mol/L）的标定

用减量称量法准确称取干燥至恒重的邻苯二甲酸氢钾 0.4～0.6 g 于已编号的锥形瓶中，准确至小数点后 4 位，加 50 mL 蒸馏水，温热使之溶解，加酚酞指示剂 2 滴，用待标定的 NaOH 标准溶液滴定至溶液呈浅红色，在 30 s 内不褪色即为终点，记录消耗 NaOH 溶液的体积，平行

测定 3 次，并做空白实验。

四、结果计算

$$c_{NaOH} = \frac{m_{KHP} \times 1\,000}{(V_{NaOH} - V_0) \times M_{KHP}}$$

式中　m_{KHP}——邻苯二甲酸氢钾质量(g)；

　　　V_{NaOH}——氢氧化钠溶液体积(mL)；

　　　V_0——空白实验消耗氢氧化钠溶液体积(mL)；

　　　M_{KHP}——邻苯二甲酸氢钾的摩尔质量(g/mol)。

五、注意事项

(1)称量 NaOH 固体时，应在台秤上用小烧杯称量。

(2)用来配制 NaOH 溶液的蒸馏水，应加热煮沸放冷，除去其中的 CO_2。

(3)加热有助于 KHP 的溶解，待完全溶解并冷却至室温后，再进行标定，如果溶解不完全，会造成较大的误差。

(4)KHP 较重，采用减量称量法称量时注意小心慢敲称量瓶，以免超出称量范围。

(5)滴定近终点时不要剧烈摇动锥形瓶，以免吸收空气中的 CO_2。

六、问题探究

(1)配制好的 NaOH 标准溶液应如何保存？

(2)盛基准物质邻苯二甲酸氢钾的锥形瓶，其内壁是否需要干燥？溶解邻苯二甲酸氢钾所用水的体积是否需要准确？为什么？

(3)做平行实验时，为什么每次滴定管读数均要从"零"开始？

■任务报告

1. 数据记录

项目	1	2	3
倾样前称量瓶＋KHP 的质量/g			
倾样后称量瓶＋KHP 的质量/g			
试样 KHP 的质量 m/g			
NaOH 溶液体积初读数/mL			
NaOH 溶液体积终读数/mL			
消耗 NaOH 溶液体积 V_{NaOH}/mL			
空白实验消耗 NaOH 溶液体积 V_0/mL			
c_{NaOH}/(mol $\cdot$ L^{-1})			
$\bar{c}_{NaOH}$/(mol $\cdot$ L^{-1})			
相对极差/%			

2. 结果计算

■任务反思

子任务 5-1-2　食醋总酸度的测定

一、实验原理

食醋的主要成分是醋酸（HAc，其含量为 3%～5%），另外还有少量的其他有机弱酸，如乳酸等。用 NaOH 标准溶液进行滴定时，试样中因醋酸的 $K_a = 1.8 \times 10^{-5}$，离解常数 $K_a^{\ominus} > 10^{-7}$ 的弱酸都可以被滴定，其滴定反应为

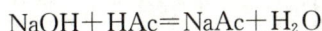

$$NaOH + HAc = NaAc + H_2O$$

滴定时化学计量点的 pH 为 8.7。用 0.1 mol/L NaOH 滴定时，pH 突跃范围是 7.7～9.7。通常选用酚酞作为指示剂，终点由无色变为微红。CO_2 能使酚酞红色褪去，故应滴定至摇匀后溶液红色在 30 s 内不褪色即为终点。

滴定时，不仅醋酸与 NaOH 反应，食醋中可能存在的其他形式的酸也与 NaOH 反应，故滴定所得为总酸度，以醋酸的质量浓度[g/(100 mL)]来表示。

二、仪器、试剂

仪器：烧杯、碱式滴定管、锥形瓶、移液管、容量瓶、洗耳球等。

试剂：食醋样品、1%酚酞指示剂、0.1 mol/L NaOH 标准溶液。

三、实验步骤

用洗净并用少量待测样品润洗 3 次后的移液管吸取 25.00 mL 食醋样品，置于 250 mL 容量瓶中，加新煮沸并冷却至室温的蒸馏水至刻度，摇匀。

将洗净的移液管用少量待测样品润洗 3 次，然后吸取 25.00 mL 稀释后的试液，放于 250 mL 锥形瓶中，加 2～3 滴酚酞指示剂，用已标定过的 NaOH 标准溶液滴定至溶液由无色变为微红，30 s 不褪色即为终点，记录消耗 NaOH 的体积(平行做 3 次，相对平均偏差应小于 0.2%)。根据 NaOH 标准溶液的浓度和滴定时消耗的体积（V），可计算出食醋中总酸度 ρ_{HAc}（单位为 g/100 mL）。

实操视频：食醋总酸度的测定

四、结果计算

$$\rho_{HAc} = \frac{c_{NaOH} \times V_{NaOH} \times 10^{-3} \times M_{HAc}}{V_{HAc} \times \frac{25.00}{250.0}} \times 100$$

式中　ρ_{HAc}——食醋的总酸度[g/(100 mL)]；

　　　c_{NaOH}——NaOH 溶液的物质的量浓度(mol/L)；

　　　V_{NaOH}——消耗 NaOH 溶液的体积(mL)；

　　　M_{HAc}——HAc 的摩尔质量(g/mol)；

　　　V_{HAc}——移取的食醋样品溶液的体积(mL)。

五、注意事项

(1)食醋样品的浓度较大，故必须稀释后再进行滴定。取完食醋后应立即盖好试剂瓶，以防食醋挥发。

(2)为消除 CO_2 对实验的影响，减小实验误差，配制 NaOH 溶液和稀释食醋的蒸馏水在实验前应加热煮沸 2～3 min，尽可能除去溶解的 CO_2，并快速冷却至室温。

(3)使用移液管前，需用对应的待移取溶液润洗移液管 3 次。当移取食醋溶液进行稀释时，应用食醋原液润洗移液管，当移取食醋稀释溶液进行测定时，应用食醋稀释溶液润洗移液管。

六、问题探究

(1)测定食醋中总酸量时，为什么用酚酞指示剂？能否用甲基橙或甲基红？

(2)酚酞指示剂滴入溶液变红后，在空气中放置一段时间后又变为无色，原因是什么？

(3)测定醋酸含量时，所用的蒸馏水不能含二氧化碳，为什么？NaOH 标准溶液能否含有二氧化碳，为什么？

(4)如果本次实验吸取 10 mL 食醋溶液稀释到 250 mL 容量瓶中再进行测定，应如何表达计算公式？

任务报告

1. 数据记录

项目		1	2	3
$c_{NaOH}/(mol \cdot L^{-1})$				
V_{HAc}/mL				
NaOH 体积 /mL	初读数			
	终读数			
	V_{NaOH}			
$\rho_{HAc}/[g \cdot (100\ mL)^{-1}]$				
$\overline{\rho}_{HAc}/[g \cdot (100\ mL)^{-1}]$				
相对极差/%				

2. 结果计算

任务反思

任务评价表

班级：_____　　姓名：_____　　学号：_____　　成绩：_____

考核项目	考核要点	考核标准	配分	扣分
专业能力 (70 分)	任务认知程度	认真阅读工作任务单，明确任务内容；分析任务，利用各种学习资源完成相关知识的学习（记笔记、认真听讲、积极讨论等）	10	
		课堂回答、课外作业完成好，并能灵活运用所学知识解答实际问题		
	任务决策计划	计划科学、可行性强	5	
	任务实施过程	实施方案（计划与步骤）详细、可操作性强	5	
		仪器、药品准备充分	3	
		分析天平使用规范，称样量范围≤±5%	5	
		移液管移液、放液等操作规范	5	
		溶液配制正确、容量瓶使用规范	5	
		滴定管操作规范，滴定速度适当，终点判断准确	5	
		原始数据记录及时，有效数字、单位正确	5	

续表

考核项目	考核要点	考核标准	配分	扣分
专业能力（70分）	任务检查评价	工作过程有条理，整洁有序、时间安排合理	2	
		计算方法及结果正确	5	
		标定、测定结果精密度、准确度符合要求，报告规范	10	
		任务完成后能进行总结、反思	5	
职业素质（30分）	工作态度	守纪律(不迟到、早退、喧哗、串岗)、认真仔细、实事求是，无作弊或编造数据等行为	5	
		环保、安全、节约(废纸、废液处理，节约试剂等)	2	
		文明操作(实验台整洁、物品摆放合理等)	2	
	学习能力	运用各种媒体学习、提取信息、获取新知识	2	
		学习中能够发现问题、分析问题、归纳总结、解决问题	2	
	工作能力	按工作任务要求，完成工作任务	2	
		对工作过程和工作质量进行全面、客观的评价	2	
		工作过程中组织、协调、应变能力	2	
	创新能力	学习中能提出不同见解	2	
		工作中提出多种解决问题的思路、完成任务的方案等	2	
	团结协作	服从老师、组长的任务分配，积极参与并按时完成	3	
		能认真对待他人意见，与同学密切协作、互相帮助、互相探讨	2	
		遇到问题商量解决，不互相推诿指责	2	

子任务考核单

班级：_____　姓名：_____　学号：_____　成绩：_____

试题名称	0.1 mol/L NaOH 标准滴定溶液的标定			考核时间	50 min
考核内容	考核要点	配分	评分标准	扣分	得分
操作前准备	(1)实验仪器、用具与试剂检查与清点	5	未检查与清点扣5分		
	(2)天平的检查和调试	5	(1)未检查天平水平扣3分		
			(2)未调试天平零点扣2分		
	(3)滴定管的准备	5	滴定管未查漏、润洗各扣2.5分		
操作过程	(1)标准溶液保存	5	未贴标签扣5分，标签信息不全酌情扣1~4分		
	(2)NaOH 标准溶液的标定	55	(1)$KHC_8H_4O_4$ 称量天平选择不正确扣4分		
			(2)$KHC_8H_4O_4$ 称量操作不规范扣4分		
			(3)$KHC_8H_4O_4$ 称取量偏差过大扣4分		

续表

试题名称	0.1 mol/L NaOH 标准滴定溶液的标定				考核时间	50 min
考核内容	考核要点	配分	评分标准		扣分	得分
操作过程	(2)NaOH 标准溶液的标定	55	(4)KHC₈H₄O₄ 溶解操作不规范扣 4 分			
			(5)滴定管装液操作不规范扣 4 分			
			(6)滴定管未排气泡扣 5 分			
			(7)滴定管读数错误扣 6 分			
			(8)滴定速度过快扣 3 分			
			(9)终点颜色错误扣 6 分			
			(10)滴定操作不规范扣 5 分			
			(11)未做平行实验扣 5 分			
			(12)未做空白实验扣 5 分			
结果计算	(1)原始记录	5	原始数据记录不规范、信息不全酌情扣 1~5 分			
	(2)测定结果	15	(1)实验极差>0.000 5 mol/L 扣 5 分			
			(2)计算未减空白扣 5 分			
			(3)结果不准确酌情扣 2~5 分			
文明操作	(1)仪器、设备、用具及实验台面整理	3	实验结束后未整理扣 3 分,未全部归位酌情扣 1~2 分			
	(2)仪器使用登记	2	未登记有关仪器使用记录扣 2 分			
安全及其他	(1)不得损坏仪器、设备及用具或发生事故	—	损坏玻璃仪器按每件 10 分从总分中扣除,发生事故停止操作			
	(2)废液处理	—	废液未放入指定废液杯中从总分中扣 5 分			
	(3)在规定时间内完成操作	—	每超时 1 min 从总分中扣 3 分,超时达 5 min 停止操作			
			100			

任务考核单

班级:＿＿＿＿＿＿＿＿＿ 姓名:＿＿＿＿＿＿＿＿＿ 学号:＿＿＿＿＿＿＿＿＿ 成绩:＿＿＿＿＿＿＿＿＿

试题名称	食醋总酸度的测定			考核时间	50 min
操作项目	具体内容	技能要求	配分	扣分	得分
准备(2)	着装	穿实验用工作服,干净整洁	2		
溶液配制 (8)	称量	天平操作正确,读数、记录准确	4		
	保存	试剂瓶选择正确,贴标签	4		
碱式滴定管的使用(8)	检漏	检漏方法准确	2		
	润洗	蒸馏水冲洗,待测溶液润洗 3 遍	2		
	排气泡	正确排气泡	2		
	调零	操作准确	2		

续表

试题名称		食醋总酸度的测定		考核时间	50 min
操作项目	具体内容	技能要求	配分	扣分	得分
标准溶液标定 （20）	基准物质称量	称量操作准确	8		
	滴定速度	滴定速度适中，2滴/秒	3		
	终点判定	粉红色30 s不褪色	5		
	读数	读数准确，保留位数准确	4		
样品 测定 （29）	移液管 的使用 （12）	润洗	蒸馏水冲洗，待测溶液润洗3遍	3		
		吸液	吸液操作准确	5		
		放液	放液操作准确	4		
	样品 测定 （17）	加入标准溶液体积	加入体积准确	5		
		滴定速度	滴定速度适中，2滴/秒	3		
		终点判定	粉红色30 s不褪色	5		
		读数	读数准确，保留位数准确	4		
实验结果 （25）	原始数据	数据记录准确，完整	5		
	计算	公式正确，计算结果准确	10		
	有效数字	保留位数准确	5		
	精密度	误差≤2%	5		
文明操作 （8）	整理	废液处理，清洗实验仪器，整理实验药品，清理台面	4		
	实验室安全	安全操作，完成实验后断水、断电	4		
总分			100		

任务 5-2　混合碱的测定

▊任务描述

　　某公司仓库里一批工业混合碱原料由于管理不当导致标签丢失，如果废弃会造成公司重大经济损失。假设你是质检部的一名检验员，请你对该混合碱原料中的成分及各组分含量进行测定，以便合理利用，挽回公司损失。

☀任务小贴士

　　本实验要用到浓 HCl，该药品属于危化品，使用时注意安全，其具有强烈的挥发性，及时盖好瓶盖，每次实验时要进行危化药品使用登记；如不慎溅到皮肤上，应先用大量水冲洗，再用饱和碳酸氢钠溶液（或稀氨水、肥皂水）洗，最后用水冲洗。

任务分析

(1)什么是混合碱？一般由哪些成分组成？

(2)测定混合碱中各组分含量可以用什么方法？

(3)双指示剂是否等同于混合指示剂？

(4)一般市售浓盐酸的质量分数、密度、物质的量浓度是多少？

任务流程

▍任务实施

子任务 5-2-1　盐酸标准溶液的配制与标定

一、实验原理

市售浓盐酸密度为 1.19 g/mL，含 HCl 约 37%，其物质的量浓度约为 12 mol/L。由于浓盐酸容易挥发，不能用它们来直接配制具有准确浓度的标准溶液，因此，常取一定量的浓盐酸稀释至近似浓度，然后用基准物质标定它们的准确浓度。

方法一：当用无水 Na_2CO_3 为基准物质标定 HCl 溶液浓度时，Na_2CO_3 易吸收空气中的水分，因此使用前应在 270～300 ℃条件下干燥至恒重，密封保存在干燥器中。称量时操作应迅速，防止再吸水而产生误差。测定时，可选用甲基橙作为指示剂，滴定至溶液由黄色变为橙色为滴定终点。

方法二：按照《化学试剂 标准滴定溶液的制备》(GB/T 601—2016)的规定，采用溴甲酚绿—甲基红混合指示剂，滴定至溶液由绿色变为暗红色，煮沸 2 min，冷却后继续滴定至溶液再呈暗红色为滴定终点。

其反应式如下：

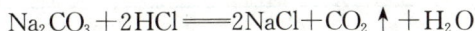

$$Na_2CO_3 + 2HCl \!=\!=\! 2NaCl + CO_2\uparrow + H_2O$$

二、仪器、试剂

仪器：电子天平、酸式滴定管、称量瓶、锥形瓶、量筒、试剂瓶、烧杯、玻璃棒。

试剂：浓盐酸、基准无水碳酸钠、溴甲酚绿—甲基红混合指示剂(3 份 0.1%溴甲酚绿乙醇溶液和 1 份 0.1%甲基红乙醇溶液混合)、甲基橙指示剂(0.1%水溶液)。

三、实验步骤

1. 0.1 mol/L HCl 标准溶液的配制

通过计算求出配制 500 mL 0.1 mol/L HCl 溶液所需浓盐酸的体积，然后用小量筒量取此量的浓盐酸，小心倒入已装有 300 mL 蒸馏水的烧杯中，用玻璃棒搅拌均匀，再稀释至 500 mL。移入试剂瓶，盖好瓶塞，摇匀并贴上标签，待标定。

2. HCl 标准溶液(0.1 mol/L)的标定

实操视频：HCl 标准溶液的配制与标定

(1)方法一：用甲基橙指示剂指示终点。用减量称量法准确称取已烘干的基准物质无水碳酸钠 0.15～0.20 g，置于 250 mL 锥形瓶中，加入 25 mL 蒸馏水溶解，加入 2～3 滴甲基橙指示剂，用配制好的盐酸溶液滴定至溶液由黄色变为橙色，加热煮沸 2 min，冷却后继续滴定至溶液呈橙色为终点。记录消耗 HCl 标准溶液的体积。平行测定 3 次，并做空白实验。

(2)方法二：用溴甲酚绿—甲基红混合指示剂指示终点。用减量称量法准确称取已烘干的基准物质无水碳酸钠 0.15～0.20 g，置于 250 mL 锥形瓶中，加入 50 mL 蒸馏水溶解，加 10 滴溴甲酚绿—甲基红指示剂，用配制好的盐酸溶液滴定至溶液由绿色变为暗红色，煮沸 2 min，冷却后继续滴定至溶液再呈暗红色。记录消耗 HCl 标准溶液的体积。平行测定 3 次，并做空白实验。

四、结果计算

$$c_{HCl} = \frac{m \times 1\,000}{(V_1 - V_0) \times M_{(1/2Na_2CO_3)}}$$

式中　m——无水碳酸钠质量(g)；

　　　V_1——盐酸溶液体积(mL)；

　　　V_0——空白实验消耗盐酸溶液体积(mL)；

　　　$M_{(1/2Na_2CO_3)}$——$1/2Na_2CO_3$ 的摩尔质量(g/mol)。

五、注意事项

(1)干燥至恒重的无水碳酸钠有吸湿性，因此在准确称取无水碳酸钠时，宜采用减量称量法称取，并应迅速将称量瓶加盖密闭。

(2)在滴定过程中产生的二氧化碳，使终点变色不够敏锐。因此，在溶液滴定进行至临近终点时，应将溶液加热煮沸，以除去二氧化碳，待冷却至室温后，再继续滴定。

六、问题探究

(1)如果配制 0.1 mol/L HCl 溶液 1 000 mL，取浓 HCl 溶液多少毫升？

(2)溶解碳酸钠基准物质时，加水应用量筒量取还是移液管移取？为什么？

(3)为什么向滴定管中加入标准溶液前需用该溶液润洗 3 次？滴定用的锥形瓶是否也要用标准溶液润洗？

任务报告

1. 数据记录

项目	1	2	3
倾样前称量瓶＋Na_2CO_3 的质量/g			
倾样后称量瓶＋Na_2CO_3 的质量/g			
试样 Na_2CO_3 的质量 m/g			
HCl 溶液体积初读数/mL			
HCl 溶液体积终读数/mL			
消耗 HCl 溶液体积 V_{HCl}/mL			
空白实验消耗 HCl 溶液体积 V_0/mL			
c_{HCl}/(mol · L^{-1})			
$\bar{c}_{HCl}$/(mol · L^{-1})			
相对极差/%			

2. 结果计算

任务反思

子任务 5-2-2　混合碱的测定

一、实验原理

工业品烧碱（NaOH）中经常含有 Na_2CO_3，纯碱 Na_2CO_3 中也常含有 $NaHCO_3$，这两种工业品都称为混合碱。混合碱的分析目前广泛使用的是双指示剂法。

双指示剂法是指利用两种指示剂在不同的化学计量点的颜色变化，得到两个终点，分别根据各终点所消耗的酸标准溶液的体积，计算各组分的含量。

(1) 烧碱中 NaOH 和 Na_2CO_3 含量的测定——双指示剂法（两种指示剂两个终点）（图 5-5）。

由此可推得

$$w_{NaOH} = \frac{c_{HCl}(V_1 - V_2)M_{NaOH}}{m_s} \times 10^{-3} \times 100\%$$

$$w_{Na_2CO_3} = \frac{2c_{HCl}V_2 M_{Na_2CO_3}/2}{m_s} \times 10^{-3} \times 100\%$$

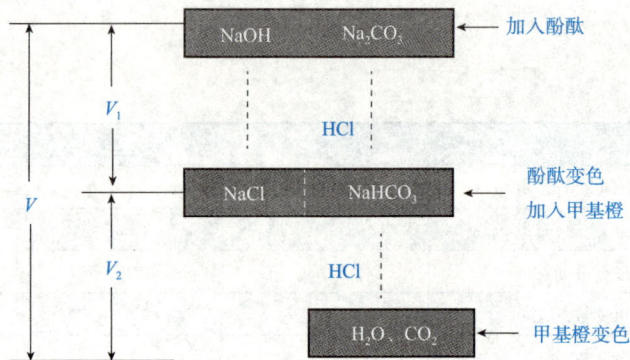

图 5-5　烧碱中 NaOH 和 Na_2CO_3 含量的测定

(2)纯碱中 Na_2CO_3 和 NaHCO$_3$ 含量的测定——双指示剂法(图 5-6)。

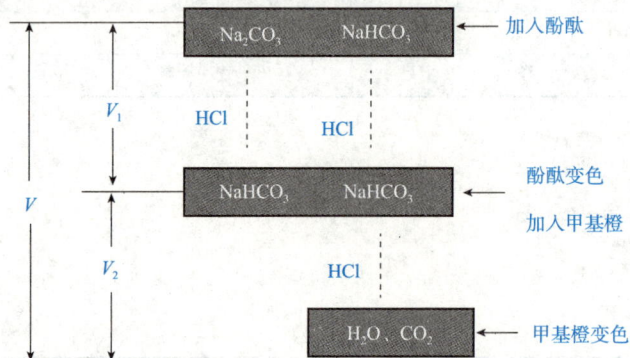

图 5-6　纯碱中 Na_2CO_3 和 $NaHCO_3$ 含量的测定

由此可推得

$$w_{Na_2CO_3}=\frac{2c_{HCl}V_1M_{Na_2CO_3}/2}{m_s}\times10^{-3}\times100\%$$

$$w_{NaHCO_3}=\frac{c_{HCl}(V_2-V_1)M_{NaHCO_3}}{m_s}\times10^{-3}\times100\%$$

二、仪器、试剂

仪器：电子天平、酸式滴定管、称量瓶、锥形瓶、量筒、容量瓶、烧杯、玻璃棒、移液管、洗耳球。

试剂：混合碱样品、盐酸标准溶液、酚酞指示剂、甲基橙指示剂。

三、实验步骤

准确称取混合碱样品 1.5～2.0 g 于小烧杯中，加水使之溶解后，定量转移至 250 mL 容量瓶中，用水稀释至刻度定容，充分摇匀，移取试液 25.00 mL 于锥形瓶中 3 份，各加入 2 滴酚酞指示剂，用已标定的盐酸标准滴定溶液滴定，边滴加边充分摇动(避免局部 Na_2CO_3 直接被滴至 H_2CO_3)，滴定至溶液由红色恰好褪至无色为止，此时即为第一个终点，记下所消耗 HCl 标准滴定溶液体积 V_1，然后加 2 滴甲基橙指示剂，继续用上述盐酸标准滴定溶液滴定至溶液由黄色恰好变为橙色，即为终点，记下所消耗 HCl 标准滴定溶液的体积

实操视频：混合碱的测定

V_2。计算试样中各组分的含量。

四、结果分析

双指示剂法用于未知碱样的分析。

V_1 和 V_2 的变化	试样的组成
$V_1 \neq 0$，$V_2 = 0$	NaOH
$V_1 = 0$，$V_2 \neq 0$	NaHCO$_3$
$V_1 = V_2 \neq 0$	Na$_2$CO$_3$
$V_1 > V_2 > 0$	NaOH＋Na$_2$CO$_3$
$V_2 > V_1 > 0$	NaHCO$_3$＋Na$_2$CO$_3$

五、注意事项

当滴定接近第一个终点时，要充分摇动锥形瓶，滴定的速度不能太快，防止滴定液 HCl 局部过浓，否则 Na$_2$CO$_3$ 会直接被滴至 H$_2$CO$_3$。

六、问题探究

(1)预测定混合碱中总碱度，应选用何种指示剂?

(2)采用双指示剂法测定混合碱，在同一份溶液中测定，下列情况中的混合碱存在的成分是什么?

①$V_1 = 0$，$V_2 > 0$；②$V_1 = V_2 \geqslant 0$；③$V_1 > 0$，$V_2 = 0$；④$V_1 > V_2$；⑤$V_2 > V_1$。

▌任务报告

1. 数据记录

项目		1	2	3
倾样前称量瓶＋混合碱的质量/g				
倾样后称量瓶＋混合碱的质量/g				
混合碱的质量/g				
试样体积/mL				
第一终点	V_1/mL			
第二终点	$V_总$/mL			
	V_2/mL			

续表

项目	1	2	3
混合碱样品成分			
含量/%			
平均含量/%			
相对极差/%			
含量/%			
平均含量/%			
相对极差/%			

2. 结果计算

■ 任务反思

任务评价表

班级：_____ 姓名：_____ 学号：_____ 成绩：_____

考核项目	考核要点	考核标准	配分	扣分
专业能力 (70分)	任务认知程度	认真阅读工作任务单，明确任务内容；分析任务，利用各种学习资源完成相关知识的学习(记笔记、认真听讲、积极讨论等)	10	
		课堂回答、课外作业完成好，并能灵活运用所学知识解答实际问题		
	任务决策计划	计划科学、可行性强	5	
	任务实施过程	实施方案(计划与步骤)详细、可操作性强	5	
		仪器、药品准备充分	3	
		分析天平使用规范，称样量范围≤±5%	5	
		移液管移液、放液等操作规范	5	
		溶液配制正确、容量瓶使用规范	5	
		滴定管操作规范，滴定速度适当，终点判断准确	5	
		原始数据记录及时，有效数字、单位正确	5	
	任务检查评价	工作过程有条理，整洁有序、时间安排合理	2	
		计算方法及结果正确	5	
		标定、测定结果精密度、准确度符合要求，报告规范	10	
		任务完成后能进行总结、反思	5	

续表

考核项目	考核要点	考核标准	配分	扣分
职业素质（30分）	工作态度	守纪律（不迟到、早退、喧哗、串岗）、认真仔细、实事求是，无作弊或编造数据等行为	5	
		环保、安全、节约（废纸、废液处理，节约试剂等）	2	
	学习能力	文明操作（实验台整洁、物品摆放合理等）	2	
		运用各种媒体学习、提取信息、获取新知识	2	
	工作能力	学习中能够发现问题、分析问题、归纳总结、解决问题	2	
		按工作任务要求，完成工作任务	2	
		对工作过程和工作质量进行全面、客观的评价	2	
		工作过程中组织、协调、应变能力	2	
	创新能力	学习中能提出不同见解	2	
		工作中提出多种解决问题的思路、完成任务的方案等	2	
	团结协作	服从老师、组长的任务分配，积极参与并按时完成	3	
		能认真对待他人意见，与同学密切协作、互相帮助、互相探讨	2	
		遇到问题商量解决，不互相推诿指责	2	

子任务考核单

班级：_____ 姓名：_____ 学号：_____ 成绩：_____

试题名称	0.1 mol/L HCl 标准滴定溶液的配制与标定				考核时间：50 min	
考核内容	考核要点	配分	评分标准		扣分	得分
操作前准备	(1)实验仪器、用具与试剂检查与清点	5	未检查与清点扣5分			
	(2)天平的检查和调试	5	(1)未检查天平水平扣3分			
			(2)未调试天平零点扣2分			
	(3)滴定管的准备	5	滴定管未查漏、润洗各扣2.5分			
操作过程	(1)计算所需浓 HCl 的体积	5	计算不正确扣5分			
	(2)浓 HCl 的量取	8	(1)量器选择不正确扣4分			
			(2)量取操作不规范扣4分			
	(3)浓 HCl 的稀释	8	(1)稀释工具选择不正确扣4分			
			(2)稀释操作不规范扣4分			
	(4)HCl 标准溶液的混匀与保存	8	(1)混匀操作不规范扣4分			
			(2)溶液保存工具选择不正确扣4分			
	(5)HCl 标准溶液的标定	31	(1)Na_2CO_3 称量天平选择不正确扣4分			
			(2)Na_2CO_3 称量操作不规范扣4分			
			(3)Na_2CO_3 称取量偏差过大扣4分			
			(4)Na_2CO_3 溶解操作不规范扣4分			

试题名称	0.1 mol/L HCl 标准滴定溶液的配制与标定				考核时间：50 min	
考核内容	考核要点	配分	评分标准		扣分	得分
操作过程	(5)HCl 标准溶液的标定	31	(5)滴定操作不规范扣 5 分			
			(6)未做双实验扣 5 分			
			(7)未做空白实验扣 5 分			
	(6)标准溶液保存	5	未贴标签扣 5 分，标签信息不全酌情扣 1～4 分			
结果计算	(1)原始记录	5	原始数据记录不规范、信息不全酌情扣 1～5 分			
	(2)测定结果	10	(1)双实验极差＞0.000 5 mol/L 扣 5 分			
			(2)结果不准确酌情扣 2～5 分			
文明操作	(1)仪器、设备、用具及实验台面整理	3	实验结束后未整理扣 3 分，未全部归位酌情扣 1～2 分			
	(2)仪器使用登记	2	未登记有关仪器使用记录扣 2 分			
安全及其他	(1)不得损坏仪器、设备及用具或发生事故	—	损坏玻璃仪器按每件 10 分从总分中扣除，发生事故停止操作			
	(2)废液处理	—	废液未放入指定废液杯中从总分中扣 5 分			
	(3)在规定时间内完成操作	—	每超时 1 min 从总分中扣 3 分，超时达 5 min 停止操作			
合计		100				

任务考核单

班级：_____ 姓名：_____ 学号：_____ 成绩：_____

试题名称	混合碱的测定			考核时间	50 min	
操作项目	具体内容	技能要求		配分	扣分	得分
准备(2)	着装	穿实验用工作服，干净整洁		2		
溶液配制(8)	称量	天平操作正确，读数、记录准确		4		
	保存	试剂瓶选择正确，贴标签		4		
酸式滴定管的使用(8)	检漏	检漏方法准确		2		
	润洗	蒸馏水冲洗，待测溶液润洗 3 遍		2		
	排气泡	正确排气泡		2		
	调零	操作准确		2		
标准溶液标定(20)	基准物质称量	称量操作准确		8		
	滴定速度	滴定速度适中，2 滴/秒		3		
	终点判定	黄色变为橙色		5		
	读数	读数准确，保留位数准确		4		

续表

试题名称			混合碱的测定	考核时间	50 min
操作项目		具体内容	技能要求	配分	扣分	得分
样品测定（29）	移液管的使用（12）	润洗	蒸馏水冲洗，待测溶液润洗3遍	3		
		吸液	吸液操作准确	5		
		放液	放液操作准确	4		
	样品测定（17）	加入标准溶液体积	加入体积准确	5		
		滴定速度	滴定速度适中，2滴/秒	3		
		终点判定	酚酞变为无色，甲基橙变为橙色	5		
		读数	读数准确，保留位数准确	4		
实验结果（25）		原始数据	数据记录准确、完整	5		
		计算	公式正确，计算结果准确	10		
		有效数字	保留位数准确	5		
		精密度	误差≤2%	5		
文明操作（8）		整理	废液处理，清洗实验仪器，整理实验药品，清理台面	4		
		实验室安全	安全操作，完成实验后断水、断电	4		
总分				100		

拓展 资源

酸碱指示剂的发现

酸碱指示剂是检验溶液酸碱性的常用化学试剂，像科学上的许多其他发现一样，酸碱指示剂的发现是化学家善于观察、勤于思考、勇于探索的结果。

300多年前，英国年轻的科学家罗伯特·波义耳在化学实验中偶然捕捉到一种奇特的实验现象，有一天清晨，波义耳正准备到实验室去做实验，一位花木工为他送来一篮非常漂亮的紫罗兰，喜爱鲜花的波义耳随手取下一把带进了实验室，把鲜花放在实验桌上开始了实验。当他从大瓶里倾倒出盐酸时，一股刺鼻的气体从瓶口涌出，倒出的淡黄色液体开始冒白雾，还有少许酸沫飞溅到鲜花上，他想"真可惜，盐酸弄到鲜花上了"，为洗掉花上的酸沫，他把花用水冲了一下，一会儿发现紫罗兰颜色变红了，当时波义耳既新奇又兴奋，他认为，可能是盐酸使紫罗兰颜色变为红色，为进一步验证这一现象，他立即返回住所，把那篮鲜花全部拿到实验室，取了当时已知的几种酸的稀溶液，把紫罗兰花瓣分别放入这些稀溶液中，结果现象完全相同，紫罗兰都变为红色。由此他推断，不仅盐酸，其他各种酸都能使紫罗兰变为红色。他想，这太重要了，以后只要把紫罗兰花瓣放进溶液，看它是不是变红色，就可判别这种溶液是不是酸。偶然的发现，激发了科学家的探求欲望，后来，他又弄来其他花瓣做实验，并制成花瓣的水或酒精的浸液，用它来检验是不是酸，同时用它来检验一些碱溶液，也产生了一些变色现象。

这位追求真知、永不困倦的科学家，为了获得丰富、准确的第一手资料，还采集了药草、牵牛花、苔藓、月季花、树皮和各种植物的根……泡出了多种颜色的不同浸液，有些浸液遇酸变色，有些浸液遇碱变色，不过有趣的是，他从石蕊苔藓中提取的紫色浸液，酸能使它变红色，碱能使它变蓝色，这就是最早的石蕊试液，波义耳把它称作指示剂。为使用方便，波义耳用一些浸液把纸浸透、烘干制成纸片，使用时只要将小纸片放入被检测的溶液，纸片上就会发生颜色变化，从而显示出溶液是酸性还是碱性。今天，我们使用的石蕊、酚酞试纸、pH 试纸，就是根据波义耳的发现原理研制而成的。后来，随着科学技术的进步和发展，许多其他的指示剂也相继被另一些科学家所发现。

巩固练习

一、单选题

1. 以下哪种溶液呈酸性？（　　　）
 A. $NaNO_3$ B. $NaAc$ C. HCl D. NH_4Cl

2. 按酸碱质子理论，Na_2HPO_4 是（　　　）。
 A. 中性物质   B. 酸性物质   C. 碱性物质   D. 两性物质

3. 在共轭酸碱对中，酸的酸性越强，其共轭碱的（　　　）。
 A. 碱性越强   B. 碱性强弱不定   C. 碱性越弱   D. 碱性消失

4. 共轭酸碱对中，K_a 与 K_b 的关系是（　　　）。
 A. $K_a/K_b=1$ B. $K_a/K_b=K_w$ C. $K_a/K_b=1$ D. $K_a \cdot K_b=K_w$

5. 在市场中购买的 Na_2CO_3 被称为"食碱"，正确的解释是（　　　）。
 A. Na_2CO_3 本身就是碱   B. 这是它的俗称
 C. 由于该物质水解后呈碱性   D. 由于碳酸根是碱，而钠可食

6. 0.04 mol/L　H_2CO_3 溶液的 pH 为（　　　）。（$K_{a_1}=4.3\times10^{-7}$，$K_{a_2}=5.6\times10^{-11}$）
 A. 4.73   B. 5.61   C. 3.89   D. 7

7. 与缓冲溶液的缓冲容量有关的因素是（　　　）。
 A. 缓冲溶液的 pH 范围   B. 缓冲溶液的总浓度
 C. 缓冲溶液组分的浓度比   D. 外加的酸量

8. 下列哪些物质不能组成缓冲溶液？（　　　）
 A. 弱酸—弱酸盐组成的溶液   B. 弱碱—弱碱盐组成的溶液
 C. 强酸—强酸盐组成的溶液   D. 两性物质组成的溶液

9. 下列溶液中（　　　）不属于缓冲溶液。
 A. $NaAc+HAc$ B. $NH_4Cl+NH_3 \cdot H_2O$
 C. $HAc+KAc$ D. $NaAc+KCl$

10. 配制 pH$=4.5$ 的缓冲溶液，应选择的缓冲对是（　　　）。
 A. NH_3-NH_4Cl（已知 NH_3 的 $K_b=1.8\times10^{-5}$）
 B. $KHCO_3-K_2CO_3$（已知 H_2CO_3 的 $K_{a_2}=5.6\times10^{-11}$）
 C. $HAc-NaAc$（已知 HAc 的 $K_a=1.76\times10^{-5}$）
 D. $HCN-NaCN$（已知 HCN 的 $K_a=4.9\times10^{-10}$）

11. 酸碱滴定中选择指示剂的原则是（　　　）。
 A. 指示剂的变色范围与化学计量点完全相符
 B. 指示剂应在 pH$=7.00$ 变色
 C. 指示剂变色范围应该全部落在 pH 突跃范围内
 D. 指示剂变色范围应该全部或者部分落在 pH 突跃范围内

12. 在酸碱滴定中，酚酞的变色范围 pH 为（　　　）。
 A. 6.8～8.0   B. 8.0～10.0   C. 9.4～10.6   D. 7.2～8.8

13. 双指示剂法测混合碱，加入酚酞指示剂时，滴定消耗 HCl 标准滴定溶液体积为 15.20 mL；加入甲基橙作为指示剂，继续滴定又消耗了 HCl 标准滴定溶液 25.72 mL，则溶液中存在( )。

A. $NaOH + Na_2CO_3$

B. $Na_2CO_3 + NaHCO_3$

C. $NaHCO_3$

D. Na_2CO_3

14. 酸碱指示剂一般属于( )。

A. 有机弱酸或弱碱　B. 有机物　　　C. 有机酸　　　D. 有机碱

15. 标定 HCl 滴定液的基准物质是( )。

A. $NaOH$　　　　B. Na_2CO_3　　　C. 草酸钠　　　D. $NH_3 \cdot H_2O$

16. 标定 NaOH 溶液的基准物质是( )。

A. HAc　　　　B. Na_2CO_3　　　C. 邻苯二甲酸氢钾　D. 硼酸

17. 可用碱标准滴定液直接测定的物质为( )。

A. $cK_a \geqslant 10^{-8}$ 的酸　B. $cK_b \geqslant 10^{-8}$ 的碱　C. H_3BO_4　　　D. 以上均可以

18. 为减小指示剂的变色范围，使变色敏锐，可采用( )。

A. 加热

B. 混合指示剂

C. 加大指示剂的用量

D. 双指示剂

19. 用氢氧化钠滴定液滴定 HAc 选择的指示剂是( )。

A. 石蕊　　　　B. 甲基红　　　C. 甲基橙　　　　D. 酚酞

20. 用 HCl 滴定 Na_2CO_3 接近终点时，需要煮沸溶液，其目的是( )。

A. 除去氧气

B. 除去二氧化碳

C. 加快反应速度

D. 使指示剂在热溶液中变色更敏锐

二、多选题

1. 按酸碱质子理论，下列物质中具有两性的物质是( )。

A. HCO_3^-

B. CO_3^{2-}

C. HPO_4^{2-}

D. HS^-

2. 影响酸的强弱的因素有( )。

A. 溶剂

B. 温度

C. 浓度

D. 大气压

E. 压力

3. 欲配制 0.1 mol/L 的 HCl 标准溶液，需选用的量器是( )。

A. 烧杯　　　　B. 滴定管　　　C. 移液管　　　D. 量筒

4. 有一碱液，其中可能只含 NaOH、$NaHCO_3$、Na_2CO_3，也可能含 NaOH 和 Na_2CO_3 或 $NaHCO_3$ 和 Na_2CO_3。现取一定量试样，加水适量后加酚酞指示剂。用 HCl 标准溶液滴定至酚酞变色时，消耗 HCl 标准溶液 V_1 mL，再加入甲基橙指示剂，继续用同浓度的 HCl 标准溶液滴定至甲基橙变色为终点，又消耗 HCl 标准溶液 V_2 mL，当此碱液是混合物时，V_1 和 V_2 的关系为( )。

A. $V_1 > 0$，$V_2 = 0$

B. $V_1 = 0$，$V_2 > 0$

C. $V_1 > V_2$

D. $V_1 < V_2$

5. 标定 HCl 溶液常用的基准物质有( )。

A. 无水 Na_2CO_3

B. 硼砂（$Na_2B_4O_7 \cdot 10H_2O$）

C. 草酸（$H_2C_2O_4 \cdot 2H_2O$）

D. $CaCO_3$

6. 下列说法正确的是(　　)。
    A. 配制溶液时，所用的试剂越纯越好
    B. 基本单元可以是原子、分子、离子、电子等粒子
    C. 酸度和酸的浓度是不一样的
    D. 因滴定终点与化学计量点不完全符合引起的分析误差叫作终点误差
    E. 精密度高准确度肯定也高

7. 下列关于判断酸碱滴定能否直接进行的叙述正确的是(　　)。
    A. 当弱酸的电离常数 $K_a < 10^{-9}$ 时，可以用强碱溶液直接滴定
    B. 当弱酸的浓度 c 和弱酸的电离常数 K_a 的乘积 $cK_a \geqslant 10^{-8}$ 时，滴定可以直接进行
    C. 极弱碱的共轭酸是较强的弱酸，只要能满足 $cK_b \geqslant 10^{-8}$ 的要求，就可以用标准溶液直接滴定
    D. 对于弱碱，只有当 $cK_a \leqslant 10^{-8}$ 时，才能用酸标准溶液直接进行滴定

8. 欲配制 pH 为 3 的缓冲溶液，应选择的弱酸及其弱酸盐是(　　)。
    A. 醋酸($pK_a = 4.74$)   B. 甲酸($pK_a = 3.74$)
    C. 一氯乙酸($pK_a = 2.86$)   D. 二氯乙酸($pK_a = 1.30$)

9. 用双指示剂法测定烧碱含量时，下列叙述正确的是(　　)。
    A. 吸出试液后立即滴定   B. 以酚酞为指示剂时，滴定速度不要太快
    C. 以酚酞为指示剂时，滴定速度要快   D. 以酚酞为指示剂时，应不断摇动

10. 在下列溶液中，可作为缓冲溶液的是(　　)。
    A. 弱酸及其盐溶液   B. 弱碱及其盐溶液
    C. 高浓度的强酸或强碱溶液   D. 中性化合物溶液

三、判断题

1. 弱酸的电离度越大，其酸性越强。　　　　　　　　　　　　　　　　　　　　(　　)
2. 向纯碱溶液中滴加数滴酚酞试液后，溶液显红色。　　　　　　　　　　　　　(　　)
3. 能抵御外加大量酸、碱的影响，保持溶液 pH 稳定性的溶液，称为缓冲溶液。　(　　)
4. 在酸碱滴定法中，不论被测物质的酸碱性强弱，化学计量点的 pH 都等于 7。　(　　)
5. 双指示剂就是混合指示剂。　　　　　　　　　　　　　　　　　　　　　　　(　　)
6. 配制酸碱标准溶液时，可以分别用量筒量取浓 HCl，用电子天平称取 NaOH 固体直接配制。　　　　　　　　　　　　　　　　　　　　　　　　　　　　　　　　　(　　)
7. 化学计量点前后，滴定体积在相对误差±0.1%范围内溶液 pH 的变化，称为滴定的突跃范围。　　　　　　　　　　　　　　　　　　　　　　　　　　　　　　　　　(　　)
8. HCl 标准溶液应保存在玻璃试剂瓶中，NaOH 标准溶液应保存在聚乙烯塑料瓶中。(　　)
9. 测定食醋总酸度时，以甲基橙为指示剂，用 NaOH 标准溶液滴定。　　　　　(　　)
10. 在纯水中加入一些碱，则溶液中的$[H^+][OH^-]$乘积会变大。　　　　　　　(　　)

四、计算题

1. 用 $Na_2C_2O_4$ 为基准物质标定 HCl 滴定液的浓度。若用甲基橙作为指示剂，称取 $Na_2C_2O_4$ 0.297 0 g，用去 HCl 溶液 21.49 mL，HCl 溶液的浓度是多少？

2. 取食醋 3 mL，加水稀释后以酚酞为指示剂，用 NaOH 滴定液(0.108 0 mol/L)滴定至淡红色，记录消耗体积 24.60 mL，食醋中醋酸的总含量是多少？

3. 用 0.103 0 mol/L HCl 滴定硼砂($Na_2B_4O_7 \cdot 10H_2O$)0.532 4 g，消耗 HCl 体积为 21.38 mL，求硼砂的含量是多少？

模块六　不忘初心，合作共赢——配位滴定分析

案例引入

　　相对于西药更多地采用化工原料并用化学式标明其成分，中药更多的是从天然原料（如动物、植物及矿石等）中获取所需要的药材。但是这类天然药材不仅会随着周围环境的波动而产生变化，同时其成分也相当复杂。因此，如何确保中药的原料质量是中药产业中的重要一环，对于中药行业的发展来说至关重要。现阶段，在世界范围内很多区域都对中药中的重金属、微生物及农药残留等指标制定了严格的标准要求，一旦某些违禁成分超标，将面临被强制下架并销毁处理的结果。在中药行业发展欣欣向荣的同时，中药材重金属污染问题也受到社会的广泛关注，中药材重金属超标事件时有曝光，严重影响了中药的品质和疗效，同时对我国中药在国际上的口碑也产生了一定的负面影响，阻碍了我国的中药进入国际市场。所以，要从源头上重点加强对中草药重金属的含量的有效控制。你知道金属元素含量怎样测定吗？

学习目标

知识目标：

1. 了解 EDTA 与金属离子形成配合物的特点；
2. 了解金属离子指示剂的使用范围；
3. 掌握金属离子指示剂的变色原理；
4. 掌握 EDTA 标准溶液测定金属离子含量的方法。

能力目标：

1. 能熟练进行 EDTA 标准溶液的配制与标定；
2. 能够正确选择提高配位滴定选择性的方法；
3. 能够正确使用配位滴定法测定金属离子含量。

素养目标：

1. 具备团队合作和创新精神；
2. 具备规范操作、精益求精的工匠精神；
3. 具备生态环境保护意识，树立可持续的科学发展观。

模块导学

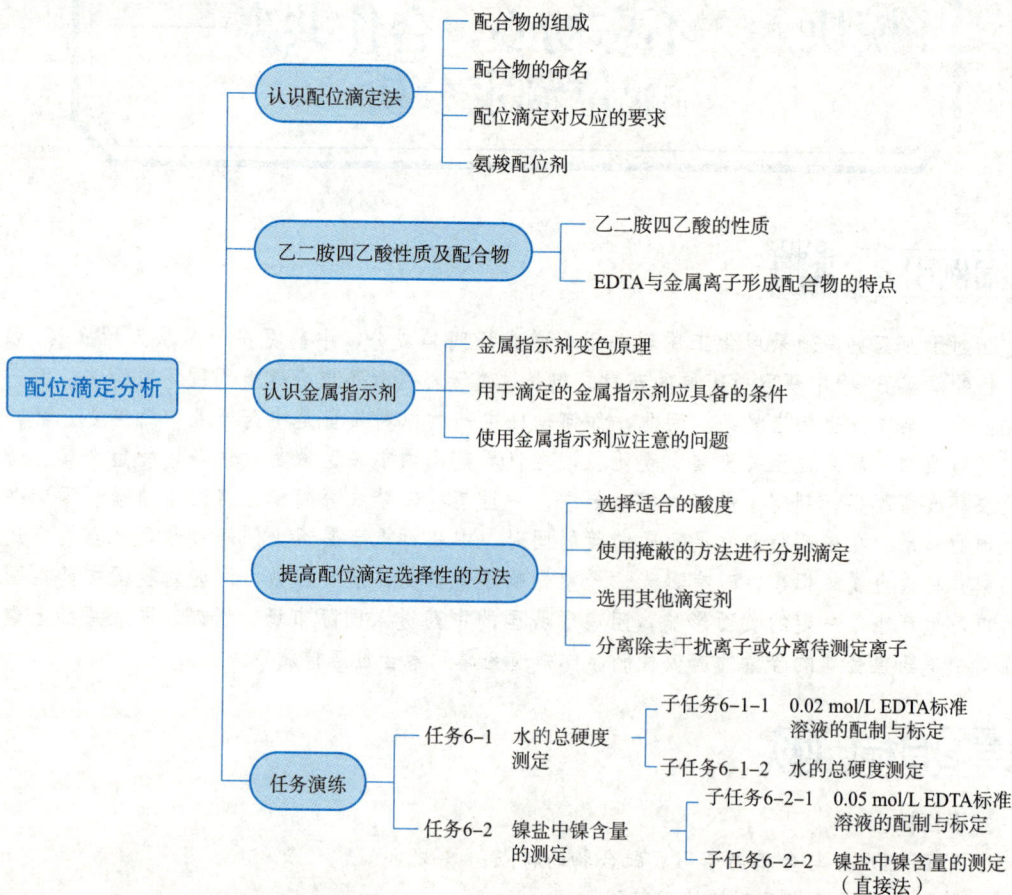

配位滴定分析
- 认识配位滴定法
  - 配合物的组成
  - 配合物的命名
  - 配位滴定对反应的要求
  - 氨羧配位剂
- 乙二胺四乙酸性质及配合物
  - 乙二胺四乙酸的性质
  - EDTA与金属离子形成配合物的特点
- 认识金属指示剂
  - 金属指示剂变色原理
  - 用于滴定的金属指示剂应具备的条件
  - 使用金属指示剂应注意的问题
- 提高配位滴定选择性的方法
  - 选择适合的酸度
  - 使用掩蔽的方法进行分别滴定
  - 选用其他滴定剂
  - 分离除去干扰离子或分离待测定离子
- 任务演练
  - 任务6-1 水的总硬度测定
    - 子任务6-1-1 0.02 mol/L EDTA标准溶液的配制与标定
    - 子任务6-1-2 水的总硬度测定
  - 任务6-2 镍盐中镍含量的测定
    - 子任务6-2-1 0.05 mol/L EDTA标准溶液的配制与标定
    - 子任务6-2-2 镍盐中镍含量的测定（直接法）

任务资讯

配位滴定(络合滴定)技术是以配位反应为基础的一种滴定分析技术，用来直接或间接测定金属离子含量。

配位反应是由配位体通过配位键与中心原子(或离子)形成配合物的反应。

知识点一　认识配位滴定法

一、配合物的组成

在硫酸铜溶液中加入 Ba^{2+}，会有白色 $BaSO_4$ 沉淀生成，加入稀 NaOH 溶液则有浅蓝色 $Cu(OH)_2$ 沉淀生成，这说明在硫酸铜溶液中存在着游离的 Cu^{2+} 和 SO_4^{2-}。

在硫酸铜溶液中加入过量氨水，可得到深蓝色溶液，再向溶液中加入稀 NaOH 溶液后得不到浅蓝色 $Cu(OH)_2$ 沉淀，但加入 Ba^{2+} 则有白色 $BaSO_4$ 沉淀生成。如果在上述深蓝色溶液中加入适量乙醇，便有深蓝色的结晶析出。分析得知，深蓝色结晶物质的化学式为$[Cu(NH_3)_4]SO_4$。

所以，$CuSO_4$溶液与过量的氨水发生了下列反应：

$$CuSO_4 + 4NH_3 \rightleftharpoons [Cu(NH_3)_4]SO_4$$

对$[Cu(NH_3)_4]SO_4$溶液研究时发现，溶液中可检出SO_4^{2-}而基本不存在Cu^{2+}和NH_3分子。这说明在$[Cu(NH_3)_4]SO_4$化合物中有$[Cu(NH_3)_4]^{2+}$复杂离子稳定存在。这种由一个简单阳离子和一定数目中性分子或阴离子结合而成的复杂离子称为配离子。它是物质的一种稳定结构单元。

凡含有配离子的化合物称为配位化合物，简称配合物，习惯上，配离子也称为配合物。

配合物一般由内界和外界两部分组成。各组成部分如图 6-1 所示。

(1)中心离子：大部分是金属阳离子，能接受孤对电子，位于配合物的中心，是配合物的核心。

图 6-1　配合物组成示意

(2)配位体(配体)：能提供孤对电子、位于中心离子周围、与中心离子以配位键结合的离子或分子。

(3)配位原子：配位体中直接与中心离子配位的原子。

(4)配位数：直接和中心离子配位的原子数目。

(5)单齿配体：只含有一个配位原子，且只形成一个配位键，形成的配合物组成比较简单。

(6)多齿配体：含有两个或两个以上的配位原子，它们与中心离子可以形成多个配位键，多数是有机分子。形成的配合物组成比较复杂。

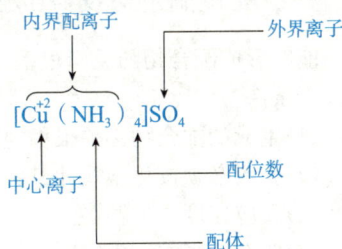

二、配合物的命名

配合物的命名服从一般无机化合物的命名原则，命名时阴离子名称在前，阳离子名称在后。

1. 配离子为阳离子的配合物

命名次序为外界阴离子—配位体—中心离子。外界阴离子和配位体之间用"化"字连接，在配位体和中心离子之间加一"合"字，配位体的数目用一、二、三、四等数字表示，中心离子的氧化数用罗马数字写在中心离子的后面，并加括弧。例如：

$[Ag(NH_3)_2]Cl$	氯化二氨合银（Ⅰ）
$[Cu(NH_3)_4]SO_4$	硫酸四氨合铜（Ⅱ）
$[Co(NH_3)_6](NO_3)_3$	硝酸六氨合钴（Ⅲ）

2. 配离子为阴离子的配合物

命名次序为配位体—中心离子—外界阳离子。在中心离子和外界阳离子之间加一"酸"字。例如：

$K_2[PtCl_6]$	六氯合铂（Ⅳ）酸钾
$K_4[Fe(CN)_6]$	六氰合铁（Ⅱ）酸钾

3. 有多种配位体的配合物

如果含有多种配体，不同的配体之间要用"·"隔开。其命名顺序为阴离子—中性分子。

配位体若都是阴离子，则按简单—复杂—有机酸根离子的顺序排列。

配位体若都是中性分子，则按配位原子元素符号的拉丁字母顺序排列。

$[CoCl_2(NH_3)_4]Cl$	氯化二氯·四氨合钴（Ⅲ）
$[PtCl_3(NH_3)]^-$	三氯·一氨合铂（Ⅱ）离子

4. 没有外界的配合物

命名方法与前面的相同。例如：

[Ni(CO)₄]   四羰基合镍

[CoCl₃(NH₃)₃]   三氯·三氨合钴(Ⅲ)

三、配位滴定对反应的要求

能够形成配合物的反应很多，但能用于配位滴定的不多。用于配位滴定的配位反应必须具备以下条件。

(1)生成的配合物必须很稳定，配合物越稳定，反应越完全。

(2)反应必须按化学式计量关系定量进行。

(3)反应速度要足够快。

(4)要有适当方法确定滴定终点。

(5)滴定过程中生成的配合物是可溶的。

用于配位反应的配位剂可分为无机配位剂和有机配位剂两大类。大多数无机配合物的稳定性不高，并且存在逐级配位现象，无法确定其化学计量关系。因此，人们常用有机配位剂特别是氨羧配位剂，使之与大多数金属离子形成组成一定、稳定性好的配合物，从而弥补无机配合物的某些不足。利用氨羧配位剂进行定量分析的方法，是配位滴定最常用的方法，可直接或间接地测定许多种元素。

四、氨羧配位剂

氨羧配位剂是一类以氨基二乙酸基团 $[-N(CH_2COOH)_2]$ 为基体的有机化合物，其分子中含有配位能力很强的氨氮 $\left(: N - \right)$ 和羧氧 $\left(-C \overset{O}{\underset{O^-}{\big\langle}} \right)$ 两种配位原子，它们能与许多金属离子形成稳定的配合物。氨羧配位剂的种类很多，比较重要的有以下 4 种。

(1)乙二胺四乙酸(简称 EDTA)。

$$
\begin{array}{c}
HOOCCH_2 \\
\qquad\qquad N-CH_2-CH_2-N \\
HOOCCH_2 \\
\end{array}
\begin{array}{c}
CH_2COOH \\
\\
CH_2COOH \\
\end{array}
$$

(2)环己烷二胺四乙酸(简称 CDTA 或 DCTA)。

(3)乙二醇二乙醚二胺四乙酸(简称 EGTA)。

（4）乙二胺四丙酸（简称 EDTP）。

$$H_2C-\overset{+}{N}H\begin{cases}CH_2CH_2COO^-\\CH_2CH_2COOH\end{cases}$$
$$|$$
$$H_2C-\overset{+}{N}H\begin{cases}CH_2CH_2COO^-\\CH_2CH_2COOH\end{cases}$$

其他还有氨三乙酸（NTA）、三乙四胺六乙酸（TTHA）等。在配位滴定中，以乙二胺四乙酸的应用最为广泛，本模块主要介绍以 EDTA 为滴定剂的配位滴定法。

知识点二　乙二胺四乙酸性质及配合物

一、乙二胺四乙酸的性质

乙二胺四乙酸简称 EDTA，其结构式为

$$HOOC-H_2C\diagdown\quad\diagup CH_2-COOH$$
$$\qquad\qquad N-CH_2-CH_2-N$$
$$HOOC-H_2C\diagup\quad\diagdown CH_2-COOH$$

EDTA 可用简式 H_4Y 表示，其主要性质如下。

（一）溶解性

（1）EDTA 为白色粉末状结晶，无臭、无毒，微溶于水，难溶于酸及一般有机溶剂，易溶于苛性碱溶液和氨性溶液中，生成相应的盐。在室温时，每 100 mL 水中只能溶解 0.02 g EDTA，其水溶液显酸性，pH 约为 2.3。

H_4Y 在水中的溶解度较小，不宜做配位滴定的滴定液。其二钠盐的溶解度较大，且易于精制，因此 EDTA 滴定液常用 $Na_2H_2Y\cdot 2H_2O$ 配制。

（2）EDTA 二钠盐可用 $Na_2H_2Y\cdot 2H_2O$ 表示，简称 EDTA 二钠，通常也称为 EDTA。$Na_2H_2Y\cdot 2H_2O$ 为白色结晶粉末，无臭、无毒，在水中有较大的溶解度，室温时每 100 mL 水中能溶解 11.1 g，水溶液呈弱酸性，pH 约为 4.8。

（二）酸性

实验证明，EDTA 在酸性较高的溶液中，H_4Y 的两个羧酸根可接受 H^+，形成 H_6Y^{2+}，因此 EDTA 相当于一个六元酸，有六级电离平衡。在水溶液中，EDTA 总是以 H_6Y^{2+}、H_5Y^+、H_4Y、H_3Y^-、H_2Y^{2-}、HY^{3-}、Y^{4-} 七种形式存在。只是在不同的 pH 时，EDTA 的主要存在形式不同，见表 6-1。

表 6-1　不同 pH 时 EDTA 的主要存在形式

pH 范围	<1	1~1.6	1.6~2.0	2.0~2.67	2.67~6.16	6.16~10.26	>10.26
主要存在形式	H_6Y^{2+}	H_5Y^+	H_4Y	H_3Y^-	H_2Y^{2-}	HY^{3-}	Y^{4-}

（三）配位性

1. EDTA 与金属离子的作用形式

在进行配位反应时，只有 Y^{4-} 才能与金属离子直接配合。Y^{4-} 一般可简写成 Y，[Y] 称为 EDTA 的有效浓度。

2. EDTA 的配位能力与溶液 pH 的关系

当溶液 pH>10.26 时，EDTA 主要以 Y^{4-} 的形式存在。溶液的 pH 越大，Y^{4-} 的浓度越大。因此，在碱性溶液中，EDTA 的配位能力最强。

二、EDTA 与金属离子形成配合物的特点

1. 配位能力强，能和绝大多数的金属离子形成配合物

从 EDTA 的结构式可以看出，其分子中同时含有配位能力很强的氨基和羧基，具有 6 个配位原子(2 个氨基氮和 4 个羧基氧)，既可以作为四基配体，也可以作为六基配体，因此，EDTA 能与周期表中绝大多数金属离子配位化合。EDTA 与金属离子配位的普遍性，使得配位滴定可以得到更广泛的应用，但同时也增大了提高配位滴定选择性的难度。

2. 形成的配合物非常稳定

EDTA 与大多数金属离子配位时，可形成具有 5 个五元环(四个 $\begin{smallmatrix} & M & \\ O-C-C-N \end{smallmatrix}$ 环和一个 $\begin{smallmatrix} & M & \\ N-C-C-N \end{smallmatrix}$ 环)的配合物。例如，EDTA 与 Ca^{2+}、Fe^{3+} 的配合物的结构，如图 6-2 所示。具有这类环状结构的配合物都很稳定，故配位反应完全。

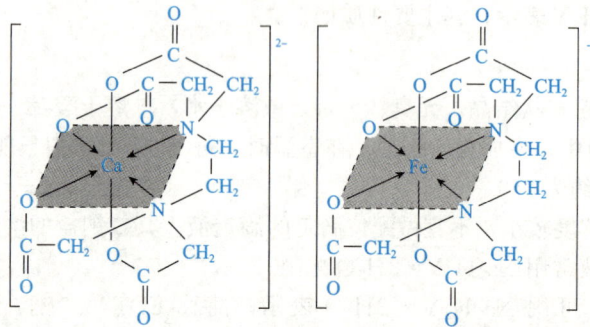

图 6-2 EDTA 与 Ca^{2+}、Fe^{3+} 配合物的结构示意

3. 配位比简单

EDTA 分子中含有 6 个配位原子，而大多数金属离子的配位数不超过 6，所以 EDTA 与大多数金属离子可形成 1∶1 型的配合物；只有极少数变价金属离子与 EDTA 配位时例外。如 Mo(Ⅳ)、Zr (IV)等与 EDTA 形成 2∶1 型配合物。

4. 生成的配合物易溶于水

EDTA 分子中含有 4 个亲水的羧氧基团，且形成的配合物大多带有电荷，易溶于水，因此滴定反应能在水溶液中进行，并且反应速率快。

5. 生成的配合物颜色不同

EDTA 与无色金属离子配位时，则形成无色的配合物，与有色金属离子配位时，一般则形成颜色深的配合物。例如：

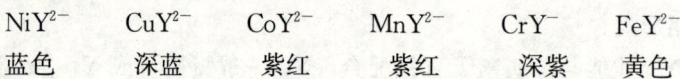

NiY^{2-}	CuY^{2-}	CoY^{2-}	MnY^{2-}	CrY^-	FeY^{2-}
蓝色	深蓝	紫红	紫红	深紫	黄色

滴定这些金属离子时，浓度要稀一些，否则影响终点观察。

知识点三　认识金属指示剂

在配位滴定中，通常利用一种能与金属离子生成有色配合物的显色剂指示滴定过程中金属离子浓度的变化。这种显色剂称为金属离子显色剂，又称为金属指示剂。它能与金属离子形成与其本身有着显著不同颜色的配合物，从而指示滴定终点。

一、金属指示剂变色原理

金属指示剂也是一种配位剂，它们一般为有机弱酸。如果将少量的指示剂加入待测金属离子溶液，一部分金属离子 M 便与指示剂 In 反应形成配合物。

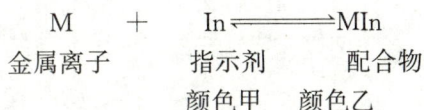

$$M \quad + \quad In \Longrightarrow MIn$$
$$\text{金属离子} \qquad \text{指示剂} \qquad \text{配合物}$$
$$\text{颜色甲} \qquad \text{颜色乙}$$

此时溶液的颜色就是指示剂配合物 MIn 的颜色。

滴定过程中

$$M \quad + \quad Y \Longrightarrow MY$$

此时溶液呈现颜色乙（MIn）。

化学计量点时，M 与 EDTA 全部配位，微过量的 EDTA 则夺取 MIn 中的金属离子，使指示剂游离出来，呈现其本身的颜色甲，甲与乙有明显区别，从而可确定终点的到达。终点时反应如下：

$$MIn \quad + \quad Y \Longrightarrow MY \quad + \quad In$$
$$\text{颜色乙} \qquad\qquad\qquad \text{颜色甲}$$

例如：用 EDTA 标准溶液滴定镁，当加入铬黑 T（以 EBT 表示其分子式）为指示剂时，在 pH＝10 的缓冲溶液中为蓝色，与镁离子配位生成紫红色配合物。

$$Mg^{2+} + EBT \Longrightarrow Mg-EBT$$
$$\text{蓝色} \qquad\qquad \text{紫红色}$$

滴定开始时，EDTA 先与游离的 Mg^{2+} 配位生成无色的配合物，这时溶液仍显示 Mg－EBT 的颜色（紫红色）。直到接近终点时，游离的 Mg^{2+} 绝大多数被 EDTA 配合以后，再加入 EDTA。Mg－EBT 不如 MgY 稳定，因此，EDTA 便夺取 Mg－EBT 中的 Mg^{2+} 而使铬黑 T 游离出来：

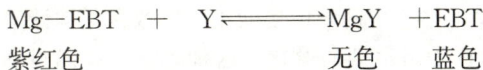

$$Mg-EBT \quad + \quad Y \Longrightarrow MgY \quad + EBT$$
$$\text{紫红色} \qquad\qquad\qquad \text{无色} \quad \text{蓝色}$$

所以当溶液由酒红色变为蓝色时即为滴定终点。

动画：金属指示剂变色原理

二、用于滴定的金属指示剂应具备的条件

用于滴定的金属指示剂应符合以下条件。

(1)金属指示剂配合物 MIn 与指示剂 In 本身的颜色应有显著不同，终点颜色变化明显。

(2)MIn 配合物的稳定性要适当，既要有足够的稳定性，又要比配合物 MY 的稳定性略低，否则 EDTA 不能夺取 MIn 中的 M，终点推迟，甚至不变色。但如果配合物 MIn 的稳定性太低，当浓度较小而还未达终点时，In 就从 MIn 中解离出来，使终点提前，变色不敏锐。

(3)MIn 配合物应易溶于水，且金属指示剂的化学性质稳定，配位反应要灵敏、迅速，有良好的变色可逆性。

(4)指示剂应具有一定的选择性，即在一定条件下，只对某种金属离子发生显色反应。

(5)指示剂应便于使用和储存。

常用的金属指示剂及应用范围见表 6-2。

表 6-2 常用金属指示剂

指示剂	使用 pH 范围	颜色变化		直接滴定离子	指示剂配制	注意事项
		In	MIn			
铬黑 T（EBT 或 BT）	8～10	蓝	红	pH=10：Mg^{2+}、Zn^{2+}、Cd^{2+}、Pb^{2+}、Mn^{2+}、稀土元素	1∶100 NaCl（固体）	Fe^{3+}、Al^{3+}、Cu^{2+}、Ni^{2+} 等有封闭
二甲酚橙（XO）	<6	亮黄	红	pH<1：ZrO^{2+}；pH=1～3.5：Bi^{3+}、Th^{4+}；pH=5～6：Zn^{2+}、Pb^{2+}、Cd^{2+}、Hg^{2+}、稀土元素	0.5％水溶液（5 g/L）	Fe^{3+}、Al^{3+}、Ni^{2+} 等有封闭
PAN	2～12	黄	紫红	pH=2～3：Bi^{3+}、Th^{4+}；pH=4～5：Cu^{2+}、Ni^{2+}、Pb^{2+}、Cd^{2+} 等离子	0.1％乙醇溶液	MIn 溶解度小，为防止僵化，需加热
酸性铬蓝 K	8～13	蓝	红	pH=10：Mg^{2+}、Zn^{2+}；pH=13：Ca^{2+}	1∶100 NaCl（固体）	
磺基水杨酸（SSAL）	1.5～2.5	无色	紫红	pH=1.5～2.5：Fe^{3+}	5％水溶液	SSAL 本身无色，FeY 黄色

三、使用金属指示剂应注意的问题

1. 指示剂的封闭现象

在滴定时，若溶液中存在某些金属离子，它们与指示剂形成的配合物 MIn 比待测离子与 EDTA 形成的配合物更稳定，滴定即使过了化学计量点也不会变色，这种现象称为指示剂的封闭现象。这种现象可通过加入适当的掩蔽剂（使干扰离子生成更稳定的配合物）来消除。例如，Al^{3+} 离子对指示剂铬黑 T 的封闭可加三乙醇胺消除。

2. 指示剂僵化现象

有些指示剂或配合物 MIn 在水中的溶解度太小，以致在化学计量点时 EDTA 与 MIn 的交换缓慢，终点拖长，这种现象称为指示剂的僵化。这种现象可以通过加入适当的有机溶剂或加热的方法，增大溶解度来消除这一影响。

3. 指示剂的氧化变质现象

金属指示剂大多为含双键的有色化合物，易被氧化变质，甚至分解。所以一般指示剂都不宜久放，最好是现用现配。

知识点四　提高配位滴定选择性的方法

EDTA 具有相当强的配位能力，能与大多数金属离子生成稳定的配合物。如果溶液中存在多种金属离子，而要用 EDTA 滴定其中一种，其他离子的存在往往会有较大干扰。要消除干扰，一般有以下几种方法。

一、选择适合的酸度

用 EDTA 滴定金属离子时，与溶液酸度有很大关系。当待测溶液中含有两种以上金属离子时，如果它们的条件稳定常数相差足够大，则只需要控制溶液的酸度，就能选择滴定其中一种离子而不会被另一种离子干扰。一般认为两种离子能分别准确滴定的条件是 $\Delta \lg cK' \geqslant 5$。

二、使用掩蔽的方法进行分别滴定

若被测金属离子 M 的配合物与干扰离子 N 的配合物的稳定常数相差不够大，就不能用控制酸度的方法进行分步滴定。若加入一种试剂能与干扰离子 N 反应，降低溶液中 N 的浓度，可减小或消除 N 对 M 的干扰。此法叫作掩蔽法。常用的掩蔽方法有配位掩蔽法、沉淀掩蔽法和氧化还原掩蔽法等，以配位掩蔽法用得最多。

1. 配位掩蔽法

利用干扰离子与掩蔽剂形成的配合物远比干扰离子与 EDTA 形成的配合物稳定，从而消除干扰。例如，用 EDTA 滴定水中的 Ca^{2+}、Mg^{2+} 以测定水的硬度时，Fe^{3+}、Al^{3+} 等离子对测定有干扰。可加入三乙醇胺与 Fe^{3+}、Al^{3+} 生成更加稳定的配合物，从而掩蔽 Fe^{3+}、Al^{3+} 等离子不至干扰测定。

2. 沉淀掩蔽法

加入选择性沉淀剂，使干扰离子形成沉淀，并在沉淀的存在下直接进行配位滴定的方法称为沉淀掩蔽法。例如，在 Ca^{2+}、Mg^{2+} 共存的溶液中，加入 NaOH 溶液使 pH>12，则 Mg^{2+} 生成 $Mg(OH)_2$ 沉淀，采用钙指示剂可以用 EDTA 滴定 Ca^{2+}。

3. 氧化还原掩蔽法

加入一种氧化还原剂，改变干扰离子的价态，可以消除其干扰。例如，用 EDTA 滴定 Bi^{3+}、Zr^{4+} 时，溶液中存在的 Fe^{3+} 就会对测定有干扰。此时可加入抗坏血酸（Vc），将 Fe^{3+} 还原成 Fe^{2+}。由于 FeY^{2-} 的稳定常数（$\lg K_{FeY^{2-}}^{\ominus} = 14.33$）比 FeY^- 的稳定常数（$\lg K_{FeY^-}^{\ominus} = 25.1$）小得多，因而能够避免干扰。

常用的还原剂有抗坏血酸、羟氨、半胱氨酸等，其中有些还原剂（如 $Na_2S_2O_3$）也可作为配位剂。

有些干扰离子（如 Cr^{3+}）的高氧化态酸根阴离子（$Cr_2O_7^{2-}$）对 EDTA 滴定不发生干扰，因此可以预先将低氧化态的干扰离子氧化成高氧化态酸根阴离子，以消除干扰。

三、选用其他滴定剂

除 EDTA 外，其他配位剂如 EGTA、EDTP 等氨羧配位剂与金属离子形成配合物的稳定性各不相同，可以根据需要选择不同的配位剂进行滴定，以提高滴定的选择性。

四、分离除去干扰离子或分离待测定离子

在利用酸效应分别滴定、掩蔽干扰离子，应用其他滴定剂都有困难时，只能对干扰离子进行预先分离。

任务演练

任务 6-1　水的总硬度测定

■任务描述

　　家住南方的小 H 考到北方上大学，第一次出远门的小 H 非常兴奋，好吃的、好玩的都想尝试一下，可惜乐极生悲，入学第二天他就出现腹泻症状，服用消炎药物也不见好转。医生诊断小 H 的情况属于"水土不服"，北方水的硬度比南方水的硬度要高，长期饮用软水的人突然饮用硬水更容易发生腹泻，一般不用服药，一星期以后症状会逐步好转。你学校里水的硬度是多少呢？是否适合饮用？

3D 虚拟仿真：水硬度测定

☀任务小贴士

　　水的硬度是水质的一个重要监测指标，通过监测可以知道其是否可以用于工业生产及日常生活。硬度高的水会使肥皂沉淀，使洗涤剂的效用大大降低；纺织工业上硬度过高的水会使纺织物粗糙且难以染色；烧锅炉用硬水易堵塞管道，引起锅炉爆炸事故；高硬度的水，难喝，有苦涩味，饮用后影响肠胃功能。因此，水硬度的测定对生产和生活具有重要意义。

■任务分析

（1）什么是水的硬度？

（2）怎样表示水的硬度？

（3）水的硬度是永久不变的吗？

(4)哪些水属于软水？哪些水属于硬水？

(5)《生活饮用水卫生标准》(GB 5749—2022)中对我国生活用水的硬度有什么要求？

▌任务流程

▌任务实施

子任务 6-1-1　0.02 mol/L EDTA 标准溶液的配制与标定

一、实验原理

EDTA 难溶于水，通常采用其二钠盐$(Na_2H_2Y \cdot 2H_2O)$配制标准滴定溶液。乙二胺四乙酸二钠盐是白色微晶粉末，易溶于水，经提纯后可作为基准物质，直接配制成标准溶液。但提纯方法较为复杂，故在工厂和实验室中该标准溶液常用间接方法配制：先把 EDTA 配成接近所需浓度的溶液，然后用基准物质标定。标定 EDTA 标准溶液的基准试剂很多，如 Zn、ZnO、$CaCO_3$、Bi、Cu、$MnSO_4 \cdot 7H_2O$ 等，使用前应做预处理，如重结晶、烘干或灼烧等。

本实验选用 $CaCO_3$ 为基准物质，以 EBT 为指示剂进行标定。用 EDTA 溶液滴定至溶液由紫红色变为纯蓝色即为终点。

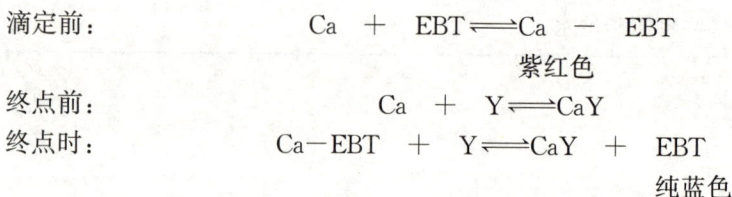

滴定前：　　　　　　　　Ca ＋ EBT ⟶ Ca － EBT

　　　　　　　　　　　　　　　　　　　紫红色

终点前：　　　　　　　　Ca ＋ Y ⟶ CaY

终点时：　　　　　Ca－EBT ＋ Y ⟶ CaY ＋ EBT

　　　　　　　　　　　　　　　　　纯蓝色

二、仪器、试剂

仪器：托盘天平、电子天平、酸式滴定管、250 mL 容量瓶、锥形瓶、25 mL 移液管、洗耳球、称量瓶。

试剂：乙二胺四乙酸二钠盐（$Na_2H_2Y \cdot 2H_2O$）、碳酸钙、盐酸（1∶1）、氨性缓冲溶液（ pH≈10，称取 5.4 g NH_4Cl，加水 20 mL 溶解，加 35 mL 浓氨水，加水稀释至 100 mL）、铬黑 T 指示剂(5 g/L)。

三、实验步骤

1. 0.02 mol/L EDTA 标准溶液的配制

用托盘天平称取 4.0 g EDTA 于烧杯中，用少量水加热溶解，冷却后稀释至 500 mL，混匀并储存于硬质玻璃瓶或聚乙烯塑料瓶中。

2. EDTA 标准溶液(0.02 mol/L)的标定

准确称取 $CaCO_3$ 基准物质 0.50～0.55 g，置于 100 mL 烧杯中，用少量水先润湿，盖上表面皿，慢慢滴加 1∶1 HCl 10 mL，待其溶解后，用少量水洗表面皿及烧杯内壁，洗涤液一同转入 250 mL 容量瓶，用水稀释至刻度，摇匀。

实操视频：EDTA 标准溶液的配制与标定

准确移取 25.00 mL $CaCO_3$ 溶液于 250 mL 锥形瓶中，加入 20 mL 氨性缓冲溶液、2～3 滴 ETB 指示剂。用 0.02 mol/L EDTA 溶液滴定至溶液由紫红色变为纯蓝色，即为终点。平行标定 3 次，同时做空白实验，计算 EDTA 溶液的准确浓度。

四、结果计算

$$c_{EDTA} = \frac{m_{CaCO_3} \times \dfrac{25.00}{250.0} \times 1\ 000}{(V_{EDTA} - V_0) \times M_{CaCO_3}}$$

式中　m_{CaCO_3}——碳酸钙质量(g)；

　　　V_{EDTA}——EDTA 溶液体积(mL)；

　　　V_0——空白实验消耗 EDTA 溶液体积(mL)；

　　　M_{CaCO_3}——碳酸钙的摩尔质量(g/mol)。

五、注意事项

(1)市售 $Na_2H_2Y \cdot 2H_2O$ 有粉末状和结晶型两种，粉末状的易溶解，结晶型的在水中溶解较慢，可加热使其完全溶解。

(2)接近终点时，EDTA 应缓慢加入。

(3)滴定应在自然光或日光灯下进行，否则会影响滴定终点判断。

六、问题探究

(1)滴定过程中为什么要加入氨性缓冲溶液？

(2)以 HCl 溶液溶解 $CaCO_3$ 基准物质时，操作中应注意什么？为什么？

▋任务报告

1. 数据记录

项目	1	2	3
倾样前称量瓶＋$CaCO_3$ 的质量/g			
倾样后称量瓶＋$CaCO_3$ 的质量/g			
基准物质 $CaCO_3$ 的质量 m/g			
EDTA 溶液体积初读数/mL			
EDTA 溶液体积终读数/mL			
消耗 EDTA 溶液体积 V_{EDTA}/mL			
空白实验消耗 EDTA 溶液体积 V_0/mL			
c_{EDTA}/(mol·L^{-1})			
$\bar{c}_{EDTA}$/(mol·L^{-1})			
相对极差/%			

2. 结果计算

▋任务反思

子任务 6-1-2　水的总硬度测定

一、实验原理

水的硬度主要是由于水中含有钙盐和镁盐造成的，其他金属离子(如铁、铝、锰、锌等离子)也会形成硬度，但一般因含量甚少而影响小。水硬度可分为总硬度和钙镁硬度两种，前者是测定钙镁总量，后者是分别测定钙和镁的含量。测定水的总硬度常采用配位滴定法，用乙二胺四乙酸(EDTA)二钠盐溶液滴定水中 Ca^{2+}、Mg^{2+} 总量，然后换算为相应的硬度单位。

各国对水的硬度的表示不同，我国将水中 Ca^{2+}、Mg^{2+} 总量折合为 $CaCO_3$ 后，以每升水中所含 Ca^{2+}、Mg^{2+} 的总量相当于 $CaCO_3$ 的质量(mg)表示，即以 $CaCO_3$ 的质量浓度 ρ 表示，单位为 mg/L。国家标准《生活饮用水卫生标准》(GB 5749—2022)中规定生活饮用水的总硬度(以 $CaCO_3$ 计)不得超过 450 mg/L。

若水样中存在 Fe^{3+}、Al^{3+} 等微量杂质，可用三乙醇胺进行掩蔽，Cu^{2+}、Pb^{2+}、Zn^{2+} 等重金属离子可用 Na_2S 或 KCN 掩蔽。

若要测定钙硬度，可控制 pH 为 12~13，选用钙指示剂进行测定。镁硬度可由总硬度减去钙硬度求出。

二、仪器、试剂

仪器：酸式滴定管、锥形瓶、50 mL 移液管、洗耳球、5 mL 量筒。

试剂：水样、EDTA 标准溶液、铬黑 T 指示剂(5 g/L)、氨性缓冲溶液(pH≈10，称取 5.4 g NH_4Cl，加水 20 mL 溶解，加 35 mL 浓氨水，加水稀至 100 mL)、20%三乙醇胺。

三、实验步骤

用移液管准确移取水样 50.00 mL 于锥形瓶中，加入 5 mL 氨性缓冲溶液，加入 3 mL 20%三乙醇胺、2~3 滴铬黑 T 指示剂，用 0.02 mol/L 的 EDTA 标准溶液滴定至溶液由紫红色变成纯蓝色，即为终点。记下消耗 EDTA 的体积(V_{EDTA})。平行测定 3 次，计算水的总硬度。

实操视频：水的
总硬度测定

四、结果计算

$$\rho_{CaCO_3} = \frac{c_{EDTA} \times V_{EDTA} \times M_{CaCO_3}}{V_{水样}} \times 10^3$$

式中　ρ_{CaCO_3}——水的总硬度(mg/L)；

c_{EDTA}——EDTA 溶液的物质的量浓度(mol/L)；

V_{EDTA}——消耗 EDTA 溶液的体积(mL)；

M_{CaCO_3}——$CaCO_3$ 的摩尔质量(g/mol)；

$V_{水样}$——移取的水样的体积(mL)。

五、注意事项

(1)滴定速度不能过快，接近终点时要慢，以免滴定过量。

(2)缓冲溶液在使用过程中反复开盖易使氨散失而影响 pH，因此放置时间较长后应重新配制。

(3)若钙镁总量太高，滴定时容易在碱性条件下生成氢氧化镁等沉淀，因此加入缓冲溶液后，必须立即滴定。

六、问题探究

(1)用 EDTA 法测定水的硬度时，哪些离子存在干扰？如何消除？

(2)测定水的总硬度时，加入氨性缓冲溶液的目的是什么？

▍任务报告

1. 数据记录

项目		1	2	3
$c_{EDTA}/(mol \cdot L^{-1})$				
$V_{水样}/mL$				
EDTA 体积 /mL	初读数			
	终读数			
	V_{EDTA}			
$\rho_{CaCO_3}/(mg \cdot L^{-1})$				
$\overline{\rho}_{CaCO_3}/(mg \cdot L^{-1})$				
相对极差/%				

2. 结果计算

▍任务反思

任务评价表

班级：_____ 姓名：_____ 学号：_____ 成绩：_____

考核项目	考核要点	考核标准	配分	扣分
专业能力（70分）	任务认知程度	认真阅读工作任务单，明确任务内容；分析任务，利用各种学习资源完成相关知识的学习（记笔记、认真听讲、积极讨论等）	10	
		课堂回答、课外作业完成好，并能灵活运用所学知识解答实际问题		
	任务决策计划	计划科学、可行性强	5	
	任务实施过程	实施方案（计划与步骤）详细、可操作性强	5	
		仪器、药品准备充分	3	
		分析天平使用规范，称样量范围≤±5%	5	
		移液管移液、放液等操作规范	5	
		溶液配制正确、容量瓶使用规范	5	
		滴定管操作规范，滴定速度适当，终点判断准确	5	
		原始数据记录及时，有效数字、单位正确	5	
	任务检查评价	工作过程有条理，整洁有序、时间安排合理	2	
		计算方法及结果正确	5	
		标定、测定结果精密度、准确度符合要求，报告规范	10	
		任务完成后能进行总结、反思	5	
职业素质（30分）	工作态度	守纪律（不迟到、早退、喧哗、串岗）、认真仔细、实事求是，无作弊或编造数据等行为	5	
		环保、安全、节约（废纸、废液处理，节约试剂等）	2	
		文明操作（实验台整洁、物品摆放合理等）	2	
	学习能力	运用各种媒体学习、提取信息、获取新知识	2	
		学习中能够发现问题、分析问题、归纳总结、解决问题	2	
	工作能力	按工作任务要求，完成工作任务	2	
		对工作过程和工作质量进行全面、客观的评价	2	
		工作过程中组织、协调、应变能力	2	
	创新能力	学习中能提出不同见解	2	
		工作中提出多种解决问题的思路、完成任务的方案等	2	
	团结协作	服从老师、组长的任务分配，积极参与并按时完成	3	
		能认真对待他人意见，与同学密切协作、互相帮助、互相探讨	2	
		遇到问题商量解决，不互相推诿指责	2	

子任务考核单

班级：＿＿＿＿＿＿　姓名：＿＿＿＿＿＿　学号：＿＿＿＿＿＿　成绩：＿＿＿＿＿＿

试题名称	0.02 mol/L EDTA 标准滴定溶液的标定			考核时间	50 min
考核内容	考核要点	配分	评分标准	扣分	得分
操作前准备	(1)实验仪器、用具与试剂检查与清点	5	未检查与清点扣5分		
	(2)天平的检查和调试	5	(1)未检查天平水平扣3分		
			(2)未调试天平零点扣2分		
	(3)滴定管的准备	5	滴定管未查漏、润洗各扣2.5分		
操作过程	(1)标准溶液保存	5	试剂瓶选择错误扣5分，标签信息不全酌情扣1~4分		
	(2)EDTA 标准溶液的标定	55	(1)CaCO₃ 称量天平选择不正确扣4分		
			(2)CaCO₃ 称量操作不规范扣4分		
			(3)CaCO₃ 称取量偏差过大扣4分		
			(4)CaCO₃ 溶解操作不规范扣4分		
			(5)滴定管装液操作不规范扣4分		
			(6)滴定管未排气泡扣5分		
			(7)滴定管读数错误扣6分		
			(8)滴定速度过快扣3分		
			(9)终点颜色错误扣6分		
			(10)滴定操作不规范扣5分		
			(11)未做平行实验扣5分		
			(12)未做空白实验扣5分		
结果计算	(1)原始记录	5	原始数据记录不规范、信息不全酌情扣1~5分		
	(2)测定结果	15	(1)实验极差＞0.000 5 mol/L扣5分		
			(2)计算未减空白扣5分		
			(3)结果不准确酌情扣2~5分		
文明操作	(1)仪器、设备、用具及实验台面整理	3	实验结束后未整理扣3分，未全部归位酌情扣1~2分		
	(2)仪器使用登记	2	未登记有关仪器使用记录扣2分		
安全及其他	(1)不得损坏仪器、设备及用具或发生事故	—	损坏玻璃仪器按每件10分从总分中扣除，发生事故停止操作		
	(2)废液处理	—	废液未放入指定废液杯中从总分中扣5分		
	(3)在规定时间内完成操作	—	每超时1 min从总分中扣3分，超时达5 min停止操作		
合计		100			

任务考核单

班级：＿＿＿＿＿　姓名：＿＿＿＿＿　学号：＿＿＿＿＿　成绩：＿＿＿＿＿

试题名称		水的总硬度测定		考核时间	50 min
操作项目	具体内容	技能要求	配分	扣分	得分
准备（2）	着装	穿实验用工作服，干净整洁	2		
溶液配制（8）	称量	天平操作正确，读数、记录准确	4		
	保存	试剂瓶选择正确，贴标签	4		
酸式滴定管的使用（8）	检漏	检漏方法准确	2		
	润洗	蒸馏水冲洗，待测溶液润洗3遍	2		
	排气泡	正确排气泡	2		
	调零	操作准确	2		
标准溶液标定（20）	基准物质称量	称量操作准确	8		
	滴定速度	滴定速度适中，2滴/秒	3		
	终点判定	纯蓝色30 s不褪色	5		
	读数	读数准确，保留位数准确	4		
样品测定（29）	移液管的使用（12）	润洗	蒸馏水冲洗，待测溶液润洗3遍	3	
		吸液	吸液操作准确	5	
		放液	放液操作准确	4	
	样品测定（17）	加入标准溶液体积	加入体积准确	5	
		滴定速度	滴定速度适中，2滴/秒	3	
		终点判定	纯蓝色30 s不褪色	5	
		读数	读数准确，保留位数准确	4	
实验结果（25）	原始数据	数据记录准确、完整	5		
	计算	公式正确，计算结果准确	10		
	有效数字	保留位数准确	5		
	精密度	误差≤2%	5		
文明操作（8）	整理	废液处理，清洗实验仪器，整理实验药品，清理台面	4		
	实验室安全	安全操作，完成实验后断水、断电	4		
总分			100		

任务 6-2　镍盐中镍含量的测定

任务描述

某公司刚采购一批工业硫酸镍，预计投入生产线，要求检测中心尽快对其进行品质检验，测定其中镍的含量。假如你是检测中心负责人，请你带领团队成员共同完成此项任务。

任务小贴士

　　金属镍基本没有急性毒性，一般的镍盐毒性也较低，但羰基镍能产生很强的毒性。羰基镍能以蒸气形式迅速由呼吸道吸收，也能由皮肤少量吸收，前者是作业环境中毒物侵入人体的主要途径。人在接触高浓度羰基镍时，会发生急性化学肺炎，最终出现肺水肿和呼吸道循环衰竭而致死亡。人的镍中毒特有症状是皮肤炎、呼吸器官障碍及呼吸道癌。

任务分析

(1)工业硫酸镍中镍含量一般为多少？

(2)完成本次任务需要用什么方法？

(3)完成任务的过程中会产生哪些环保方面的问题？你将如何处理？

任务流程

任务实施

子任务 6-2-1 0.05 mol/L EDTA 标准溶液的配制与标定

一、实验原理

EDTA 难溶于水，通常采用其二钠盐（$Na_2H_2Y \cdot 2H_2O$）配制标准滴定溶液。乙二胺四乙酸二钠盐是白色微晶粉末，易溶于水，经提纯后可作为基准物质，直接配制成标准溶液。但提纯方法较为复杂，故在工厂和实验室中该标准溶液常用间接方法配制：先把 EDTA 配成接近所需浓度的溶液，然后用基准物质标定。标定 EDTA 标准溶液的基准试剂很多，如 Zn、ZnO、CaCO₃、Bi、Cu、$MnSO_4 \cdot 7H_2O$ 等，使用前应做预处理，如重结晶、烘干或灼烧等。

本实验选用 ZnO 为基准物质，以 EBT 为指示剂进行标定。用 EDTA 溶液滴定至溶液由紫红色变为纯蓝色即为终点。

滴定前：$\qquad$ Zn ＋ EBT $\Longrightarrow$ Zn － EBT

$\qquad\qquad\qquad\qquad\qquad\qquad$ 紫红色

终点前：$\qquad$ Zn ＋ Y $\Longrightarrow$ ZnY

终点时：Zn－EBT ＋ Y $\Longrightarrow$ ZnY ＋ EBT

$\qquad\qquad\qquad\qquad\qquad\qquad$ 纯蓝色

二、仪器试剂

仪器：托盘天平、电子天平、酸式滴定管、250 mL 容量瓶、锥形瓶、25 mL 移液管、洗耳球、称量瓶、100 mL 烧杯。

试剂：乙二胺四乙酸二钠盐（$Na_2H_2Y \cdot 2H_2O$）、氧化锌（基准试剂）、盐酸（20%）、氨性缓冲溶液（ pH≈10，称取 5.4 g NH_4Cl，加水 20 mL 溶解，加 35 mL 浓氨水，加水稀释至 100 mL）、铬黑 T 指示剂（5 g/L）、氨水（10%）。

三、实验步骤

1. 0.05 mol/L EDTA 标准溶液的配制

用托盘天平称取 10.0 g EDTA 于烧杯中，用少量水加热溶解，冷却后稀释至 500 mL，混匀并储存于硬质玻璃瓶或聚乙烯塑料瓶中。

2. EDTA 标准溶液（0.05 mol/L）的标定

准备称取 1.5 g 于(850±50)℃高温炉中灼烧至恒重的工作基准试剂 ZnO（不得用去皮的方法，否则称量为零分），置于 100 mL 小烧杯中，用少量水润湿，加入 20 mL HCl（20%）溶解后，定量转移至 250 mL 容量瓶中，用水稀释至刻度，摇匀。准确移取 25.00 mL 上述溶液于 250 mL 的锥形瓶中（不得从容量瓶中直接移取溶液），加 75 mL 水，用氨水溶液（10%）调至溶液 pH 为 7~8，加 10 mL $NH_3 - NH_4Cl$ 缓冲溶液（pH≈10）及 5 滴铬黑 T 指示剂，用待标定的 EDTA 溶液滴定至溶液由紫红色变为纯蓝色。平行测定 3 次，同时做空白实验。再计算 EDTA 溶液的准确浓度。

四、结果计算

$$c_{EDTA} = \frac{m_{ZnO} \times \frac{25.00}{250.0} \times 1\,000}{(V_{EDTA} - V_0) \times M_{ZnO}}$$

式中　m_{ZnO}——氧化锌质量(g)；

　　　V_{EDTA}——EDTA 溶液体积(mL)；

　　　V_0——空白实验消耗 EDTA 溶液体积(mL)；

　　　M_{ZnO}——氧化锌的摩尔质量(g/mol)。

五、注意事项

(1)氧化锌在空气中能缓缓吸收二氧化碳，因此在标定前需在(800 ± 50)℃灼烧至恒重。

(2)滴加氨水调节溶液酸度时要逐滴加入，且边加边摇动锥形瓶，防止滴加过量，以出现浑浊为限。滴加过快时，可能会使浑浊立即消失，误以为还没有出现浑浊。

(3)接近终点时，EDTA 应缓慢加入。

六、问题探究

为什么在调节溶液 pH 为 7～8 以后，再加入 NH_3－NH_4Cl 缓冲溶液？

■任务报告

1. 数据记录

项目	1	2	3
倾样前称量瓶＋ZnO 的质量/g			
倾样后称量瓶＋ZnO 的质量/g			
基准物质 ZnO 的质量 m/g			
EDTA 溶液体积初读数/mL			
EDTA 溶液体积终读数/mL			
消耗 EDTA 溶液体积 V_{EDTA}/mL			
空白实验消耗 EDTA 溶液体积 V_0/mL			
c_{EDTA}/(mol·L^{-1})			
$\bar{c}_{EDTA}$/(mol·L^{-1})			
相对极差/%			

2. 结果计算

■任务反思

子任务 6-2-2　镍盐中镍含量的测定（直接法）

一、实验原理

Ni^{2+} 与 EDTA 按 1∶1 反应，方程式如下：

$$Ni + Y = NiY$$

本实验以紫脲酸铵为指示剂，终点时溶液颜色由黄色变为蓝紫色。

二、仪器、试剂

仪器：电子天平、酸式滴定管、滴瓶、锥形瓶、量筒。

试剂：硫酸镍液体试样、EDTA 标准溶液、紫脲酸铵指示剂、NH_3-NH_4Cl 缓冲溶液。

三、实验步骤

称取液体镍试样 3.0 g，精确至 0.000 1 g，加水 70 mL，加入 10 mL NH_3-NH_4Cl 缓冲溶液，加入 0.2 g 紫脲酸铵指示剂，摇匀，用已标定过的 0.05 mol/L EDTA 标准溶液滴定，滴定由黄色变为蓝紫色，即为终点。平行测定 3 次。

四、结果计算

$$w_{Ni} = \frac{c_{EDTA} \times V_{EDTA} \times M_{Ni}}{m_{样品} \times 1\,000} \times 1\,000$$

式中　w_{Ni}——镍的质量浓度（g/kg）；

c_{EDTA}——EDTA 溶液的物质的量浓度（mol/L）；

V_{EDTA}——消耗 EDTA 溶液的体积（mL）；

M_{Ni}——镍的摩尔质量（g/mol）；

$m_{样品}$——称取的样品质量（g）。

五、注意事项

终点颜色为蓝紫色不容易判断，可以通过回滴的方式反复探索滴定终点。

六、问题探究

(1)称量液体样品时应注意哪些问题？

(2)硫酸镍中镍含量的测定还可以用什么方法？

▌任务报告

1. 数据记录

		1	2	3
$c_{EDTA}/(mol \cdot L^{-1})$				
$m_{样品}/g$				
EDTA 体积 /mL	初读数			
	终读数			
	V_{EDTA}			
$w_{Ni}/(g \cdot kg^{-1})$				
$\overline{w}_{Ni}/(g \cdot kg^{-1})$				
相对极差/%				

2. 结果计算

▌任务反思

任务评价表

班级：_____　姓名：_____　学号：_____　成绩：_____

考核项目	考核要点	考核标准	配分	扣分
专业能力（70分）	任务认知程度	认真阅读工作任务单，明确任务内容；分析任务，利用各种学习资源完成相关知识的学习（记笔记、认真听讲、积极讨论等）	10	
		课堂回答、课外作业完成好，并能灵活运用所学知识解答实际问题		
	任务决策计划	计划科学、可行性强	5	
	任务实施过程	实施方案（计划与步骤）详细、可操作性强	5	
		仪器、药品准备充分	3	
		分析天平使用规范，称样量范围≤±5%	5	
		移液管移液、放液等操作规范	5	
		溶液配制正确、容量瓶使用规范	5	
		滴定管操作规范，滴定速度适当，终点判断准确	5	
		原始数据记录及时、有效数字、单位正确	5	
	任务检查评价	工作过程有条理，整洁有序、时间安排合理	2	
		计算方法及结果正确	5	
		标定、测定结果精密度、准确度符合要求，报告规范	10	
		任务完成后能进行总结、反思	5	
职业素质（30分）	工作态度	守纪律（不迟到、早退、喧哗、串岗）、认真仔细、实事求是，无作弊或编造数据等行为	5	
		环保、安全、节约（废纸、废液处理，节约试剂等）	2	
		文明操作（实验台整洁、物品摆放合理等）	2	
	学习能力	运用各种媒体学习、提取信息、获取新知识	2	
		学习中能够发现问题、分析问题、归纳总结、解决问题	2	
	工作能力	按工作任务要求，完成工作任务	2	
		对工作过程和工作质量进行全面客观的评价	2	
		工作过程中组织、协调、应变能力	2	
	创新能力	学习中能提出不同见解	2	
		工作中提出多种解决问题的思路、完成任务的方案等	2	
	团结协作	服从老师、组长的任务分配，积极参与并按时完成	3	
		能认真对待他人意见，与同学密切协作，互相帮助，互相探讨	2	
		遇到问题商量解决，不互相推诿指责	2	

子任务考核单

班级：_____ 姓名：_____ 学号：_____ 成绩：_____

试题名称	0.05 mol/L EDTA 标准滴定溶液的标定				考核时间	50 min
考核内容	考核要点	配分	评分标准		扣分	得分
操作前准备	(1)实验仪器、用具与试剂检查与清点	5	未检查与清点扣5分			
	(2)天平的检查和调试	5	(1)未检查天平水平扣3分			
			(2)未调试天平零点扣2分			
	(3)滴定管的准备	5	滴定管未查漏、润洗各扣2.5分			
操作过程	(1)标准溶液保存	5	试剂瓶选择错误扣5分，标签信息不全酌情扣1~4分			
	(2)EDTA标准溶液的标定	55	(1)ZnO称量天平选择不正确扣4分			
			(2)ZnO称量操作不规范扣4分			
			(3)ZnO称取量偏差过大扣4分			
			(4)ZnO溶解操作不规范扣4分			
			(5)滴定管装液操作不规范扣4分			
			(6)滴定管未排气泡扣5分			
			(7)滴定管读数错误扣6分			
			(8)滴定速度过快扣3分			
			(9)终点颜色错误扣6分			
			(10)滴定操作不规范扣5分			
			(11)未做平行实验扣5分			
			(12)未做空白实验扣5分			
结果计算	(1)原始记录	5	原始数据记录不规范、信息不全酌情扣1~5分			
	(2)测定结果	15	(1)实验极差>0.000 5 mol/L扣5分			
			(2)计算未减空白扣5分			
			(3)结果不准确酌情扣2~5分			
文明操作	(1)仪器、设备、用具及实验台面整理	3	实验结束后未整理扣3分，未全部归位酌情扣1~2分			
	(2)仪器使用登记	2	未登记有关仪器使用记录扣2分			
安全及其他	(1)不得损坏仪器、设备及用具或发生事故	—	损坏玻璃仪器按每件10分从总分中扣除，发生事故停止操作			
	(2)废液处理	—	废液未放入指定废液杯中从总分中扣5分			
	(3)在规定时间内完成操作	—	每超时1 min从总分中扣3分，超时达5 min停止操作			
合计		100				

任务考核单

班级：_____　姓名：_____　学号：_____　成绩：_____

试题名称		镍盐中镍含量的测定	考核时间	50 min
操作项目	具体内容	技能要求	配分	扣分	得分

操作项目	具体内容	技能要求	配分	扣分	得分
准备(2)	着装	穿实验用工作服，干净整洁	2		
溶液配制 (8)	称量	天平操作正确，读数、记录准确	4		
	保存	试剂瓶选择正确，贴标签	4		
酸式滴定管 的使用(8)	检漏	检漏方法准确	2		
	润洗	蒸馏水冲洗，待测溶液润洗3遍	2		
	排气泡	正确排气泡	2		
	调零	操作准确	2		
标准溶液标定 (20)	基准物质称量	称量操作准确	8		
	滴定速度	滴定速度适中，2滴/秒	3		
	终点判定	蓝紫色30 s不褪色	5		
	读数	读数准确，保留位数准确	4		
样品 测定 (29)	移液管 的使用 (12)　润洗	蒸馏水冲洗，待测溶液润洗3遍	3		
	吸液	吸液操作准确	5		
	放液	放液操作准确	4		
	样品 测定 (17)　加入标准溶液体积	加入体积准确	5		
	滴定速度	滴定速度适中，2滴/秒	3		
	终点判定	蓝紫色30 s不褪色	5		
	读数	读数准确，保留位数准确	4		
实验结果 (25)	原始数据	数据记录准确，完整	5		
	计算	公式正确，计算结果准确	10		
	有效数字	保留位数准确	5		
	精密度	误差≤2%	5		
文明操作 (8)	整理	废液处理，清洗实验仪器，整理实验药品，清理台面	4		
	实验室安全	安全操作，完成实验后断水、断电	4		
总分			100		

拓展资源

以身试药！他参与研制的药挽救了许多人

我国著名药理学家丁光生(1921—2022年)致力于心血管药与抗血吸虫病药的新药研究，曾为科研以身试药。其作为主要负责人之一创制的重金属解毒药二巯丁二酸是第一个被美国仿制、使用的中国新药。

1946年，丁光生通过了公费留学考试，后到美国学习临床麻醉学，同时在药理系攻读博士学位。他为学勤勉刻苦，工作认真负责，收到了美国不少知名机构的工作邀请。中华人民共和国的成立让丁光生萌生回国报效的强烈愿望，他的这一决定遭到美方多次阻挠，丁光生据理力争，想了很多办法，最后美国政府才不得不放行。1951年，丁光生终于如愿归国，"当我踏上祖国的土地，第一次见到五星红旗时，禁不住热泪盈眶"。丁光生对祖国的拳拳深情，几十年间从未更改。在他看来，"只有把祖国放在心里，才能真正做出为国、为民的新药"。

回国后，丁光生加入中国科学院上海药物研究所，从零开始组建药理学研究团队，丁光生的科研工作主要分为三方面：心血管药理研究、抗血吸虫病的研究和重金属解毒药的研究。20世纪50年代，我国南方多省遭受血吸虫病害，当时治疗血吸虫病，全世界只有一种特效药——酒石酸锑钾，但这种药必须通过静脉注射，毒性大，还有患者因为药物毒性太强而失去生命。丁光生与其他几位研究者经过反复筛选，合作研究出安全强效的解药——二巯丁二酸钠。

1958年，上海中山医院开始临床试验二巯丁二酸钠时，丁光生以身试药，参加第一批临床试验。临床试验证实，二巯丁二酸钠毒性很低、解毒能力很强，一经推广应用，就拯救了许多人的生命，这种解药还被意外地发现对重金属中毒和毒蘑菇中毒有一定作用。

在该药基础上，丁光生等人对口服二巯丁二酸进行了系统药理研究，它对治疗多种金属中毒均有明显疗效。1991年，美国食品药品监督管理局正式批准二巯丁二酸用于儿童铅中毒，这是我国研制的化学药品首次被美国批准仿制。

巩固练习

一、单选题

1. 直接与金属离子配位的 EDTA 型体为（　　）。
   A. H_6Y^{2+}　　　B. H_4Y　　　C. H_2Y^{2-}　　　D. Y^{4-}

2. 产生金属指示剂的封闭现象是因为（　　）。
   A. 指示剂不稳定　　　B. MIn 溶解度小
   C. $K'_{MIn} < K'_{MY}$　　　D. $K'_{MIn} > K'_{MY}$

3. 配位滴定法测定水中钙时，Mg^{2+} 干扰用的消除方法通常为（　　）。
   A. 控制酸度法　B. 配位掩蔽法　C. 氧化还原掩蔽法　D. 沉淀掩蔽法

4. 以下关于 EDTA 标准溶液制备叙述不正确的是（　　）。
   A. 使用 EDTA 分析纯试剂先配成近似浓度再标定
   B. 标定条件与测定条件应尽可能接近
   C. EDTA 标准溶液应储存于聚乙烯瓶中
   D. 标定 EDTA 溶液须用二甲酚橙指示剂

5. 配位滴定法测定 Fe^{3+} 离子，常用的指示剂是（　　）。
   A. PAN　　B. 二甲酚橙　　C. 钙指示剂　　D. 磺基水杨酸钠

6. 实验表明 EBT 应用于配位滴定中的最适宜的酸度是（　　）。
   A. pH<6.3　　　B. pH=9～10.5
   C. pH>11　　　D. pH=7～11

7. 以配位滴定法测定 Pb^{2+} 时，消除 Ca^{2+}、Mg^{2+} 干扰最简便的方法是（　　）。
   A. 配位掩蔽法　B. 控制酸度法　C. 沉淀分离法　D. 解蔽法

8. 在 Fe^{3+}、Al^{3+}、Ca^{2+}、Mg^{2+} 的混合溶液中，用 EDTA 法测定 Ca^{2+}、Mg^{2+}，要消除 Fe^{3+}、Al^{3+} 的干扰，最有效可靠的方法是（　　）。
   A. 沉淀掩蔽法　B. 配位掩蔽法　C. 氧化还原掩蔽法　D. 萃取分离法

9. 在 EDTA 配位滴定中，下列有关掩蔽剂的叙述错误的是（　　）。
   A. 配位掩蔽剂必须可溶且无色
   B. 氧化还原掩蔽剂必须改变干扰离子的价态
   C. 掩蔽剂的用量越多越好
   D. 掩蔽剂最好是无毒的

10. EDTA 滴定 Zn^{2+} 时，加入 NH_3-NH_4Cl 可（　　）。

    A. 防止干扰　　　　　　　　　　B. 控制溶液的酸度

    C. 使金属离子指示剂变色更敏锐　　D. 加快反应速度

11. 产生金属指示剂的僵化现象是因为（　　）。

    A. 指示剂不稳定　　B. MIn 溶解度小　　C. $K'_{MIn}<K'_{MY}$　　D. $K'_{MIn}>K'_{MY}$

12. 配位滴定所用的金属指示剂同时也是一种（　　）。

    A. 掩蔽剂　　　　　B. 显色剂　　　　　C. 配位剂　　　　　D. 弱酸弱碱

13. 水的总硬度测定中，测定的是水中（　　）。

    A. 钙离子含量　　B. 镁离子含量　　C. 铁离子含量　　D. 钙镁离子含量

14. 下列对氨羧配位剂的叙述不正确的是（　　）。

    A. 氨羧配位剂是一类有机通用型配合试剂的总称

    B. 氨羧配位剂能与金属离子形成多个五元环

    C. 常用的氨羧配位剂有 EDTA、NTA、DCTA、EGTA 等

    D. 最常用的氨羧配位剂是 NTA

15. 直接配位滴定终点呈现的是（　　）的颜色。

    A. 金属—指示剂配合物　　　　　　B. 配位剂—指示剂混合物

    C. 游离金属指示剂　　　　　　　　D. 配位剂—金属配合物

16. Al^{3+} 能封闭铬黑 T 指示剂，加入（　　）可解除。

    A. 三乙醇胺　　　　B. KCN　　　　　C. NH_4F　　　　D. NH_4SCN

17. 将 $0.560\,0$ g 含钙试样溶解成 250 mL 试液，用 $0.020\,00$ mol/L 的 EDTA 溶液滴定，消耗 30.00 mL，则试样中 CaO 的含量为（　　）%（$M_{CaO}=56.08$ g/mol）。

    A. 3.00　　　　　　B. 6.01　　　　　　C. 12.02　　　　　D. 30.00

18. 滴定近终点时，滴定速度一定要慢，摇动一定要特别充分，原因是（　　）。

    A. 指示剂易发生僵化现象　　　　　B. 近终点时存在滴定突跃

    C. 指示剂易发生封闭现象　　　　　D. 近终点时溶液不易混匀

19. 在配位滴定中，直接滴定法的条件包括（　　）。

    A. $\lg cK'_{MY}\leqslant 8$　　　　　　　　　B. 溶液中无干扰离子

    C. 有变色敏锐、无封闭作用的指示剂　D. 反应在酸性溶液中进行

20. 下列拟订操作规程中不属于配位滴定方式选择过程中涉及的问题的是（　　）。

    A. 共存物在滴定过程中的干扰

    B. 指示剂在选定条件下的作用

    C. 反应速度对滴定过程的影响

    D. 酸度变化对滴定方式的影响

二、多选题

1. 在配位滴定中，指示剂应具备的条件是（　　）。

    A. $K_{MIn}<K_{MY}$　　　　　　　　　B. 指示剂与金属离子显色要灵敏

    C. MIn 应易溶于水　　　　　　　　D. $K_{MIn}>K_{MY}$

2. EDTA 作为配位剂具有的特性是（　　）。

    A. 生成的配合物稳定性很高

    B. 能提供 6 对电子，所以 EDTA 与金属离子形成 1∶1 配合物

    C. 生成的配合物大都难溶于水

    D. 均生成无色配合物

3. 关于 EDTA，下列说法正确的是(　　)。

　　A. EDTA 是乙二胺四乙酸的简称

　　B. 分析工作中一般用乙二胺四乙酸二钠盐块

　　C. EDTA 与 Ca^{2+} 以 1∶2 的比例配合

　　D. EDTA 与金属离子配位形成配合物

4. 在配位滴定中，消除干扰离子的方法有(　　)。

　　A. 掩蔽法　　　　　B. 预先分离法　　　　C. 改用其他滴定剂法　D. 控制溶液酸度法

5. 标定 EDTA 溶液的基准试剂有(　　)。

　　A. MgO　　　　　　B. ZnO　　　　　　　C. $CaCO_3$　　　　　　D. 锌片　　　　E. 铜片

6. 产生金属指示剂的僵化现象不是因为(　　)。

　　A. 指示剂不稳定　　B. MIn 溶解度小　　C. $K'_{MIn} < K'_{MY}$　　　D. $K'_{MIn} > K'_{MY}$

7. EDTA 配位滴定法，消除其他金属离子干扰常用的方法有(　　)。

　　A. 加掩蔽剂　　　　　　　　　　　B. 使其形成沉淀

　　C. 改变金属离子价态　　　　　　　D. 萃取分离

8. 提高配位滴定的选择性可采用的方法是(　　)。

　　A. 增大滴定剂的浓度　　　　　　　B. 控制溶液温度

　　C. 控制溶液的酸度　　　　　　　　D. 利用掩蔽剂消除干扰

9. 在 EDTA 配位滴定中，下列有关掩蔽剂的叙述正确的是(　　)。

　　A. 配位掩蔽剂必须可溶且无色

　　B. 氧化还原掩蔽剂必须改变干扰离子的价态

　　C. 掩蔽剂的用量越多越好

　　D. 掩蔽剂最好是无毒的

10. 水的总硬度测定中，测定的是水中(　　)的量。

　　A. 钙离子　　　　　　B. 镁离子　　　　　　C. 铁离子　　　　　　D. 锌离子

三、判断题

1. EDTA 标准溶液一般用直接配制法配制。　　　　　　　　　　　　　　　　　　(　　)

2. 氨水溶液不能装在铜质容器中，其原因是发生配位反应，生成 $[Cu(NH_3)_4]^{2+}$，使铜溶解。　　　　　　　　　　　　　　　　　　　　　　　　　　　　　　　　　　　(　　)

3. 溶液的 pH 越小，金属离子与 EDTA 配位反应能力越低。　　　　　　　　　　(　　)

4. 金属指示剂是指示金属离子浓度变化的指示剂。　　　　　　　　　　　　　　(　　)

5. 在测定水硬度的过程中、加入 NH_3—NH_4Cl 是为了保持溶液酸度基本不变。　(　　)

6. 造成金属指示剂封闭的原因是指示剂本身不稳定。　　　　　　　　　　　　　(　　)

7. EDTA 在水溶液中有 7 种形式。　　　　　　　　　　　　　　　　　　　　　(　　)

8. 在水的总硬度测定中，必须依据水中 Ca^{2+} 的性质选择滴定条件。　　　　　(　　)

9. 配位滴定一般在缓冲溶液中进行。　　　　　　　　　　　　　　　　　　　　(　　)

10. 滴定 Ca^{2+}、Mg^{2+} 总量时要控制 pH≈10，而滴定 Ca^{2+} 分量时要控制 pH 为 12～13。若在 pH>13 时测 Ca^{2+}，则无法确定终点。　　　　　　　　　　　　　　　　　(　　)

四、计算题

1. 称取 $CaCO_3$ 基准物质 1.000 0 g，用 HCl 溶解后，在容量瓶中稀释至 250 mL，取 25 mL 标定 EDTA 标准溶液，消耗 EDTA 溶液 21.00 mL，计算 EDTA 的浓度是多少。

2. 用配位滴定法测定氯化锌($ZnCl_2$)的含量。称取 0.2 500 g 试样，溶于水后，稀释至 250 mL，吸取 25 mL，在 pH=5～6 时，用二甲酚橙作为指示剂，用 0.010 24 mol/L 的 EDTA 标准溶液滴定，用去 17.61 mL，计算试样中 $ZnCl_2$ 的质量分数。

模块七　有得有失，推陈出新——氧化还原滴定分析

　　2016 年的里约热内卢奥运会上，玛利亚·伦克水上项目中心的泳池成为舆论关注热点，原本两个天蓝色的水池，一个水池一夜之间变成了绿色，与旁边没有变色的水池形成鲜明对比。这究竟是怎么一回事呢？通过几天的调查，终于找到了水池发绿的原因。

　　巴西的工作人员表示，在清洗奥运比赛水池时使用双氧水，误与氯混合使用，将氯气中和，浮藻得以滋生，才会令水池变绿。氯气作为常用的池水消毒剂，能够起到杀菌作用，还能彻底地氧化有机物，使水体呈现出令人心旷神怡的蔚蓝色。双氧水是无色透明的液体，是一种强氧化剂，适用于医用伤口消毒、环境消毒和食品消毒。双氧水一般不适用于泳池行业使用，与氯消毒剂会发生反应产生氯化氢(盐酸)和氧气，使得池水中的藻类快速繁衍，因此使水变绿。你知道这次事件的罪魁祸首双氧水的主要成分是什么吗？

学习目标

知识目标：
1. 了解氧化还原反应的实质及特点；
2. 了解氧化还原指示剂的使用范围；
3. 掌握高锰酸钾法、重铬酸钾法、碘量法的基本原理、滴定条件；
4. 掌握氧化还原滴定法的应用。

能力目标：
1. 能够熟练进行高锰酸钾法、重铬酸钾法、碘量法标准溶液的配制与标定；
2. 能够正确选择提高配位滴定选择性的方法；
3. 能够正确使用氧化还原滴定法测氧化性或还原性物质的含量。

素养目标：
1. 具备辩证思维能力；
2. 具备实事求是的科学态度和严谨的科学作风；
3. 具备团队合作意识和交流沟通能力。

模块导学

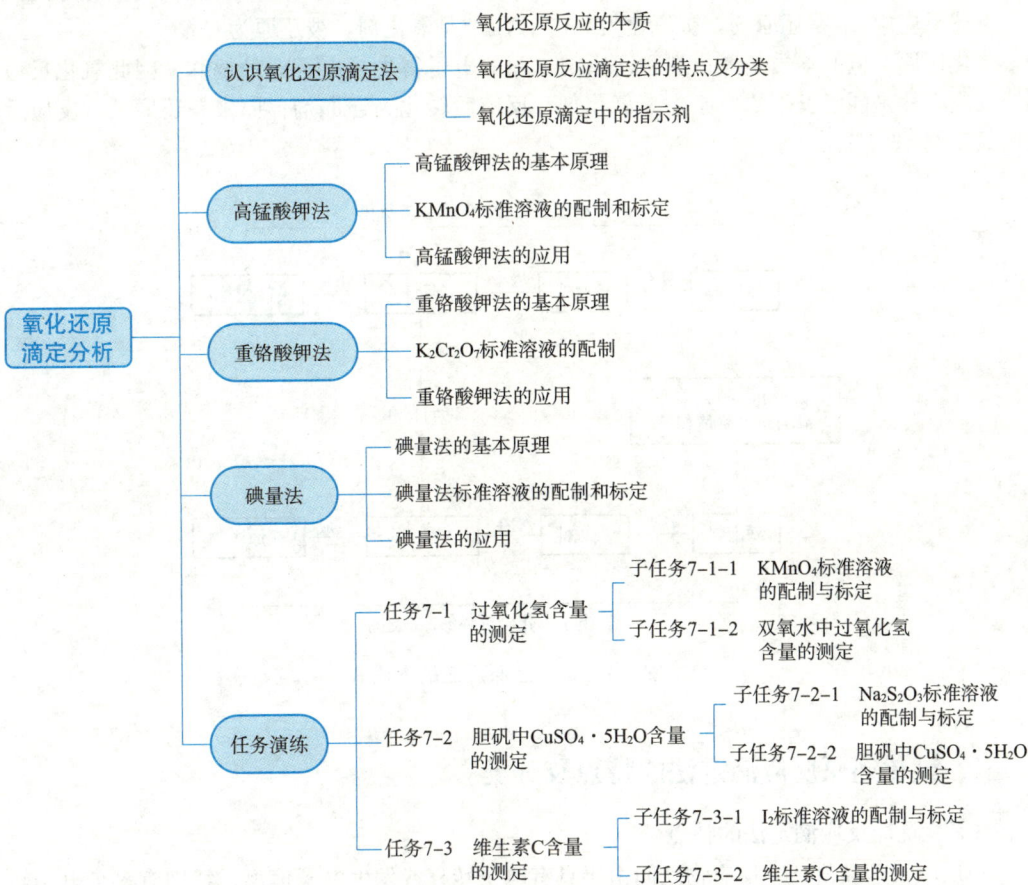

任务资讯

氧化还原滴定法是以氧化还原反应为基础的一种滴定分析方法，是滴定分析中应用较广泛的分析方法之一。它不仅可用于无机分析，而且可以广泛用于有机分析，许多具有氧化性或还原性的有机物都可以用氧化还原滴定法来测定。

知识点一　认识氧化还原滴定法

一、氧化还原反应的本质

氧化还原反应在工农业生产、科学技术和日常生活中随处可见，如铁生锈、汽车自燃、神九升天、食品中残留二氧化硫含量的测定等。

物质在化学反应中有电子得失或者电子对发生偏移的反应，称为氧化还原反应。如锌与铜离子作用，生成锌离子和铜，反应式如下。

$$Zn + Cu^{2+} = Zn^{2+} + Cu$$

在氧化还原反应中，物质失去电子或化合价升高的过程叫作氧化；物质得到电子或化合价降低的过程叫作还原。

失去电子的物质叫作还原剂，它本身被氧化；得到电子的物质叫作氧化剂，它本身被还原。上述反应中 Zn 是还原剂，被氧化为 Zn^{2+}；Cu^{2+} 是氧化剂，被还原为 Cu。

氧化还原反应的本质是氧化剂和还原剂之间的电子得失或电子对的偏移。因此氧化反应和还原反应必然是同时发生的。原来是氧化剂，反应后转化为还原剂；原来是还原剂，反应后转化为氧化剂(图 7-1)。

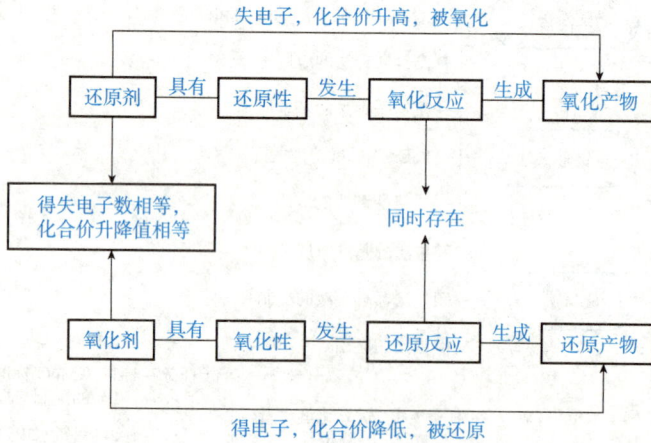

图 7-1　氧化还原反应的本质

二、氧化还原反应滴定法的特点及分类

1. 氧化还原反应滴定法的特点

(1)反应机理较复杂。反应物之间由于具有电子转移或发生电子偏离，特别有多个电子转移时，反应往往分步进行，反应速率较慢。

(2)副反应较多，反应条件要求严格。因为滴定分析中的标准溶液大多是强氧化剂，能与多种物质发生氧化还原反应，所以必要时采用多种排除干扰措施，才能得到准确的分析结果。

(3)应用范围广。能应用于氧化还原滴定法的反应较多，氧化还原滴定法不仅可以直接测定具有氧化还原性质的物质，而且可以间接测定能和氧化剂或还原剂发生定量反应的物质。

2. 氧化还原滴定分析的条件

能够用于氧化还原滴定分析的化学反应必须具备下列条件。

(1)反应能够定量进行。一般认为滴定剂和被滴定物质对应的电子对的条件电极电位差大于 0.40 V，反应就能定量进行。

(2)有足够快的反应速率。

(3)有适当的方法或指示剂指示反应的终点。

由于上述条件的限制，不是所有的氧化还原反应都能用于滴定分析。有些反应从理论上看进行得很完全，但由于反应速率太慢而无实际意义。因此，在分析检测中，通常关注滴定反应的快慢和滴定终点的确定问题。

3. 氧化还原反应滴定法的分类

按滴定分析中所应用的氧化剂或还原剂不同，氧化还原滴定法可以分为高锰酸钾法、重铬酸钾法、碘量法、硫酸铈法、溴酸钾法等。

三、氧化还原滴定中的指示剂

在氧化还原滴定中，常用以下几类指示剂在化学计量点附近颜色的改变来指示终点。

1. 自身指示剂

以滴定剂本身颜色的变化就能指示滴定终点的物质，叫作自身指示剂。在氧化还原滴定中，有的滴定剂或被测物质本身具有很深的颜色，而滴定产物为无色或颜色很浅，则滴定时无须再加指示剂，以它们自身颜色的变化确定终点。例如，用 $KMnO_4$ 标准溶液滴定 $C_2O_4^{2-}$ 的反应，$KMnO_4$ 本身是紫红色，而产生的 Mn^{2+} 溶液接近无色，滴定到化学计量点时，稍微过量 $KMnO_4$，就使被测溶液呈粉红色，指示终点，$KMnO_4$ 既是标准溶液，又是指示剂。

$$2MnO_4^- + 5C_2O_4^{2-} + 16H^+ =\!=\!= 2Mn^{2+} + 10CO_2\uparrow + 8H_2O$$

高锰酸钾为紫红色，Mn^{2+} 呈无色。过量的半滴 $KMnO_4$，溶液变粉色。

2. 特殊指示剂

本身不具有氧化还原性，但能与滴定剂或被测物反应生成有特殊颜色的物质而指示终点的，称为特殊指示剂或专属指示剂。例如，在碘量法中，用可溶性淀粉作为指示剂。

可溶性淀粉溶液能与 I_2 作用生成深蓝色配合物，当 I_2 完全被还原成 I^- 时，深蓝色消失，当 I^- 被氧化为 I_2 时，蓝色出现，反应非常灵敏。可根据蓝色的出现或消失指示终点，因此淀粉是碘量法的特殊指示剂。

3. 氧化还原指示剂

氧化还原指示剂是一些本身具有氧化还原性质的复杂有机化合物，它的氧化型和还原型具有不同的颜色，在滴定过程中，指示剂因被氧化或被还原溶液的颜色发生变化，从而可以用来指示终点。例如，二苯胺磺酸钠是一种常用的氧化还原指示剂，它的还原型是无色的，氧化型是紫红色的。用 $K_2Cr_2O_7$ 溶液滴定 Fe^{3+}，以二苯胺磺酸钠为指示剂，则滴定到化学计量点时，稍微过量的 $K_2Cr_2O_7$ 溶液使二苯胺磺酸钠由无色的还原态氧化为紫红色的氧化态，以指示终点的到达。

在酸碱滴定过程中，我们研究的是溶液中 pH 的改变情况。在氧化还原滴定过程中，要研究的是由氧化剂和还原剂浓度的改变所引起的电极电位的改变情况，氧化型物质得到电子，生成还原型物质，氧化型与还原型浓度相等时，达到指示剂变色点，此时溶液呈两种型体的混合色，若氧化型与还原型浓度之比不小于 10，溶液显甲色，若氧化型与还原型浓度之比不大于 0.1，溶液显乙色，通过能斯特方程可以计算出指示剂的电位变色范围。

$$In(OX) + ne^- \rightleftharpoons In(Red)\quad 该反应为可逆反应$$

氧化型　　　　　还原型
颜色甲　　　　　颜色乙

4. 氧化还原滴定指示剂的选择原则

(1)滴定时，若能根据滴定剂或被测物的颜色来判断终点，就不需要另加指示剂，能使用特殊指示剂的就使用特殊指示剂，只有上述两种方法都不能使用时，才选用氧化还原指示剂。

(2)选择氧化还原指示剂时，应使指示剂变色的电极电位范围部分或全部处于滴定突跃的电极电位范围之内。由于氧化还原指示剂的变色范围很小，因此在实际选择指示剂时，只要指示剂的条件电位处于滴定突跃范围之内就可以，并尽量使指示剂变色点的电极电位与化学计量点的电极电位接近，以减小终点误差。

不同的氧化还原指示剂有不同的变色范围，见表 7-1。

表 7-1　几种氧化还原指示剂的标准电极电位

指示剂	$E_{In}^{\ominus}([H^+]=1\ mol/L)/V$	颜色		指示剂溶液
		氧化态	还原态	
亚甲基蓝	0.53	蓝	无色	0.05％水溶液
二苯胺	0.76	紫	无色	0.1％浓 H_2SO_4 溶液
二苯胺磺酸钠	0.84	紫红	无色	0.05％水溶液
邻苯氨基苯甲酸	0.89	紫红	无色	0.1％ Na_2CO_3 溶液
邻二氮菲亚铁	1.06	浅蓝	红	0.025 mol/L 水溶液
硝基邻二氮菲亚铁	1.25	浅蓝	紫红	0.025 mol/L 水溶液

（3）终点时指示剂的颜色变化要明显，便于观察。如用 $Cr_2O_7^{2-}$ 标准溶液滴定 Fe^{2+} 溶液时，选用二苯胺磺酸钠做指示剂，终点时溶液由亮绿色变为深紫色，颜色变化十分明显。

知识点二　高锰酸钾法

一、高锰酸钾法的基本原理

高锰酸钾法是以 $KMnO_4$ 作为标准溶液的氧化还原滴定法。高锰酸钾是一种强氧化剂，其氧化能力及还原产物与介质酸度有关。

在强酸性溶液中，MnO_4^- 还原为 Mn^{2+}：

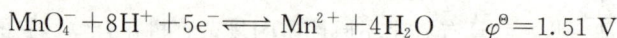
$$MnO_4^- + 8H^+ + 5e^- \Longleftrightarrow Mn^{2+} + 4H_2O \qquad \varphi^{\ominus} = 1.51\ V$$

在中性或弱碱性溶液中，MnO_4^- 还原为 MnO_2：

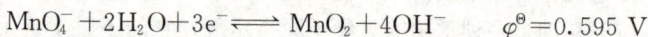
$$MnO_4^- + 2H_2O + 3e^- \Longleftrightarrow MnO_2 + 4OH^- \qquad \varphi^{\ominus} = 0.595\ V$$

在 OH^- 浓度大于 2 mol/L 的碱溶液中，MnO_4^- 与很多有机物反应，还原为 MnO_4^{2-}：

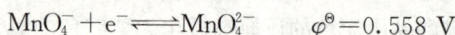
$$MnO_4^- + e^- \Longleftrightarrow MnO_4^{2-} \qquad \varphi^{\ominus} = 0.558\ V$$

高锰酸钾法在各种介质条件下均能应用，因其在酸性介质中有更强的氧化性，一般在强酸性条件下使用。为防止 Cl^-（具有还原性）和 NO_3^-（酸性条件下具有氧化性）的干扰，其酸性介质不能用 HCl 或 HNO_3，通常用 H_2SO_4。在碱性条件下，高锰酸钾氧化有机物的反应速率较快，故滴定有机物常在碱性介质中进行。

高锰酸钾法的优点：氧化能力强，可应用于直接、间接、返滴定等多种滴定分析，可对无机物、有机物进行滴定，应用很广，且高锰酸钾溶液为紫红色，无须另加指示剂，本身也可作为指示剂。

高锰酸钾法的缺点：标准溶液的稳定性不够，不能长时间保存，而且因为氧化性太强，可以和很多还原性物质发生作用，所以干扰比较严重，滴定的选择性较低。

二、$KMnO_4$ 标准溶液的配制和标定

市售高锰酸钾试剂纯度为质量分数 99％左右，常含有少量的 MnO_2 及其他杂质，使用的蒸馏水中也含有少量如尘埃、有机物等还原性物质。这些物质都能使 $KMnO_4$ 还原而析出 $MnO(OH)_2$ 沉淀，这些生成物及热、光、酸、碱等外界条件的改变均会促进 $KMnO_4$ 的分解，因此 $KMnO_4$ 标准滴定溶液只能用间接配制法配制。

1. KMnO₄ 溶液的配制

为配制较稳定的 $KMnO_4$ 溶液，常采取以下措施。

(1)配制时称取稍多于理论量的高锰酸钾溶于一定体积的蒸馏水中。

(2)将配好的 $KMnO_4$ 溶液加热至沸腾，保持微沸约 1 h，然后放置 2～3 天，使溶液中可能存在的还原性物质完全氧化。

(3)用微孔玻璃漏斗或玻璃棉滤去二氧化锰沉淀。

(4)滤液储存于棕色瓶中，暗处保存，最后用基准物质标定。

2. KMnO₄ 溶液浓度的标定

标定 $KMnO_4$ 溶液的基准物质很多，如 $Na_2C_2O_4$、$(NH_4)_2Fe(SO_4)_2 \cdot 6H_2O$、$H_2C_2O_4 \cdot 2H_2O$ 和纯铁丝等。其中常用的是 $Na_2C_2O_4$，它易提纯且性质稳定，不含结晶水，在 105～110 ℃烘 2 h 至恒重，冷却后即可使用。在 H_2SO_4 介质中 $Na_2C_2O_4$ 与 $KMnO_4$ 的反应如下：

$$2MnO_4^- + 5C_2O_4^{2-} + 16H^+ = 2Mn^{2+} + 10CO_2 + 8H_2O$$

为了使标定反应能定量较快地进行，标定时应注意以下滴定条件。

(1)温度。室温下这个反应的速率缓慢，因此常将 $Na_2C_2O_4$ 溶液加热至 75～85 ℃再进行滴定。不能使温度超过 90 ℃，否则 $H_2C_2O_4$ 分解，导致标定结果偏高。

$$H_2C_2O_4 \longrightarrow CO_2\uparrow + CO\uparrow + H_2O$$

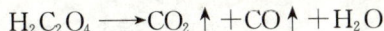

(2)酸度。溶液应保持足够大的酸度，一般控制酸度为 0.5～1 mol/L。如果酸度不足，$KMnO_4$ 易生成 MnO_2 沉淀，酸度过高则又会使 $H_2C_2O_4$ 分解。

(3)滴定速度。MnO_4^- 与 $C_2O_4^{2-}$ 的反应开始时速度很慢，当有 Mn^{2+} 生成之后，反应速度逐渐加快。因此，开始滴定时，应该等第一滴 $KMnO_4$ 溶液褪色后，再加第二滴。此后，因反应生成的 Mn^{2+} 有自动催化作用而加快了反应速度，随之可加快滴定速度，但不能过快，否则加入的 $KMnO_4$ 溶液会来不及与 $C_2O_4^{2-}$ 反应，就在热的酸性溶液中分解，导致标定结果偏低。

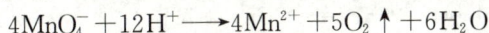

$$4MnO_4^- + 12H^+ \longrightarrow 4Mn^{2+} + 5O_2\uparrow + 6H_2O$$

(4)滴定终点。用 $KMnO_4$ 溶液滴定至溶液呈淡粉红色 30 s 不褪色即为终点。放置时间过长，空气中还原性物质能使 $KMnO_4$ 还原而褪色。

标定好的 $KMnO_4$ 溶液在放置一段时间后，若发现有沉淀析出，应重新过滤并标定。

三、高锰酸钾法的应用

应用高锰酸钾法时，可根据待测物质的性质采用不同的方法。

1. 直接滴定法

许多还原性物质，如 Fe^{2+}、$As(Ⅲ)$、$Sb(Ⅲ)$、H_2O_2、$C_2O_4^{2-}$、NO_2^- 等，可用 $KMnO_4$ 标准溶液直接滴定。

例如，直接滴定法测定 H_2O_2。

在酸性溶液中 H_2O_2 被 MnO_4^- 定量氧化：

$$2MnO_4^- + 5H_2O_2 + 6H^+ = 2Mn^{2+} + 5O_2 + 8H_2O$$

此反应在室温下即可顺利进行。滴定开始时反应较慢，随着 Mn^{2+} 生成而加速，也可先加入少量 Mn^{2+} 为催化剂。

若 H_2O_2 中含有机物质，后者会消耗 $KMnO_4$，使测定结果偏高。这时，应改用碘量法或铈量法测定 H_2O_2。

2. 返滴定法

有些氧化性物质不能用 $KMnO_4$ 溶液直接滴定，可用返滴定法。例如，测定 MnO_2 的含量时，可在 H_2SO_4 溶液中加入过量的 $Na_2C_2O_4$ 标准溶液，待 MnO_2 与 $C_2O_4^{2-}$ 作用完毕后，用 $KMnO_4$ 标准溶液滴定过量的 $C_2O_4^{2-}$。

$$还原：MnO_2+C_2O_4^{2-}+4H^+ \rightleftharpoons Mn^{2+}+2CO_2 \uparrow +2H_2O$$

$$滴定：2MnO_4^-+5C_2O_4^{2-}+16H^+ \rightleftharpoons 2Mn^{2+}+10CO_2 \uparrow +8H_2O$$

3. 间接滴定法

某些非氧化还原性物质，可以用间接滴定法进行测定。例如，测定 Ca^{2+} 时，可首先将 Ca^{2+} 沉淀为 CaC_2O_4，再用稀 H_2SO_4 将所得沉淀溶解，用 $KMnO_4$ 标准溶液滴定溶液中的 $C_2O_4^{2-}$，从而间接求得 Ca^{2+} 的含量。凡能与 $C_2O_4^{2-}$ 定量生成沉淀的金属离子均可采用间接滴定法。

3D 虚拟仿真：钙盐中
钙含量的测定

$$沉淀：Ca^{2+}+C_2O_4^{2-} = CaC_2O_4 \downarrow$$

$$酸溶：CaC_2O_4+2H^+ = H_2C_2O_4+Ca^{2+}$$

$$滴定：2MnO_4^-+5C_2O_4^{2-}+16H^+ \rightleftharpoons 2Mn^{2+}+10CO_2 \uparrow +8H_2O$$

计量关系式：

$$n(Ca^{2+})=n(C_2O_4^{2-})=\frac{5}{2}n(MnO_4^-)$$

知识点三　重铬酸钾法

一、重铬酸钾法的基本原理

重铬酸钾法是以重铬酸钾为标准溶液的氧化还原滴定法。在酸性介质中，重铬酸钾可以被还原剂还原为 Cr^{3+}，其电极反应为

$$Cr_2O_7^{2-}+14H^++6e^- \rightleftharpoons 2Cr^{3+}+7H_2O \qquad \varphi^\ominus =1.33\ V$$

可见 $K_2Cr_2O_7$ 是一种较强的氧化剂，能与许多无机物和有机物反应。由于 Cr^{3+} 易水解，此法只能在酸性条件下使用。

与高锰酸钾法相比，重铬酸钾法优点如下。

(1) $K_2Cr_2O_7$ 易于提纯（可达 99.99%），在 $140\sim250$ ℃干燥后，可以直接称量准确配制成标准溶液。

(2) $K_2Cr_2O_7$ 溶液非常稳定，保存在密闭容器中浓度可以长期保持不变。

(3) $K_2Cr_2O_7$ 的氧化能力虽比 $KMnO_4$ 稍弱些，但不受 Cl^- 还原作用的影响，故可以在盐酸溶液中进行滴定。

在酸性介质中，橙色的 $Cr_2O_7^{2-}$ 还原后生成绿色的 Cr^{3+}，故 $K_2Cr_2O_7$ 本身不能作为指示剂，常用二苯胺磺酸钠等作为指示剂。应该指出的是使用 $K_2Cr_2O_7$ 时应注意废液处理，以防污染环境。

二、$K_2Cr_2O_7$ 标准溶液的配制

$K_2Cr_2O_7$ 标准溶液通常用直接配制法配制。准确称量经 $140\sim150$ ℃烘干的 $K_2Cr_2O_7$ 基准物质，将其溶解后，定量转移至容量瓶中，加一定量的水定容，即得 $K_2Cr_2O_7$ 标准溶液。其浓度（mol/L）由下式计算：

$$c_{K_2Cr_2O_7}=\frac{m_{K_2Cr_2O_7}}{M_{K_2Cr_2O_7} \times V_{K_2Cr_2O_7}}$$

式中，$m_{K_2Cr_2O_7}$ 为重铬酸钾的质量（g）；$M_{K_2Cr_2O_7}$ 为重铬酸钾的摩尔质量（g/mol）；$V_{K_2Cr_2O_7}$ 为重铬酸钾溶液的体积（L）。

三、重铬酸钾法的应用

1. 铁含量的测定

把试样中的铁处理为 Fe^{2+} 的形式，然后用重铬酸钾标准溶液进行滴定：

$$6Fe^{2+} + Cr_2O_7^{2-} + 14H^+ === 6Fe^{3+} + 2Cr^{3+} + 7H_2O$$

滴定反应是在 $H_2SO_4 - H_3PO_4$ 介质中进行的，以二苯胺磺酸钠为指示剂，滴定终点时溶液颜色由绿色突变为紫色。试样中铁含量由下式计算：

$$w_{Fe} = \frac{6 \times c_{K_2Cr_2O_7} \times V_{K_2Cr_2O_7} \times 10^{-3} \times M_{Fe}}{m_{试样}} \times 100\%$$

式中，$c_{K_2Cr_2O_7}$ 为重铬酸钾的浓度（mol/L）；$V_{K_2Cr_2O_7}$ 为重铬酸钾溶液的体积（mL）；M_{Fe} 为铁的摩尔质量（g/mol）；$m_{试样}$ 为试样的质量（g）。

例如，铁矿石中全铁的测定。

铁矿石等试样一般先用 HCl 溶液加热溶解，再加入 $SnCl_2$ 将 Fe^{3+} 还原为 Fe^{2+}，过量的 $SnCl_2$ 用 $HgCl_2$ 氧化除去，然后加入 $1 \sim 2$ mol/L 混酸（$H_2SO_4 - H_3PO_4$），以二苯胺磺酸钠作为指示剂，用 $K_2Cr_2O_7$ 标准溶液滴定 Fe^{2+}，终点时溶液由绿色（Cr^{3+} 的颜色）突变为紫色或紫蓝色。加入 H_3PO_4 可与 Fe^{3+} 生成无色稳定的 $[Fe(HPO_4)]^-$ 配阴离子，一方面消除了 Fe^{3+} 的黄色，有利于终点颜色的观察；另一方面降低了 Fe^{3+}/Fe^{2+} 电子对的电势，使滴定突跃范围增大。

测定过程中发生如下反应：

$$2Fe^{3+} + Sn^{2+} === 2Fe^{2+} + Sn^{4+}$$
$$2HgCl_2 + SnCl_2 === Hg_2Cl_2 + SnCl_4$$
$$Cr_2O_7^{2-} + 6Fe^{2+} + 14H^+ === 2Cr^{3+} + 6Fe^{3+} + 7H_2O$$

2. 水中化学需氧量的测定

化学需氧量（COD）是指在一定条件下用强氧化剂处理水样所消耗的氧化剂的量，通常折算成每升水样消耗氧的质量（单位为 mg/L）。化学需氧量反映了水体受污染的程度。水中各种有机物进行化学氧化反应的难易程度是不同的，因此化学需氧量是在规定条件下水中各种还原剂需氧量的总和。

测定化学需氧量的常用方法有高锰酸钾法和重铬酸钾法。由于重铬酸钾法的氧化程度比高锰酸钾法高，污染严重的水体和工业废水就用重铬酸钾法测定。其测定方法：水样在 H_2SO_4 介质中，以 Ag_2SO_4 作为催化剂，加入已知过量的 $K_2Cr_2O_7$ 标准溶液，加热。待反应完成后，剩余的 $K_2Cr_2O_7$ 以 $1，10$-二氮菲亚铁为指示剂，用 $FeSO_4$ 标准溶液返滴定，终点时溶液颜色由黄色经蓝色最后变为红褐色。

水样的 COD 值计算式如下：

$$\rho_{O_2} = \frac{[V_{FeSO_4} - V_{0FeSO_4}] \times c_{FeSO_4} \times M_{O_2} \times \frac{1}{4} \times 1\,000}{V_{水样}}$$

式中，V_{FeSO_4}、V_{0FeSO_4} 分别为试样测定和空白测定所用 $FeSO_4$ 标准溶液的体积（mL 或 L），c_{FeSO_4} 为硫酸亚铁的浓度（mol/L）；M_{O_2} 为 O_2 的摩尔质量（g/moL）；$V_{水样}$ 为水样体积（mL 或 L）。

知识点四　碘量法

一、碘量法的基本原理

碘量法是以 I_2 作为氧化剂或以 I^- 作为还原剂进行氧化还原滴定的方法。由于 I_2 在水中的溶解度很小（0.001 33 mol/L），且易挥发，实际应用中常把它溶解在 KI 溶液中，以增大其溶解度。

$$I_2 + I^- \rightleftharpoons I_3^-$$

为方便起见，一般仍简写为 I_2。

碘量法利用的半反应为

$$I_2 + 2e^- \rightleftharpoons 2I^- \qquad \varphi^\ominus = 0.545 \text{ V}$$

由电子对 I_2/I^- 电极电位的大小来看，I_2 是较弱的氧化剂，能与较强的还原剂作用；而 I^- 则是中等强度的还原剂，能与许多氧化剂作用。因此，碘量法可分为直接碘量法和间接碘量法。

1. 直接碘量法

直接碘量法是利用 I_2 标准溶液直接滴定还原性物质，反应后，I_2 转化为 I^-。可用 I_2 标准溶液直接滴定 Sn^{2+}、Sb^{3+}、As_2O_3、S^{2-}、SO_3^{2-}、维生素 C 等还原性物质，又称为碘滴定法。

例如，钢铁中硫的测定。试样在近 1 300 ℃ 的燃烧管中通 O_2 燃烧，使钢铁中的硫转化为 SO_2，再用 I_2 标准溶液直接滴定，其反应为

$$I_2 + SO_3^{2-} + H_2O \Longrightarrow 2I^- + SO_4^{2-} + 2H^+$$

以淀粉为指示剂，终点时溶液由无色变为蓝色。

直接碘量法只能在酸性、中性和弱酸性溶液中进行，如果在较强的碱性溶液（pH＞8）中，I_2 会发生如下的歧化反应：

$$3I_2 + 6OH^- \Longrightarrow IO_3^- + 5I^- + 3H_2O$$

给滴定带来误差。

因为 I_2 的氧化性不强，能被其氧化的物质不多，所以直接碘量法应用有限。

2. 间接碘量法

间接碘量法与直接碘量法正好相反，它是利用 I^- 的还原性来测定氧化性物质。首先加入过量 I^- 使其与被测物反应，按计量反应方程式定量析出 I_2，而后用 $Na_2S_2O_3$ 标准溶液滴定析出的 I_2，从而间接测出被测物的含量。由于是用 $Na_2S_2O_3$ 标准溶液滴定析出的 I_2，所以又称为滴定碘法。由于 I^- 是中等强度的还原剂，能被一般氧化剂定量氧化而析出 I_2，因此间接碘量法的应用相当广泛，可用于测定 Cu^{2+}、MnO_4^-、$Cr_2O_4^{2-}$、$Cr_2O_7^{2-}$、H_2O_2、AsO_4^{3-}、SbO_4^{3-}、ClO_4^-、NO_2^-、IO_3^-、BrO_3^-、ClO^-、Fe^{3+} 等氧化性物质。

例如，铜的测定是将过量的 KI 与 Cu^{2+} 反应，定量析出 I_2，然后用 $Na_2S_2O_3$ 标准溶液滴定，其反应如下：

$$2Cu^{2+} + 4I^- \Longrightarrow 2CuI\downarrow + I_2$$
$$2S_2O_3^{2-} + I_2 \Longrightarrow S_4O_6^{2-} + 2I^-$$

3. 提高间接碘量法测定结果准确度的措施

（1）控制溶液酸度。间接碘量法必须在中性或弱酸性溶液中进行，因为在碱性溶液中 I_2 与 $Na_2S_2O_3$ 将发生下列反应：

$$S_2O_3^{2-} + 4I_2 + 10OH^- \Longrightarrow 2SO_4^{2-} + 8I^- + 5H_2O$$

同时，I_2 在较强的碱性溶液中会发生如下歧化反应：

$$3I_2 + 6OH^- \Longrightarrow IO_3^- + 5I^- + 3H_2O$$

在强酸性溶液中，$Na_2S_2O_3$ 溶液会发生歧化分解反应：

$$S_2O_3^{2-} + 2H^+ \Longrightarrow SO_2 + S\downarrow + H_2O$$

并且 I^- 在酸性溶液中易被空气中的 O_2 氧化。

因此，用 $Na_2S_2O_3$ 滴定 I_2 之前，应将溶液的酸度调至中性或弱酸性。

(2)防止 I_2 挥发。

1)加入过量的 KI，一般比理论量大 2～3 倍，使 I_2 生成 I_3^- 以减少挥发。

2)反应时控制溶液温度不能过高，一般在室温下进行。

3)滴定时不能剧烈摇动溶液。

4)适时适量加入指示剂。

间接碘量法的终点常用淀粉指示剂来指示。溶液由蓝色刚好变为无色即为滴定终点。

用 $Na_2S_2O_3$ 标准溶液滴定碘时，应在大部分 I_2 已被还原，溶液呈浅黄色(接近滴定终点)时，才能加入淀粉指示剂且要适量。否则，将会有较多的 I_2 被淀粉胶粒包住，而在滴定时使蓝色褪去减慢，从而影响滴定终点的确定。淀粉溶液应现用现配，若放置太久，则与碘形成的配合物不呈蓝色而呈紫色或红色。这种红紫色吸附配合物使滴定时褪色慢，终点不灵敏。

(3)防止 I^- 被空气中的 O_2 氧化。

1)溶液酸度不能过高，因为碘在强酸性溶液中易被空气中的氧气氧化。

2)在暗处避光操作，因为光线照射能促使上述氧化作用。

3)析出 I_2 后溶液不能放置过久，要及时用 $Na_2S_2O_3$ 溶液滴定。

4)滴定速度要适当加快些。

二、碘量法标准溶液的配制和标定

1. 碘标准溶液的制备

碘可以用升华法提纯到符合直接配制标准溶液的浓度，但因为其具有挥发性和腐蚀性，不宜在分析天平上称量，故通常用间接配制法配制。先配制成近似浓度的溶液然后标定。

为去除碘中的微量碘酸盐杂质，以及中和硫代硫酸钠标准溶液配制时作为稳定剂加入的 Na_2CO_3，配制碘标准溶液时常加入少量盐酸；为避免 KI 的氧化，配制好的碘标准溶液，须盛于棕色瓶中，密闭存放。

I_2 标准溶液的准确浓度，可采用标准溶液比较法，用已知浓度的 $Na_2S_2O_3$ 溶液标定；也可用基准物质进行标定，常用的基准物质为 As_2O_3。

(1)配制。先用托盘天平称取碘，I_2 基本不溶于水，易溶于 KI 溶液，故配制时应将 I_2、KI 与少量的水一起在研钵中研磨后再用水稀释到一定体积，并保存于棕色试剂瓶中于暗处保存以待标定。注意防止溶液遇热、见光及与橡皮等有机物接触，否则浓度会发生变化。

(2)标定。标定 I_2 溶液可用 As_2O_3 基准试剂，也可用已知浓度的 $Na_2S_2O_3$ 标准溶液来标定。As_2O_3 难溶于水，但可以用 NaOH 溶液溶解，使之生成亚砷酸盐：

$$As_2O_3 + 6OH^- \Longrightarrow 2AsO_3^{3-} + 3H_2O$$

标定时先酸化，再用 $NaHCO_3$ 调节 $pH \approx 8.0$，用 I_2 溶液滴定 AsO_3^{3-}，反应定量而快速：

$$AsO_3^{3-} + H_2O + I_2 \longrightarrow AsO_4^{3-} + 2I^- + 2H^+$$

这个反应是可逆的。在中性或微碱性溶液中能定量地向右进行。在酸性溶液中，则 AsO_4^{3-} 氧化 I^- 而析出 I_2。

2. $Na_2S_2O_3$ 标准溶液的配制和标定

固体 $Na_2S_2O_3 \cdot 5H_2O$ 容易风化，并含有少量 S、S^{2-}、SO_3^{2-}、CO_3^{2-} 和 Cl^- 等杂质，因此不能直接配制成浓度准确的溶液，必须先配制成浓度相近的溶液而后标定。

(1)配制。$Na_2S_2O_3$ 溶液不稳定，与水中的 CO_2 和微生物作用会分解，因此配制 $Na_2S_2O_3$ 溶液须用新煮沸并冷却的蒸馏水，并加少量 Na_2CO_3 以使溶液呈微碱性，达到除去 CO_2、杀死细菌、抑制细菌生长的作用。配好的溶液应储于棕色瓶中避免光照，经 8～12 天后再标定。长期保存的 $Na_2S_2O_3$ 溶液应隔 1～2 个月标定一次，如出现浑浊或有硫析出，要过滤后再标定其浓度，或弃去重配。

(2)标定。$Na_2S_2O_3$ 溶液的标定可用基准试剂 $K_2Cr_2O_7$、KIO_3、$KBrO_3$ 及纯铜等，以 $K_2Cr_2O_7$ 最为常用。标定时采用间接碘量法，使 $K_2Cr_2O_7$ 先与过量的 KI 作用，再用欲标定浓度的 $Na_2S_2O_3$ 溶液滴定析出的 I_2。第一步反应为

$$Cr_2O_7^{2-} + 14H^+ + 6I^- \Longrightarrow 3I_2 + 2Cr^{3+} + 7H_2O$$

在酸度较低时此反应完成较慢，若酸度太强，又有使 KI 被空气氧化成 I_2 的危险。因此必须注意酸度的控制，并避光放置 5 min，此反应才能定量完成。析出的 I_2 再用 $Na_2S_2O_3$ 溶液滴定，以淀粉溶液为指示剂。第二步反应为

$$2S_2O_3^{2-} + I_2 \longrightarrow S_4O_6^{2-} + 2I^-$$

根据 $K_2Cr_2O_7$ 的质量及 $Na_2S_2O_3$ 溶液滴定时消耗的体积，可以计算出 $Na_2S_2O_3$ 溶液的准确浓度。

以 $K_2Cr_2O_7$ 为基准物质标定 $Na_2S_2O_3$ 溶液时应注意的问题如下。

1)$K_2Cr_2O_7$ 与 KI 反应时，溶液的酸度越大，反应速率越快，但酸度太大时，I^- 容易被空气中的 O_2 所氧化，所以在开始滴定时酸度一般以 0.2～0.4 mol/L 为宜。

2)$K_2Cr_2O_7$ 与 KI 的反应速率较慢，应将溶液储存于碘量瓶或锥形瓶(盖好表面皿)中，在暗处放置 3～5 min，待反应完全后再以 $Na_2S_2O_3$ 溶液滴定。

3)在以淀粉作为指示剂时，应先以 $Na_2S_2O_3$ 溶液滴定至大部分 I_2 已作用，溶液呈浅黄色，此时再加入淀粉溶液，用 $Na_2S_2O_3$ 溶液继续滴定至蓝色恰好消失，即为终点。淀粉指示剂若加入太早，则大量的 I_2 与淀粉结合成蓝色物质，这一部分碘就不容易与 $Na_2S_2O_3$ 反应，产生误差。通常只需约 30 s 不复现蓝色即认为到达终点。

4)用 $Na_2S_2O_3$ 溶液滴定前，应先用蒸馏水稀释。一是降低酸度，可减少空气中 O_2 对 I^- 的氧化；二是使 Cr^{3+} 的绿色减弱，便于观察滴定终点。但若滴定至溶液从蓝色转变为无色后，又很快出现蓝色，这表明 $K_2Cr_2O_7$ 与 KI 的反应还不完全，应重新标定。如果滴定到终点后，经过几分钟，溶液才出现蓝色，这是由于空气中的 O_2 氧化 I^- 所引起的，不影响标定的结果。

5)所用 KI 溶液中不应含有 KIO_3 和 I_2。如果 KI 溶液显黄色，则应事先用 $Na_2S_2O_3$ 溶液滴定至无色后再使用。

三、碘量法的应用

1. 维生素 C 的测定——直接碘量法

维生素 C 又称抗坏血酸，其分子式为 $C_6H_8O_6$，相对分子质量为 176.12。因为维生素 C 分子中的烯二醇基具有还原性，所以它能被 I_2 定量地氧化成二酮基，其反应式为

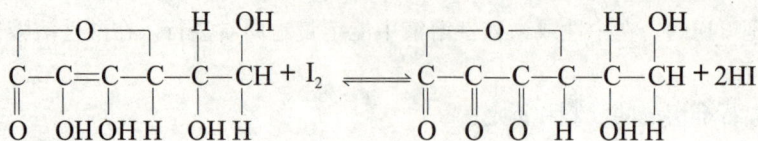

维生素 C 含量的测定方法：准确称取含维生素 C 的试样，溶解在新煮沸且冷却的蒸馏水中，以醋酸酸化，加入淀粉指示剂，迅速用 I_2 标准溶液滴定至终点(呈现稳定的蓝色)。

维生素 C 的还原性很强，在空气中易被氧化，在碱性溶液中更容易被氧化，所以在实验操作中不但要熟练，而且在酸化后应立即滴定。因为蒸馏水中含有溶解氧，所以必须事先煮沸，否则会使测定结果偏低。如果有能被 I_2 直接氧化的物质存在，则对测定有干扰。

2. 铜的测定——间接碘量法

铜合金试样可用 HCl—H_2O_2 溶解，加热煮沸使过量的 H_2O_2 分解，然后将溶液调节至弱酸性(pH=3~4)，加入过量的 KI 使之与 Cu^{2+} 作用生成 CuI 沉淀和 I_2，然后用 $Na_2S_2O_3$ 溶液滴定至浅米色，加入淀粉指示剂，继续滴定至溶液显浅灰色或浅蓝色。有关反应如下：

$$2Cu^{2+} + 4I^- = 2CuI \downarrow + I_2$$
$$2S_2O_3^{2-} + I_2 = S_4O_6^{2-} + 2I^-$$

由于 CuI 沉淀强烈吸附 I_2，这部分 I_2 不与淀粉作用，而使终点提前。为此应在接近终点时加入 KSCN 溶液，使 CuI 转化为溶解度更小的 CuSCN，而 CuSCN 不吸附 I_2，从而使被吸附的那部分 I_2 释放出来，提高测定的准确度。

$$CuI + SCN^- = CuSCN \downarrow + I^-$$

3. 漂白粉中有效氯的测定——间接碘量法

漂白粉的主要成分是 $Ca(ClO)_2$，其他成分为 $CaCl_2$、$Ca(ClO_3)_2$ 及 CaO 等。漂白粉的质量以能释放出来的氯量来衡量，称为有效氯，以含 Cl 的质量分数表示。

测定原理：使试样溶于稀 H_2SO_4 介质中，加过量 KI，反应生成的 I_2 用 $Na_2S_2O_3$ 标准溶液滴定，其主要反应式为

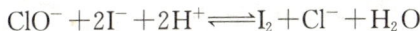

$$ClO^- + 2I^- + 2H^+ \rightleftharpoons I_2 + Cl^- + H_2O$$
$$ClO_2^- + 4I^- + 4H^+ \rightleftharpoons 2I_2 + Cl^- + 2H_2O$$
$$ClO_3^- + 6I^- + 6H^+ \rightleftharpoons 3I_2 + Cl^- + 3H_2O$$
$$2S_2O_3^{2-} + I_2 = S_4O_6^{2-} + 2I^-$$

任务演练

任务 7-1　过氧化氢含量的测定

▌任务描述

大学生小 K 在一次篮球比赛中摔破膝盖，被送到医务室，医生用双氧水帮他处理伤口，言谈间了解到他是检测专业的学生，便问他知不知道双氧水的浓度是多少，小 K 回答不出来，觉得很不好意思。你能告诉他医用双氧水的浓度吗？你是怎样测定的呢？

💡任务小贴士

过氧化氢为强氧化性消毒剂，通过释放大量的氧对细菌进行氧化作用，破坏细菌的蛋白质分子结构、干扰其酶系统功能而达到杀菌效果，有消毒、防腐、除臭及清洁作用，医疗上用于浅表伤口的消毒(对深部溃疡无效)。双氧水需保持容器密封，储存于阴凉、通风的库房，远离火种、热源，应与易(可)燃物、还原剂、食品容器等分开存放，切忌混储。

任务分析

（1）医用双氧水中过氧化氢的含量一般为多少？

（2）本实验的原理是什么？

（3）使用双氧水时需要注意什么问题？

任务流程

任务实施

子任务 7-1-1 KMnO₄ 标准溶液的配制与标定

一、实验原理

固体 $KMnO_4$ 试剂常含少量杂质，主要为二氧化锰，其他杂质为氯化物、硫酸盐、硝酸盐、氯酸盐等。$KMnO_4$ 溶液不稳定，在放置过程中由于自身分解、见光分解、蒸馏水中微量还原性

物质与 MnO_4^- 反应析出 $MnO(OH)_2$ 沉淀等作用致使溶液浓度发生改变。因此，不能用直接配制法制备 $KMnO_4$ 标准滴定溶液，而采用间接配制法。

在酸度为 $0.5\sim1\ mol/L$ 的 H_2SO_4 酸性溶液中，以 $Na_2C_2O_4$ 为基准物质标定 $KMnO_4$ 溶液，反应式为

$$2MnO_4^- + 5C_2O_4^{2-} + 16H^+ \rightleftharpoons 2Mn^{2+} + 10CO_2\uparrow + 8H_2O$$

化学计量点后，稍过量的 $KMnO_4$ 使溶液呈淡红色，以指示终点。

二、仪器、试剂

仪器：电子天平、1 000 mL 烧杯、玻璃砂芯漏斗、吸滤瓶、棕色酸式滴定管、锥形瓶、称量瓶、电炉（或水浴锅）、抽气泵、棕色试剂瓶、50 mL 量筒、表面皿。

试剂：固体 $KMnO_4$（分析纯）、固体 $Na_2C_2O_4$（基准物质）、3 mol/L H_2SO_4 溶液。

三、实验步骤

1. 0.02 mol/L $KMnO_4$ 标准溶液的配制

称取固体高锰酸钾约 1.6 g 于 1 000 mL 烧杯中，加入少量蒸馏水，玻璃棒搅拌，完全溶解后，用蒸馏水稀释至 500 mL。盖上表面皿，加热至微沸并保持 20～30 min（随时加水以补充蒸发损失），冷却后于暗处放置 7～10 d，然后用玻璃砂芯漏斗过滤，除去 MnO_2 等杂质，滤液用棕色试剂瓶保存。若将 $KMnO_4$ 溶液煮沸并在水浴上保温 1 h，冷却后过滤，则不必放置即可标定其浓度。

实操视频：$KMnO_4$ 标准溶液的制备与标定

煮沸加热溶解后倒入洁净的 250 mL 棕色试剂瓶，用水稀释至 250 mL，摇匀，塞好，静止 7～10 d 后使用上层清液，残余溶液和沉淀倒掉，把试剂瓶洗净，将滤液倒回试剂瓶，摇匀，待标定。

2. $KMnO_4$ 标准溶液浓度的标定

准确称取 3 份在 105～110 ℃下烘至恒重的基准物质 $Na_2C_2O_4$ 0.14～0.16 g，放入 250 mL 锥形瓶，加蒸馏水 50 mL 使之溶解。加入 10 mL 3 mol/L H_2SO_4 后加热至 75～85 ℃，趁热用 $KMnO_4$ 溶液滴定。滴定速度要慢，待前一滴溶液褪色后再加入第二滴，至溶液呈淡红色并保持半分钟不褪色即为终点。平行测定 3 次并做空白实验。

四、结果计算

$$c_{KMnO_4} = \frac{\frac{2}{5}m_{Na_2C_2O_4}\times 1\ 000}{M_{Na_2C_2O_4}\times(V_{KMnO_4}-V_0)}$$

式中　$m_{Na_2C_2O_4}$——草酸钠质量（g）；

V_{KMnO_4}——$KMnO_4$ 溶液体积（mL）；

V_0——空白实验消耗 $KMnO_4$ 溶液体积（mL）；

$M_{Na_2C_2O_4}$——草酸钠的摩尔质量（g/mol）。

五、注意事项

（1）滴定终了时温度不能低于 55 ℃，否则会因为反应速度过慢影响终点观察的准确性。

（2）滴定过程中加热可加快反应速率，但如果温度高于 90 ℃，容易引起 $H_2C_2O_4$ 分解及

$KMnO_4$ 转化为 MnO_2。

（3）开始时滴定速度要慢，一定要等前一滴 $KMnO_4$ 的红色完全褪去，再滴入下一滴。若滴定速度过快，部分 $KMnO_4$ 将来不及与 $Na_2C_2O_4$ 反应而在热的酸性溶液中分解。

（4）$KMnO_4$ 颜色较深，读数时应以液面的上沿最高线为准。

六、问题探究

（1）配制 $KMnO_4$ 标准溶液时，为什么要将 $KMnO_4$ 溶液煮沸一定时间并放置数天？配制好的 $KMnO_4$ 溶液为什么要过滤后才能保存？过滤时是否可以用滤纸？

（2）用 $KMnO_4$ 溶液滴定 $Na_2C_2O_4$ 溶液时，为什么开始时的红色褪去很慢，而后来褪去很快？

（3）为什么必须用 H_2SO_4 调节溶液的酸性？是否可用 HCl 或 HNO_3 酸化溶液？

（4）盛放 $KMnO_4$ 溶液的烧杯或锥形瓶等容器放置较久后，其壁上常有棕色沉淀物，它是什么？此棕色沉淀物用通常方法不容易洗净，应怎样洗涤才能除去此沉淀物？

▌任务报告

1. 数据记录

项目	1	2	3
倾样前称量瓶＋$Na_2C_2O_4$ 的质量/g			
倾样后称量瓶＋$Na_2C_2O_4$ 的质量/g			
基准物质 $Na_2C_2O_4$ 的质量 m/g			
$KMnO_4$ 溶液体积初读数/mL			
$KMnO_4$ 溶液体积终读数/mL			
消耗 $KMnO_4$ 溶液体积 V_{KMnO_4}/mL			
空白实验消耗 $KMnO_4$ 溶液体积 V_0/mL			
c_{KMnO_4}/(mol·L^{-1})			
$\bar{c}_{KMnO_4}$/(mol·L^{-1})			
相对极差/%			

2. 结果计算

▌任务反思

子任务 7-1-2　双氧水中过氧化氢含量的测定

一、实验原理

过氧化氢溶液俗称双氧水，既有氧化性，也有还原性。在酸性溶液中、室温条件下，遇到氧化性比它更强的 $KMnO_4$ 时，可被氧化，其反应式为

$$2MnO_4^- + 5H_2O_2 + 6H^+ == 2Mn^{2+} + 5O_2 + 8H_2O$$

使用 $KMnO_4$ 标准溶液滴定 H_2O_2 溶液时，开始反应速度较慢，故应缓慢滴定，待有少量 Mn^{2+} 生成后，因为 Mn^{2+} 对反应有催化作用，所以，反应速度逐渐加快。但接近终点时，溶液中 H_2O_2 的浓度很低，反应速度也比较慢，因此滴定速度应慢一些。当溶液由无色变为微红色时即终点。根据 $KMnO_4$ 标准溶液的用量可计算出样品中 H_2O_2 的含量。

市售的双氧水有两种规格：一种是含量为 30% 的 H_2O_2 溶液；另一种是含量为 3% 的 H_2O_2 溶液。含量为 30% 的浓双氧水，具有较强的腐蚀性和刺激性，需稀释后方可测定。

二、仪器、试剂

仪器：棕色酸式滴定管、250 mL 容量瓶、玻璃棒、25 mL 移液管、洗耳球、锥形瓶、5 mL 量筒。

试剂：3% H_2O_2、0.02 mol/L $KMnO_4$ 标准溶液、3 mol/L H_2SO_4 溶液。

三、实验步骤

用移液管移取 3% H_2O_2 溶液 25.00 mL 于 250 mL 容量瓶中，加水稀释到刻度后摇匀，用移液管移取稀释液 25 mL 于 250 ml 锥形瓶中，加 3 mol/L 的 H_2SO_4 溶液 5 mL，用 $KMnO_4$ 标准溶液滴定至溶液呈淡红色且保持半分钟不褪色即为终点。平行测定 3 次。

实操视频：双氧水中
过氧化氢含量的测定

四、结果计算

$$\rho_{H_2O_2} = \frac{c_{KMnO_4} \times V_{KMnO_4} \times M_{H_2O_2}}{V_{H_2O_2}} \times \frac{5}{2}$$

式中　$\rho_{H_2O_2}$——过氧化氢的质量浓度(g/L)；

c_{KMnO_4}——$KMnO_4$ 溶液的物质的量浓度(mol/L)；

V_{KMnO_4}——消耗 $KMnO_4$ 溶液的体积(mL)；

$M_{H_2O_2}$——H_2O_2 的摩尔质量(g/mol)；

$V_{H_2O_2}$——移取的双氧水的体积(mL)。

五、注意事项

(1)移取 H_2O_2 溶液时注意安全，不可用嘴吸移液管的方法取样。

(2)滴定开始反应慢，故 $KMnO_4$ 标准溶液应逐滴加入，若滴定速度过快，会使 $KMnO_4$ 在强酸性溶液中来不及与 H_2O_2 反应而发生分解，使测定结果偏低。

(3)H_2O_2 溶液有很强的腐蚀性，应防止溅到皮肤和衣物上。

六、问题探究

(1)$KMnO_4$ 与 H_2O_2 反应速度较慢，能否通过加热溶液的方法来加快反应？为什么？

(2)除了 $KMnO_4$ 法，还有什么方法可以测定 H_2O_2 含量？

▌任务报告

1. 数据记录

项目		1	2	3
$c_{KMnO_4}/(mol \cdot L^{-1})$				
$V_{H_2O_2}/mL$				
KMnO₄ 体积/mL	初读数			
	终读数			
	V_{KMnO_4}			
$\rho_{H_2O_2}/(g \cdot L^{-1})$				
$\overline{\rho}_{H_2O_2}/(mg \cdot L^{-1})$				
相对极差/%				

2. 结果计算

▌任务反思

任务评价表

班级：＿＿＿＿＿＿　　姓名：＿＿＿＿＿＿　　学号：＿＿＿＿＿＿　　成绩：＿＿＿＿＿＿

考核项目	考核要点	考核标准	配分	得分
专业能力 (70分)	任务认知程度	认真阅读工作任务单，明确任务内容；分析任务，利用各种学习资源完成相关知识的学习(记笔记、认真听讲、积极讨论等)	10	
		课堂回答、课外作业完成好，并能灵活运用所学知识解答实际问题		
	任务决策计划	计划科学、可行性强	5	
	任务实施过程	实施方案(计划与步骤)详细、可操作性强	5	
		仪器、药品准备充分	3	
		分析天平使用规范，称样量范围≤±5%	5	
		移液管移液、放液等操作规范	5	
		溶液配制正确、容量瓶使用规范	5	

考核项目	考核要点	考核标准	配分	得分
专业能力（70分）	任务实施过程	滴定管操作规范，滴定速度适当，终点判断准确	5	
		原始数据记录及时，有效数字、单位正确	5	
	任务检查评价	工作过程有条理，整洁有序、时间安排合理	2	
		计算方法及结果正确	5	
		标定、测定结果精密度、准确度符合要求，报告规范	10	
		任务完成后能进行总结、反思	5	
职业素质（30分）	工作态度	守纪律(不迟到、早退、喧哗、串岗)、认真仔细、实事求是，无作弊或编造数据等行为	5	
		环保、安全、节约(废纸、废液处理，节约试剂等)	2	
		文明操作(实验台整洁、物品摆放合理等)	2	
	学习能力	运用各种媒体学习、提取信息、获取新知识	2	
		学习中能够发现问题、分析问题、归纳总结、解决问题	2	
	工作能力	按工作任务要求，完成工作任务	2	
		对工作过程和工作质量进行全面、客观的评价	2	
		工作过程中组织、协调、应变能力	2	
	创新能力	学习中能提出不同见解	2	
		工作中提出多种解决问题的思路、完成任务的方案等	2	
	团结协作	服从老师、组长的任务分配，积极参与并按时完成	3	
		能认真对待他人意见，与同学密切协作、互相帮助、互相探讨	2	
		遇到问题商量解决，不互相推诿指责	2	

子任务考核单

班级：_____ 姓名：_____ 学号：_____ 成绩：_____

试题名称	$KMnO_4$ 标准滴定溶液的标定				考核时间	50 min
考核内容	考核要点	配分	评分标准		扣分	得分
操作前准备	(1)实验仪器、用具与试剂检查与清点	5	未检查与清点扣5分			
	(2)天平的检查和调试	5	(1)未检查天平水平扣3分			
			(2)未调试天平零点扣2分			
	(3)滴定管的准备	5	滴定管未查漏、润洗各扣2.5分			
操作过程	(1)标准溶液保存	5	试剂瓶选择错误扣5分，标签信息不全酌情扣1~4分			
	(2)$KMnO_4$ 标准溶液的标定	55	(1)$Na_2C_2O_4$ 称量天平选择不正确扣4分			

试题名称	KMnO₄ 标准滴定溶液的标定			考核时间	50 min
考核内容	考核要点	配分	评分标准	扣分	得分
操作过程	(2)KMnO₄ 标准溶液的标定	55	(2)Na₂C₂O₄ 称量操作不规范扣 4 分		
			(3)Na₂C₂O₄ 称取量偏差过大扣 4 分		
			(4)Na₂C₂O₄ 溶解操作不规范扣 4 分		
			(5)滴定管装液操作不规范扣 4 分		
			(6)滴定管未排气泡扣 5 分		
			(7)滴定管读数错误扣 6 分		
			(8)滴定速度过快扣 3 分		
			(9)终点颜色错误扣 6 分		
			(10)滴定操作不规范扣 5 分		
			(11)未做平行实验扣 5 分		
			(12)未做空白实验扣 5 分		
结果计算	(1)原始记录	5	原始数据记录不规范、信息不全酌情扣 1～5 分		
	(2)测定结果	15	(1)实验极差＞0.000 5 mol/L 扣 5 分		
			(2)计算未减空白扣 5 分		
			(3)结果不准确酌情扣 2～5 分		
文明操作	(1)仪器、设备、用具及实验台面整理	3	实验结束后未整理扣 3 分，未全部归位酌情扣 1～2 分		
	(2)仪器使用登记	2	未登记有关仪器使用记录扣 2 分		
安全及其他	(1)不得损坏仪器、设备及用具或发生事故	—	损坏玻璃仪器按每件 10 分从总分中扣除，发生事故停止操作		
	(2)废液处理	—	废液未放入指定废液杯中从总分中扣 5 分		
	(3)在规定时间内完成操作	—	每超时 1 min 从总分中扣 3 分，超时达 5 min 停止操作		
	合计	100			

任务考核单

班级：_____　　姓名：_____　　学号：_____　　成绩：_____

试题名称	过氧化氢含量的测定			考核时间	50 min
操作项目	具体内容		技能要求	配分	扣分	得分
准备(2)	着装		穿实验用工作服，干净整洁	2		
溶液配制(8)	称量		天平操作正确，读数、记录准确	4		
	保存		试剂瓶选择正确，贴标签	4		

续表

试题名称		过氧化氢含量的测定		考核时间	50 min	
操作项目	具体内容	技能要求		配分	扣分	得分
酸式滴定管的使用(8)	检漏	检漏方法准确		2		
	润洗	蒸馏水冲洗,待测溶液润洗3遍		2		
	排气泡	正确排气泡		2		
	调零	操作准确		2		
标准溶液标定(20)	基准物质称量	称量操作准确		8		
	滴定速度	滴定速度适中,2滴/秒		3		
	终点判定	粉红色30 s不褪色		5		
	读数	读数准确,保留位数准确		4		
样品测定(29)	移液管的使用(12)	润洗	蒸馏水冲洗,待测溶液润洗3遍	3		
		吸液	吸液操作准确	5		
		放液	放液操作准确	4		
	样品测定(17)	加入标准溶液体积	加入体积准确	5		
		滴定速度	滴定速度适中,2滴/秒	3		
		终点判定	粉红色30 s不褪色	5		
		读数	读数准确,保留位数准确	4		
实验结果(25)	原始数据	数据记录准确、完整		5		
	计算	公式正确,计算结果准确		10		
	有效数字	保留位数准确		5		
	精密度	误差≤2%		5		
文明操作(8)	整理	废液处理,清洗实验仪器,整理实验药品,清理台面		4		
	实验室安全	安全操作,完成实验后断水、断电		4		
总分				100		

任务 7-2 胆矾中 $CuSO_4 \cdot 5H_2O$ 含量的测定

▌任务描述

胆矾主要成分为硫酸铜,通常是带结晶水的蓝色结晶,分布于我国西北等气候干燥地区铜矿床的氧化带中。它具有涌吐、解毒、去腐的功效,主治中风、癫痫、喉痹、喉风、痰涎壅塞、牙疳、口疮、烂弦风眼、痔疮、肿毒等症。假设你是某中药制药公司检测中心的检验员,公司新采购了一批胆矾作为原料,请你对其 $CuSO_4 \cdot 5H_2O$ 含量进行检测。

☀任务小贴士

硫酸铜常用作分析试剂、无机农药,有毒,应密封保存。本实验过程中颜色变化较多,需要认真辨别。

任务分析

(1)本实验用到哪种滴定方法？

(2)本实验指示剂加入的时间与其他实验有何不同？

(3)完成任务的过程中会产生哪些环保方面的问题？你将如何处理？

任务流程

任务实施

子任务 7-2-1　$Na_2S_2O_3$ 标准溶液的配制与标定

一、实验原理

$Na_2S_2O_3$ 试剂一般含有少量杂质，同时容易风化和潮解，因此，不能直接配制成准确浓度的溶液。配制时，应用煮沸后冷却的蒸馏水，并加少量 Na_2CO_3 抑制细菌的生长，同时为防止光线作用，$Na_2S_2O_3$ 溶液应储存于棕色瓶，放置两周后过滤再标定。

标定 $Na_2S_2O_3$ 常用的基准物质是 $K_2Cr_2O_7$，标定采用间接碘量法，先将 $K_2Cr_2O_7$ 与过量的 KI 作用，再用 $Na_2S_2O_3$ 标准溶液滴定析出的 I_2，以淀粉为指示剂，溶液由蓝色变为亮绿色即终点。

其反应式为

$$Cr_2O_7^{2-} + 14H^+ + 6I^- \Longrightarrow 3I_2 + 2Cr^{3+} + 7H_2O$$

析出的碘用 $Na_2S_2O_3$ 溶液滴定：

$$2S_2O_3^{2-} + I_2 \Longrightarrow S_4O_6^{2-} + 2I^-$$

必须注意，淀粉指示剂应在接近终点时加入，若过早加入，溶液中还剩余很多 I_2，大量的 I_2 被淀粉牢固地吸附，不易完全放出，使终点难以确定。因此，必须在滴定至近终点(溶液呈现浅黄绿色)时，再加入淀粉指示剂。

二、仪器、试剂

仪器：托盘天平、电子天平、称量瓶、棕色酸式滴定管、量筒、碘量瓶、1 000 mL 烧杯、电炉。

试剂：$Na_2S_2O_3$(分析纯)、基准物质 $K_2Cr_2O_7$、KI 固体(分析纯)、2 mol/L H_2SO_4、5 g/L 新配制淀粉指示剂(配制方法：称取 0.5 g 可溶性淀粉放入小烧杯，加水 100 mL 使其成糊状，在搅拌下倒入 90 mL 沸水，微沸 2 min，冷却后转移至 100 mL 试剂瓶，贴上标签)。

三、实验步骤

1. 0.1 mol/L $Na_2S_2O_3$ 标准溶液的配制

称取 13 g 市售硫代硫酸钠于烧杯中，加少量水溶解，加入 0.1 g Na_2CO_3，加水稀释至 500 mL，缓缓煮沸 10 min，冷却后置于暗处密闭静置两周后过滤，待标定。

2. 0.1 mol/L $Na_2S_2O_3$ 标准溶液的标定

准确称取于 120~130 ℃烘干的 $K_2Cr_2O_7$ 基准试剂 0.05~0.075 g 于 250 mL 碘量瓶中，加 25 mL 煮沸并冷却的蒸馏水溶解，加入 2 g 固体 KI 及 10 mL 2 mol/L 的 H_2SO_4 溶液，立即盖上碘量瓶塞，摇匀，瓶口加少量蒸馏水密封，防止 I_2 挥发。在暗处放置 5 min，打开瓶塞，同时用蒸馏水冲洗瓶塞磨口及碘量瓶内壁，加 50 mL 煮沸并冷却的蒸馏水稀释，然后立即用待标定的 $Na_2S_2O_3$ 标准溶液滴定至溶液出现淡黄色时(近终点)，加 2 mL 淀粉指示剂，继续滴定至溶液由蓝色变为亮绿色即终点，记录消耗 $Na_2S_2O_3$ 标准溶液的体积。平行测定 3 次，同时做空白实验。

四、结果计算

$$c_{Na_2S_2O_3} = \frac{m_{K_2Cr_2O_7} \times 1\,000}{M_{K_2Cr_2O_7} \times (V_{Na_2S_2O_3} - V_0)}$$

式中　$m_{K_2Cr_2O_7}$——重铬酸钾质量(g)；

$V_{Na_2S_2O_3}$——$Na_2S_2O_3$ 溶液体积(mL)；

V_0——空白实验消耗 $Na_2S_2O_3$ 溶液体积(mL)；

$M_{K_2Cr_2O_7}$——重铬酸钾的摩尔质量(g/mol)。

五、注意事项

(1)配制 $Na_2S_2O_3$ 溶液时，需要用新煮沸(除去 CO_2 和杀死细菌)并冷却了的蒸馏水，或将 $Na_2S_2O_3$ 试剂溶于蒸馏水中，煮沸 10 min 后冷却，加入少量 Na_2CO_3 使溶液呈碱性，以抑制细菌生长。

（2）配好的溶液储存于棕色试剂瓶中，放置两周后进行标定。$Na_2S_2O_3$ 标准溶液不宜长期储存，使用一段时间后要重新标定，如果发现溶液变浑浊或析出硫，应过滤后重新标定，或弃去再重新配制溶液。

（3）用 $Na_2S_2O_3$ 滴定生成的 I_2 时应保持溶液呈中性或弱酸性。所以常在滴定前用蒸馏水稀释，降低酸度。通过稀释，还可以减少 Cr^{3+} 绿色对终点的影响。

（4）滴定至终点后，经过 $5\sim10$ min，溶液又会出现蓝色，这是由于空气氧化 I^- 所引起的，属正常现象。若滴定到终点后，很快又转变为蓝色，则可能是由于酸度不足或放置时间不够，$K_2Cr_2O_7$ 与 KI 的反应未完全，此时应弃去重做。

六、问题探究

（1）在碘量法中为什么使用碘量瓶而不使用普通锥形瓶？

（2）标定 $Na_2S_2O_3$ 溶液时，为什么淀粉指示剂要在接近终点时才加入？指示剂加入过早对标定结果有何影响？

▌任务报告
1. 数据记录

项目	1	2	3
倾样前称量瓶＋$K_2Cr_2O_7$ 的质量/g			
倾样后称量瓶＋$K_2Cr_2O_7$ 的质量/g			
基准物质 $K_2Cr_2O_7$ 的质量 m/g			
$Na_2S_2O_3$ 溶液体积初读数/mL			
$Na_2S_2O_3$ 溶液体积终读数/mL			
消耗 $Na_2S_2O_3$ 溶液体积 $V_{Na_2S_2O_3}$/mL			
空白实验消耗 $Na_2S_2O_3$ 溶液体积 V_0/mL			
$c_{Na_2S_2O_3}$/(mol·L^{-1})			
$\overline{c}_{Na_2S_2O_3}$/(mol·L^{-1})			
相对极差/%			

2. 结果计算

任务反思

子任务 7-2-2　胆矾中 $CuSO_4 \cdot 5H_2O$ 含量的测定

一、实验原理

在弱酸性溶液中，二价铜与碘化物发生反应，生成的 I_2 以淀粉作为指示剂，用 $Na_2S_2O_3$ 标准溶液滴定，滴定至溶液的蓝色刚好消失即为终点，其反应式为

$$2Cu^{2+} + 4I^- \longrightarrow 2CuI\downarrow + I_2$$
$$2S_2O_3^{2-} + I_2 =\!\!=\!\!= S_4O_6^{2-} + 2I^-$$

为促使 Cu^{2+} 能沉淀完全，必须加入过量的 KI。

溶液的酸度对测定结果有影响，如果酸度过低，则 Cu^{2+} 易水解而使结果偏低，而且反应速度减慢，会使终点拖长；若酸度过高，则 I^- 被空气氧化为 I_2（Cu^{2+} 催化此反应），会使结果偏高。因此，溶液酸化用硫酸或醋酸为宜，若用盐酸，易形成 $CuCl_4^{2-}$ 配离子，不利于沉淀，但少量 HCl 不干扰反应进行。

由于 CuI 沉淀表面吸附 I_2，可在接近终点时加入 KSCN（或 NH_4SCN），使 CuI 沉淀转化为更难溶的 CuSCN 沉淀，反应式为

$$CuI + SCN^- =\!\!=\!\!= CuSCN\downarrow + I^-$$

CuSCN 沉淀吸附 I_2 的倾向性较小，因而可提高测定结果的准确度。

二、仪器、试剂

仪器：电子天平、称量瓶、烧杯、移液管、棕色酸式滴定管、碘量瓶、量筒。

试剂：硫酸铜试样、$Na_2S_2O_3$ 标准溶液、5 g/L 新配制淀粉指示剂、2 mol/L H_2SO_4、10% KI、10%KSCN。

三、实验步骤

准确称取 0.5～0.6 g 硫酸铜试样（$CuSO_4 \cdot 5H_2O$）于 250 mL 碘量瓶中，加入 4 mL 2 mol/L H_2SO_4 溶液和 50 mL 水溶解，加入 10 mL 10% KI 溶液，摇匀后放置 3 min，用 $Na_2S_2O_3$ 标准溶液滴定至溶液呈浅黄色（CuI 沉淀和少量 I_2 的混合色）。加入 3 mL 淀粉指示剂，继续滴定至溶液呈浅蓝色，再加入 10 mL 10% KSCN 溶液，摇匀后，溶液变为深蓝色，继续用 $Na_2S_2O_3$ 标

实操视频：胆矾中
$CuSO_4 \cdot 5H_2O$ 含量的测定

准溶液滴定至蓝色刚好消失为止，此时溶液为米色 CuSCN 悬浮液。记录消耗的 $Na_2S_2O_3$ 标准溶液体积。平行测定 3 次。

四、结果计算

$$w_{CuSO_4 \cdot 5H_2O} = \frac{c_{Na_2S_2O_3} \times V_{Na_2S_2O_3} \times M_{CuSO_4 \cdot 5H_2O}}{m_{样品} \times 1\,000} \times 100\%$$

式中　$w_{CuSO_4 \cdot 5H_2O}$——硫酸铜的质量分数；

　　　$c_{Na_2S_2O_3}$——$Na_2S_2O_3$ 溶液的物质的量浓度(mol/L)；

　　　$V_{Na_2S_2O_3}$——消耗 $Na_2S_2O_3$ 溶液的体积(mL)；

　　　$M_{CuSO_4 \cdot 5H_2O}$——硫酸铜的摩尔质量(g/mol)；

　　　$m_{样品}$——称取的样品质量(g)。

五、注意事项

加 KI 必须过量，使生成 CuI 沉淀的反应更为完全，并使 I_2 形成 I_3^- 增大 I_2 的溶解度，提高滴定的准确度。

六、问题探究

测定 $CuSO_4 \cdot 5H_2O$ 含量时，滴定为什么在弱酸性条件下进行？

■ 任务报告

1. 数据记录

项目		1	2	3
$c_{Na_2S_2O_3}/(mol \cdot L^{-1})$				
$m_{样品}/g$				
$Na_2S_2O_3$ 体积/mL	初读数			
	终读数			
	$V_{Na_2S_2O_3}$			
$w_{CuSO_4 \cdot 5H_2O}/\%$				
$\overline{w}_{CuSO_4 \cdot 5H_2O}/\%$				
相对极差/%				

2. 结果计算

▌任务反思

任务评价表

班级：＿＿＿＿＿＿＿＿　姓名：＿＿＿＿＿＿＿＿　学号：＿＿＿＿＿＿＿＿　成绩：＿＿＿＿＿＿＿＿

考核项目	考核要点	考核标准	配分	扣分
专业能力（70分）	任务认知程度	认真阅读工作任务单，明确任务内容；分析任务，利用各种学习资源完成相关知识的学习（记笔记、认真听讲、积极讨论等）	10	
		课堂回答、课外作业完成好，并能灵活运用所学知识解答实际问题		
	任务决策计划	计划科学、可行性强	5	
	任务实施过程	实施方案（计划与步骤）详细、可操作性强	5	
		仪器、药品准备充分	3	
		分析天平使用规范，称样量范围≤±5%	5	
		碘量瓶选择正确	5	
		指示剂加入时间正确	5	
		滴定管操作规范，滴定速度适当，终点判断准确	5	
		原始数据记录及时，有效数字、单位正确	5	
	任务检查评价	工作过程有条理，整洁有序、时间安排合理	2	
		计算方法及结果正确	5	
		标定、测定结果精密度、准确度符合要求，报告规范	10	
		任务完成后能进行总结、反思	5	
职业素质（30分）	工作态度	守纪律(不迟到、早退、喧哗、串岗)、认真仔细、实事求是，无作弊或编造数据等行为	5	
		环保、安全、节约(废纸、废液处理，节约试剂等)	2	
		文明操作(实验台整洁、物品摆放合理等)	2	
	学习能力	运用各种媒体学习、提取信息、获取新知识	2	
		学习中能够发现问题、分析问题、归纳总结、解决问题	2	
	工作能力	按工作任务要求，完成工作任务	2	
		对工作过程和工作质量进行全面、客观的评价	2	
		工作过程中组织、协调、应变能力	2	
	创新能力	学习中能提出不同见解	2	
		工作中提出多种解决问题的思路、完成任务的方案等	2	
	团结协作	服从老师、组长的任务分配，积极参与并按时完成	3	
		能认真对待他人意见，与同学密切协作、互相帮助、互相探讨	2	
		遇到问题商量解决，不互相推诿指责	2	

子任务考核单

班级：_____　姓名：_____　学号：_____　成绩：_____

试题名称	$Na_2S_2O_3$ 标准滴定溶液的标定			考核时间	50 min
考核内容	考核要点	配分	评分标准	扣分	得分
操作前准备	(1)实验仪器、用具与试剂检查与清点	5	未检查与清点扣5分		
	(2)天平的检查和调试	5	(1)未检查天平水平扣3分		
			(2)未调试天平零点扣2分		
	(3)滴定管的准备	5	滴定管未查漏、润洗各扣2.5分		
操作过程	(1)标准溶液保存	5	试剂瓶选择错误扣5分，标签信息不全酌情扣1~4分		
	(2)$Na_2S_2O_3$ 标准溶液的标定	55	(1)$K_2Cr_2O_7$ 称量天平选择不正确扣4分		
			(2)$K_2Cr_2O_7$ 称量操作不规范扣4分		
			(3)$K_2Cr_2O_7$ 称取量偏差过大扣4分		
			(4)$K_2Cr_2O_7$ 溶解操作不规范扣4分		
			(5)滴定管装液操作不规范扣4分		
			(6)滴定管未排气泡扣5分		
			(7)滴定管读数错误扣6分		
			(8)指示剂加入时间不正确扣3分		
			(9)终点颜色错误扣6分		
			(10)滴定操作不规范扣5分		
			(11)未做平行实验扣5分		
			(12)未做空白实验扣5分		
结果计算	(1)原始记录	5	原始数据记录不规范、信息不全酌情扣1~5分		
	(2)测定结果	15	(1)实验极差>0.000 5 mol/L扣5分		
			(2)计算未减空白扣5分		
			(3)结果不准确酌情扣2~5分		
文明操作	(1)仪器、设备、用具及实验台面整理	3	实验结束后未整理扣3分，未全部归位酌情扣1~2分		
	(2)仪器使用登记	2	未登记有关仪器使用记录扣2分		
安全及其他	(1)不得损坏仪器、设备及用具或发生事故	—	损坏玻璃仪器按每件10分从总分中扣除，发生事故停止操作		
	(2)废液处理	—	废液未放入指定废液杯中从总分中扣5分		
	(3)在规定时间内完成操作	—	每超时1 min从总分中扣3分，超时达5 min停止操作		
合计		100			

任务考核单

班级：_____　　姓名：_____　　学号：_____　　成绩：_____

试题名称		胆矾中 $CuSO_4 \cdot 5H_2O$ 含量的测定		考核时间	50 min	
操作项目	具体内容	技能要求	配分	扣分	得分	
准备(2)	着装	穿实验用工作服，干净整洁	2			
溶液配制 (8)	称量	天平操作正确，读数、记录准确	4			
	保存	试剂瓶选择正确，贴标签	4			
酸式滴定管 的使用(8)	检漏	检漏方法准确	2			
	润洗	蒸馏水冲洗，待测溶液润洗3遍	2			
	排气泡	正确排气泡	2			
	调零	操作准确	2			
标准溶液标定 (20)	基准物质称量	称量操作准确	4			
	滴定速度	滴定速度适中，2滴/秒	4			
	指示剂的使用	加入淀粉指示剂的时间正确	4			
	终点判定	终点颜色准确	4			
	读数	读数准确，保留位数准确	4			
样品 测定 (29)	加入标准溶液体积	加入体积准确	5			
	滴定速度	滴定速度适中，2滴/秒	5			
	指示剂的使用	加入淀粉指示剂的时间正确	5			
	终点判定	终点颜色准确	10			
	读数	读数准确，保留位数准确	4			
实验结果 (25)	原始数据	数据记录准确，完整	5			
	计算	公式正确，计算结果准确	10			
	有效数字	保留位数准确	5			
	精密度	误差≤2%	5			
文明操作 (8)	整理	废液处理，清洗实验仪器，整理实验药品，清理台面	4			
	实验室安全	安全操作，完成实验后断水、断电	4			
总分			100			

任务 7-3　维生素 C 含量的测定

■任务描述

　　维生素 C 又称 L-抗坏血酸，是一种水溶性维生素。水果和蔬菜中维生素 C 含量丰富，其在氧化还原代谢反应中起调节作用，缺乏它会引起坏血病。维生素 C 性质非常不稳定，很容易因为氧化而被破坏。维生素 C 在人体内不能自我合成，因此必须额外从食物中摄入，有人吃维生素 C 药片来补充体内的维生素 C，你知道药片中维生素 C 的含量是多少吗？

任务小贴士

　　碘和碘化钾试剂是碘量法的常用试剂，实验后常产生大量的多种含碘废液。而同时，碘化钾又是比较贵重的化学试剂。如果能够利用含碘废液来提取碘或制备碘化钾，既可以为实验室节省试剂，"变废为宝"，又能在做实验的同时养成积极动脑思考的好习惯，善于发现问题，灵活运用学过的知识解决问题，树立科学正确的思维方法。

任务分析

　　(1)《食品安全国家标准 食品添加剂 维生素 C(抗坏血酸)》(GB 14754—2010)中，测定维生素 C 含量有哪些方法？

　　(2)本实验的原理是什么？

　　(3)测定维生素 C 时需要注意什么问题？

任务流程

子任务 7-3-1　I₂ 标准溶液的配制与标定

一、实验原理

碘可以通过升华法制得纯试剂，但因其升华对天平有腐蚀，故不宜用直接配制法配制碘标准溶液，而应采用间接配制法。标定碘标准溶液时，可以 As_2O_3 作为基准物质，但是由于 As_2O_3 有剧毒，常用已知准确浓度的 $Na_2S_2O_3$ 标准溶液标定碘标准溶液。标定时，用碘溶液滴定一定体积的 $Na_2S_2O_3$ 标准溶液，以淀粉为指示剂，终点时溶液由无色变成蓝色。其反应式为

$$2S_2O_3^{2-} + I_2 = S_4O_6^{2-} + 2I^-$$

二、仪器、试剂

仪器：电子天平、酸式滴定管、碘量瓶、棕色试剂瓶、25 mL 移液管、洗耳球。

试剂：固体 I_2（分析纯）、0.1 mol/L $Na_2S_2O_3$ 标准溶液、固体 KI（分析纯）、5 g/L 淀粉指示剂。

三、实验步骤

1. 0.1 mol/L I_2 标准溶液的配制

称取 6.5 g I_2 置于小烧杯中，再称取 17 g KI，将 KI 分 4～5 次放入装有 I_2 的小烧杯中，每次加水 5～10 mL，反复研磨或搅拌使 I_2 逐渐溶解，溶解部分转入棕色试剂瓶，如此反复直至 I_2 全部溶解。用水多次清洗烧杯并转入棕色试剂瓶，加水稀释至 250 mL，摇匀后放置过夜再标定。

2. 0.1 mol/L I_2 标准溶液的标定

准确移取已知浓度的 $Na_2S_2O_3$ 标准溶液 25.00 mL 于 250 mL 碘量瓶中，加 100 mL 蒸馏水，加入 2 mL 淀粉指示剂，用待标定的 I_2 标准溶液滴定至溶液呈现蓝色为终点。记录消耗 I_2 标准溶液的体积，平行测定 3 次，同时做空白实验。

实操视频：I_2 标准溶液的配制与标定

四、结果计算

$$c_{I_2} = \frac{c_{Na_2S_2O_3} \times V_{Na_2S_2O_3}}{V_{I_2} - V_0} \times \frac{1}{2}$$

式中　c_{I_2}——碘标准溶液的浓度（mol/L）；

$c_{Na_2S_2O_3}$——硫代硫酸钠的浓度（mol/L）；

$V_{Na_2S_2O_3}$——移取的 $Na_2S_2O_3$ 溶液体积（mL）；

V_{I_2}——碘的体积（mL）；

V_0——空白实验消耗 I_2 溶液体积（mL）。

五、注意事项

(1)碘易挥发，浓度变化较快，保存时应特别注意要密封，并用棕色瓶保存放置暗处。

(2)避免碘液与橡皮接触。

(3)配制时碘先和碘化钾溶解，溶解完全后再稀释。

(4)滴定过程中，振动要轻，以避免碘挥发，但接近终点时摇动应激烈一点。

六、问题探究

(1)I_2 溶液应装在什么滴定管中？为什么？

(2)配制 I_2 溶液时，为什么要在溶液非常浓的情况下将 I_2 与 KI 一起研磨，当 I_2 与 KI 溶解后才能用水稀释？过早地稀释会发生什么情况？

▌任务报告

1. 数据记录

项目	1	2	3
$Na_2S_2O_3$ 标准溶液的浓度/(mol·L^{-1})			
移取的 $Na_2S_2O_3$ 溶液体积/mL			
I_2 溶液体积初读数/mL			
I_2 溶液体积终读数/mL			
消耗 I_2 溶液体积 V_{I_2}/mL			
空白实验消耗 I_2 溶液体积 V_0/mL			
c_{I_2}/(mol·L^{-1})			
$\bar{c}_{I_2}$/(mol·L^{-1})			
相对极差/%			

2. 结果计算

▌任务反思

子任务 7-3-2　维生素 C 含量的测定

一、实验原理

维生素 C 分子式为 $C_6H_8O_6$，相对分子质量为 176.12，是预防坏血病及促进身体健康的药品，也是分析化学中常用的掩蔽剂。维生素 C 分子中的烯二醇基具有显著的还原性，可被 I_2 氧化成二酮基，因而可用直接碘量法测定。

维生素 C 的还原性很强，因此可以用碘标准溶液直接滴定。其滴定反应式为

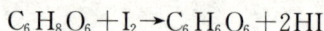

$$C_6H_8O_6 + I_2 \rightarrow C_6H_6O_6 + 2HI$$

由于维生素 C 易被溶液和空气中的氧氧化，在碱性介质中，它的氧化作用更强，因此，滴定必须在酸性介质中进行，以减少副反应的发生。同时考虑到 I^- 在强酸性溶液中也易被氧化，所以，一般选择在 pH 为 3~4 的弱酸性溶液中进行滴定。

二、仪器、试剂

仪器：电子天平、酸式滴定管、锥形瓶、5 mL 量筒。
试剂：维生素 C 样品、2 mol/L 醋酸溶液、5 g/L 淀粉指示剂、0.1 mol/L I_2 标准溶液。

三、实验步骤

准确称取已研成粉末的维生素 C 样品 0.2 g 于锥形瓶中，加入 100 mL 新煮沸并冷却的蒸馏水，10 mL 2 mol/L 醋酸，轻轻摇动使之溶解，加淀粉指示剂 2 mL，立即用 I_2 标准溶液滴定至溶液刚好呈现蓝色，30 s 不褪色即为终点。记录消耗 I_2 标准溶液的体积。平行测定 3 次。

实操视频：维生素 C
含量的测定

四、结果计算

$$w_{Vc} = \frac{c_{I_2} \times V_{I_2} \times M_{Vc}}{m_{样品} \times 1\,000} \times 100\%$$

式中　w_{Vc}——维生素 C 的百分含量（%）；

c_{I_2}——I_2 溶液的物质的量浓度（mol/L）；

V_{I_2}——消耗 I_2 溶液的体积（mL）；

M_{Vc}——维生素 C 的摩尔质量（g/mol）；

$m_{样品}$——称取的样品质量（g）。

五、注意事项

(1)维生素 C 的滴定反应多在酸性溶液中进行，因为在酸性介质中维生素 C 受空气中 O_2 的氧化速度稍慢，较为稳定。但样品溶于稀酸后，仍需立即进行滴定。

(2)维生素 C 在有水或潮湿的情况下易分解。

(3)I_2 易挥发，量取 I_2 标准溶液后应立即盖好瓶塞。

(4)滴定至接近终点时应充分振摇，并减慢滴定速率。

六、问题探究

(1)直接碘量法指示剂何时加入？终点颜色是什么？

(2)为什么要用新煮沸放冷的蒸馏水溶解维生素 C？

(3)测定中加稀醋酸的目的是什么？

■任务报告

1. 数据记录

			1	2	3
	c_{I_2}/(mol·L^{-1})				
	$m_{样品}$/g				
I$_2$ 体积/mL		初读数			
		终读数			
		V_{I_2}			
	wV_c%				
	$\overline{w}V_c$%				
	相对极差/%				

2. 结果计算

■任务反思

任务评价表

班级：＿＿＿＿＿＿　姓名：＿＿＿＿＿＿　学号：＿＿＿＿＿＿　成绩：＿＿＿＿＿＿

考核项目	考核要点	考核标准	配分	扣分
专业能力 (70分)	任务认知程度	认真阅读工作任务单，明确任务内容；分析任务，利用各种学习资源完成相关知识的学习(记笔记、认真听讲、积极讨论等)	10	
		课堂回答、课外作业完成好，并能灵活运用所学知识解答实际问题		
	任务决策计划	计划科学、可行性强	5	
	任务实施过程	实施方案(计划与步骤)详细、可操作性强	5	
		仪器、药品准备充分	3	
		分析天平使用规范，称样量范围≤±5%	5	
		移液管移液、放液等操作规范	5	
		指示剂加入时间正确	5	
		滴定管操作规范，滴定速度适当，终点判断准确	5	
		原始数据记录及时，有效数字、单位正确	5	
	任务检查评价	工作过程有条理、整洁有序、时间安排合理	2	
		计算方法及结果正确	5	
		标定、测定结果精密度、准确度符合要求、报告规范	10	
		任务完成后能进行总结、反思	5	
职业素质 (30分)	工作态度	守纪律(不迟到、早退、喧哗、串岗)、认真仔细、实事求是，无作弊或编造数据等行为	5	
		环保、安全、节约(废纸、废液处理，节约试剂等)	2	
		文明操作(实验台整洁、物品摆放合理等)	2	
	学习能力	运用各种媒体学习、提取信息、获取新知识	2	
		学习中能够发现问题、分析问题、归纳总结、解决问题	2	
	工作能力	按工作任务要求，完成工作任务	2	
		对工作过程和工作质量进行全面、客观的评价	2	
		工作过程中组织、协调、应变能力	2	

考核项目	考核要点	考核标准	配分	扣分
职业素质（30分）	创新能力	学习中能提出不同见解	2	
		工作中提出多种解决问题的思路、完成任务的方案等	2	
		服从老师、组长的任务分配，积极参与并按时完成	3	
	团结协作	能认真对待他人意见，与同学密切协作、互相帮助、互相探讨	2	
		遇到问题商量解决，不互相推诿指责	2	

子任务考核单

班级：_____　姓名：_____　学号：_____　成绩：_____

试题名称	I_2 标准滴定溶液的标定			考核时间：50 min	
考核内容	考核要点	配分	评分标准	扣分	得分
操作前准备	(1)实验仪器、用具与试剂检查与清点	5	未检查与清点扣5分		
	(2)天平的检查和调试	5	(1)未检查天平水平扣3分		
			(2)未调试天平零点扣2分		
	(3)滴定管的准备	5	滴定管未查漏、润洗各扣2.5分		
操作过程	(1)标准溶液保存	5	试剂瓶选择错误扣5分，标签信息不全酌情扣1~4分		
	(2)I_2 标准溶液的标定	55	(1)移取 $Na_2S_2O_3$ 仪器选择不正确扣4分		
			(2)移取 $Na_2S_2O_3$ 操作不规范扣4分		
			(3)移液管放液操作不规范扣4分		
			(4)移液管管尖未停留扣4分		
			(5)滴定管装液操作不规范扣4分		
			(6)滴定管未排气泡扣5分		
			(7)滴定管读数错误扣6分		
			(8)滴定速度过快扣3分		
			(9)终点颜色错误扣6分		
			(10)滴定操作不规范扣5分		
			(11)未做平行实验扣5分		
			(12)未做空白实验扣5分		
结果计算	(1)原始记录	5	原始数据记录不规范、信息不全酌情扣1~5分		
	(2)测定结果	15	(1)实验极差＞0.000 5 mol/L扣5分		
			(2)计算未减空白扣5分		
			(3)结果不准确酌情扣2~5分		

续表

试题 名称	I_2 标准滴定溶液的标定			考核时间： 50 min		
考核 内容	考核要点	配分	评分标准		扣分	得分
文明 操作	(1)仪器、设备、用具及实验台面整理	3	实验结束后未整理扣3分，未全部归 位酌情扣1~2分			
	(2)仪器使用登记	2	未登记有关仪器使用记录扣2分			
安全及 其他	(1)不得损坏仪器、设备及用具或发生 事故	—	损坏玻璃仪器按每件10分从总分中扣 除，发生事故停止操作			
	(2)废液处理	—	废液未放入指定废液杯中从总分中扣 5分			
	(3)在规定时间内完成操作	—	每超时1 min从总分中扣3分，超时 达5 min停止操作			
合计		100				

任务考核单

班级： _____　　姓名： _____　　学号： _____　　成绩： _____

试题名称		维生素 C 含量的测定		考核时间	50 min
操作项目		具体内容	技能要求	配分	扣分	得分
准备(2)		着装	穿实验用工作服，干净整洁	2		
溶液配制 (8)		称量	天平操作正确，读数、记录准确	4		
		保存	试剂瓶选择正确，贴标签	4		
酸式滴定管 的使用(8)		检漏	检漏方法准确	2		
		润洗	蒸馏水冲洗，待测溶液润洗3遍	2		
		排气泡	正确排气泡	2		
		调零	操作准确	2		
标准溶液标定 (20)		基准物质称量	称量操作准确	8		
		滴定速度	滴定速度适中，2滴/秒	3		
		终点判定	终点颜色正确	5		
		读数	读数准确，保留位数准确	4		
样品 测定 (29)	移液管 的使用 (12)	润洗	蒸馏水冲洗，待测溶液润洗3遍	3		
		吸液	吸液操作准确	5		
		放液	放液操作准确	4		
	样品 测定 (17)	加入标准溶液体积	加入体积准确	5		
		滴定速度	滴定速度适中，2滴/秒	3		
		终点判定	终点颜色正确	5		
		读数	读数准确，保留位数准确	4		

续表

试题名称		维生素C含量的测定		考核时间	50 min
操作项目	具体内容	技能要求	配分	扣分	得分
实验结果 （25）	原始数据	数据记录准确、完整	5		
	计算	公式正确，计算结果准确	10		
	有效数字	保留位数准确	5		
	精密度	误差≤2%	5		
文明操作 （8）	整理	废液处理，清洗实验仪器，整理实验药品，清理台面	4		
	实验室安全	安全操作，完成实验后断水、断电	4		
总分			100		

拓展资源

消毒产品的"前世今生"

　　消毒剂是指用于杀灭传播媒介上病原微生物，使其达到无害化要求的制剂。它不同于抗生素，主要作用是将病原微生物消灭于人体之外，切断传染病的传播途径，达到控制传染病的目的，被称为"化学消毒剂"。

　　近代消毒观念的形成和发展，源于现代科学的兴起，源于临床医学的需要。19世纪中叶，塞梅尔维斯对两个产科病房产妇的产褥热病死率进行对比分析后，首创了临床医学消毒的范例。19世纪下半叶，巴斯德等发现细菌，奠定了现代微生物学的基础。流行病学的发展加速现代消毒观念的形成。物理学与化学新技术的发展为消毒方法的更新提供了有利条件，消毒剂产品不断更新换代。

　　第一代消毒产品的有效成分是氯酸钠，生活中常见的消毒产品为84消毒液。84消毒液消毒杀菌率很高，但是刺激性较大并具有很强的腐蚀性，因其发明的年份"1984"而命名。

　　第二代消毒产品的有效成分为对氯间二甲苯酚，成本较高，有轻微毒性，同时也有轻微腐蚀性。生活中常见的产品有滴露消毒液、威露士消毒液等。

　　第三代消毒产品的有效成分是单双链复合季铵盐，生活中常见的产品有安洁全效除菌液等，消毒杀菌率很高，但长期使用易让细菌、病菌产生抗药性。

　　第四代消毒产品的有效成分是二氧化氯。二氧化氯消毒剂是国际上公认的高效消毒灭菌剂。

　　近年来，化学消毒的研究呈现多样化趋势。

　　一是复方化学消毒剂的研究。克服了单独使用时的缺点，并且增加了杀菌作用，深受欢迎。

　　二是老消毒剂新用。一些古老的消毒剂采取克服其缺点的措施后仍可使用。

　　三是新消毒剂的不断出现。二氧化氯被世界卫生组织和世界粮食组织列为A1级安全高效消毒剂。欧美发达国家已广泛应用二氧化氯替代氯气进行饮用水的消毒，以控制饮水中"三致物质"（致癌、致畸、致突变）的产生。

　　生活中，75%的酒精常用于医疗消毒，84消毒液适用于一般物体表面消毒，二氧化氯被视为自来水消毒剂的首选，碘伏可用于皮肤、黏膜的消毒……选择消毒剂时，应根据自己使用的目的和对象不同，仔细查看包装标签及使用说明书，选择卫生安全、有质量保证的产品。

其实，消毒剂的发展史，也是人类公共卫生水平的进步史和卫生健康意识的进步史。新冠肺炎疫情背后所召唤的，不只是把消毒防病的意识融入生活，更重要的是引起人们对公卫事业密切的关注，让疫情防控的警钟长鸣。

另外，滥用消毒剂，未掌握消毒剂的科学配制和使用方法，或家庭储存消毒剂无安全措施(例如，使用饮料瓶盛放消毒剂，造成他人的误服和误用)均可造成消毒剂中毒。大多数消毒剂中毒经过合理处置，都可以很快痊愈。发生意外时可采取以下急救措施：呼吸道吸入接触者，立即脱离现场环境，到空气新鲜处。皮肤黏膜(包括眼睛)接触者，立即使用大量流动清水反复冲洗10 min以上。误服接触者，可口服牛奶、米粥等保护胃肠道黏膜。如果患者接触剂量较大，或者症状持续不改善，应立即送医院救治。

巩固练习

一、单选题

1. 用 $Na_2C_2O_4$ 标定 $KMnO_4$ 溶液时，溶液的温度一般不超过(　　)℃，以防止 $H_2C_2O_4$ 的分解。

  A. 60　　　　　　　B. 75　　　　　　　C. 40　　　　　　　D. 90

2. 在一般情况下，只要两电子对的电极电位之差超过(　　)，该氧化还原反应就可用于滴定分析。

  A. $E_1-E_2 \geqslant 0.30$ V　　　　　　　B. $E_1-E_2 \leqslant 0.30$ V

  C. $E_1-E_2 \geqslant 0.40$ V　　　　　　　D. $E_1-E_2 \leqslant 0.40$ V

3. 标定 I_2 标准溶液的基准物质是(　　)。

  A. As_2O_3　　　　　B. $K_2Cr_2O_7$　　　　　C. Na_2CO_3　　　　　D. $H_2C_2O_4$

4. 标定 $KMnO_4$ 标准溶液的基准物质是(　　)。

  A. $Na_2S_2O_3$　　　　B. $K_2Cr_2O_7$　　　　C. Na_2CO_3　　　　D. $Na_2C_2O_4$

5. 标定 $Na_2S_2O_3$ 溶液的基准试剂是(　　)。

  A. $Na_2C_2O_4$　　　　　　　　　　B. $(NH_4)_2C_2O_4$

  C. Fe　　　　　　　　　　　　　　D. $K_2Cr_2O_7$

6. 间接碘量法对植物油中碘值进行测定时，指示剂淀粉溶液应(　　)。

  A. 滴定开始前加入　　　　　　　　B. 滴定一半时加入

  C. 滴定近终点时加入　　　　　　　D. 滴定终点加入

7. 高锰酸钾一般不能用于(　　)。

  A. 直接滴定　　　B. 间接滴定　　　C. 返滴定　　　D. 置换滴定

8. 下列测定中，需要加热的有(　　)。

  A. $KMnO_4$ 溶液滴定 H_2O_2　　　　　B. $KMnO_4$ 溶液滴定 $Na_2C_2O_4$

  C. 银量法测定水中氯　　　　　　　D. 碘量法测定 $CuSO_4$

9. 在用 $KMnO_4$ 法测定 H_2O_2 含量时，为加快反应可加入(　　)。

  A. H_2SO_4　　　　　　　　　　　B. $MnSO_4$

  C. $KMnO_4$　　　　　　　　　　　D. NaOH

10. $KMnO_4$ 滴定所需的介质是(　　)。

  A. 硫酸　　　　　　　　　　　　　B. 盐酸

  C. 磷酸　　　　　　　　　　　　　D. 硝酸

11. $KMnO_4$ 法测定软锰矿中 MnO_2 的含量时，MnO_2 与 $Na_2C_2O_4$ 的反应必须在热的（　　）条件下进行。

　　A. 酸性　　　　　　B. 弱酸性　　　　　　C. 弱碱性　　　　　　D. 碱性

12. 对高锰酸钾法，下列说法错误的是（　　）。

　　A. 可在盐酸介质中进行滴定　　　　　　B. 直接法可测定还原性物质

　　C. 标准滴定溶液用标定法制备　　　　　　D. 在硫酸介质中进行滴定

13. 用 $KMnO_4$ 标准溶液测定 H_2O_2 时，滴定至粉红色为终点。滴定完成后 5 min 发现溶液粉红色消失，其原因是（　　）。

　　A. H_2O_2 未反应完全　　　　　　B. 实验室还原性气氛使之褪色

　　C. $KMnO_4$ 部分生成了 MnO_2　　　　　　D. $KMnO_4$ 标准溶液浓度太稀

14. 在间接碘量法中，滴定终点的颜色变化是（　　）。

　　A. 蓝色恰好消失　　B. 出现蓝色　　　　C. 出现浅黄色　　　D. 黄色恰好消失

15. 淀粉是一种（　　）指示剂。

　　A. 自身　　　　　　B. 氧化还原型　　　　C. 专属　　　　　　D. 金属

16. 在碘量法中，淀粉是专属指示剂，当溶液呈蓝色时，这是（　　）。

　　A. 碘的颜色　　　　　　　　　　　B. I^- 的颜色

　　C. 游离碘与淀粉生成物的颜色　　　　　　D. I^- 与淀粉生成物的颜色

17. 以 0.01 mol/L $K_2Cr_2O_7$ 溶液滴定 25.00 mL Fe^{3+} 溶液耗去 $K_2Cr_2O_7$ 25.00 mL，每毫升 Fe^{3+} 溶液含的毫克数为（　　）。（$M_{Fe}=55.85$ g/mol）

　　A. 3.351　　　　　　B. 0.335 1　　　　　C. 0.558 5　　　　　D. 1.676

18. 配制 I_2 标准溶液，是将 I_2 溶解在（　　）中。

　　A. 水　　　　　　　B. KI 溶液　　　　　C. HCl 溶液　　　　　D. KOH 溶液

19. 碘量法测定 $CuSO_4$ 含量，试样溶液中加入过量的 KI，下列叙述其作用错误的是（　　）。

　　A. 还原 Cu^{2+} 为 Cu^+　　　　　　B. 防止 I_2 挥发

　　C. 与 Cu^+ 形成 CuI 沉淀　　　　　　D. 把 $CuSO_4$ 还原成单质 Cu

20. 间接碘量法要求在中性或弱酸性介质中进行测定，若酸度太高，则（　　）。

　　A. 反应不定量　　　　　　　　　　B. I_2 易挥发

　　C. 终点不明显　　　　　　　　　　D. I^- 被氧化，$Na_2S_2O_3$ 被分解

二、多选题

1. 高锰酸钾法可以直接滴定的物质为（　　）。

　　A. Ca^{2+}　　　　　　B. Fe^{2+}　　　　　　C. $C_2O_4^{2-}$　　　　　D. Fe^{3+}

2. 配制硫代硫酸钠标准溶液时，以下操作正确的是（　　）。

　　A. 用煮沸冷却后的蒸馏水配制　　　　　　B. 加少许 Na_2CO_3

　　C. 配制后放置 8～10 d 再标定　　　　　　D. 配制后应立即标定

3. 在 $Na_2S_2O_3$ 标准滴定溶液的标定过程中，下列操作错误的是（　　）。

　　A. 边滴定边剧烈摇动

　　B. 加入过量 KI，并在室温和避免阳光直射的条件下滴定

　　C. 在 70～80 ℃恒温条件下滴定

　　D. 滴定一开始就加入淀粉指示剂

4. 以 $KMnO_4$ 法测定 MnO_2 含量时，在下述情况中对测定结果产生正误差的是（　　）。

　　A. 溶样时蒸发太多　　　　　　　　B. 试样溶解不完全

　　C. 滴定前没有稀释　　　　　　　　D. 滴定前加热温度不足 65 ℃

5. 在酸性介质中，以 $KMnO_4$ 溶液滴定草酸盐时，对滴定速度的要求错误的是（　　）。

    A. 滴定开始时速度要快 　　　　　　B. 开始时缓慢进行，以后逐渐加快

    C. 开始时快，以后逐渐缓慢 　　　　D. 一直较快进行

6. 碘量法测定 $CuSO_4$ 含量时，试样溶液中加入过量的 KI，下列叙述其作用正确的是（　　）。

    A. 还原 Cu^{2+} 为 Cu^+ 　　　　　　B. 防止 I_2 挥发

    C. 与 Cu^+ 形成 CuI 沉淀 　　　　D. 把 $CuSO_4$ 还原成单质 Cu

7. 为减小间接碘量法的分析误差，滴定时可采用（　　）方法。

    A. 快摇慢滴 　　　　　　　　　　　B. 慢摇快滴

    C. 开始慢摇快滴，终点前快摇慢滴 　D. 反应时放置暗处

8. 在拟定氧化还原滴定操作中，属于滴定操作应涉及的问题是（　　）。

    A. 称量方式和称量速度的控制

    B. 用什么样的酸或碱控制反应条件

    C. 用自身颜色变化，还是用专属指示剂或用外加指示剂确定滴定终点

    D. 滴定过程中溶剂的选择

9. 配制硫代硫酸钠溶液时，应当用新煮沸并冷却后的纯水，其原因是（　　）。

    A. 除去二氧化碳和氧气 　　　　　　B. 杀死细菌

    C. 使水中杂质都被破坏 　　　　　　D. 使重金属离子水解沉淀

10. 用 $Na_2C_2O_4$ 标定 $KMnO_4$ 的浓度，满足式（　　）。

    A. $n_{KMnO_4}=5n_{Na_2C_2O_4}$ 　　B. $n_{1/5KMnO_4}=n_{1/2Na_2C_2O_4}$ 　　C. $n_{KMnO_4}=2/5n_{Na_2C_2O_4}$ 　　D. $n_{KMnO_4}=5/2n_{Na_2C_2O_4}$

三、判断题

1. $KMnO_4$ 溶液作为滴定剂时，必须装在棕色酸式滴定管中。（　　）

2. 标定 $KMnO_4$ 溶液的基准试剂是碳酸钠。（　　）

3. 在酸性溶液中，以 $KMnO_4$ 溶液滴定草酸盐时，滴定速度应该开始时缓慢进行，以后逐渐加快。（　　）

4. $KMnO_4$ 标准溶液测定 MnO_2 含量，用的是直接滴定法。（　　）

5. 高锰酸钾是一种强氧化剂，介质不同，其还原产物也不同。（　　）

6. 提高反应溶液的温度能提高氧化还原反应的速度，因此在酸性溶液中用 $KMnO_4$ 滴定 $C_2O_4^{2-}$ 时，必须加热至沸腾才能保证正常滴定。（　　）

7. 用碘量法测定铜盐中铜的含量时，除加入足够过量的 KI 外，还要加入少量 KSCN，其目的是提高滴定的准确度。（　　）

8. 间接碘量法能在酸性溶液中进行。（　　）

9. 氧化还原指示剂必须参加氧化还原反应。（　　）

10. 在配制好的硫代硫酸钠溶液中，为了避免细菌的干扰，常加入少量碳酸钠。（　　）

四、计算题

1. 将 0.196 3 g 分析纯 $K_2Cr_2O_7$ 试剂溶于水，酸化后加入过量 KI，析出的 I_2 需用 33.61 mL $Na_2S_2O_3$ 溶液滴定。计算 $Na_2S_2O_3$ 溶液的浓度。

2. 将 1.025 g 二氧化锰矿样溶于浓盐酸中，产生的氯气通入浓 KI 溶液后，将其体积稀释到 250.0 mL。然后取此溶液 25.00 mL，用 0.105 2 mol/L $Na_2S_2O_3$ 标准溶液滴定，需要 20.02 mL。求软锰矿中 MnO_2 的质量分数。

模块八 水滴石长，贵在坚持——沉淀滴定分析

中国是个多溶洞的国家，尤以广西境内的溶洞著称，如桂林的七星岩、芦笛岩等。当我们走进溶洞，看到各种千奇百怪、形态各异的洞内景象时，不禁会在赞叹之余，对这些神奇的景观感到不解。其实，溶洞的形成是石灰岩地区地下水长期溶蚀的结果，石灰岩中不溶性的碳酸钙受水和二氧化碳的作用，能转化为微溶性的碳酸氢钙。由于石灰岩层各部分含石灰质多少不同，被侵蚀的程度不同，就逐渐被溶解分割成互不相依、千姿百态、陡峭秀丽的山峰和奇异景观的溶洞。

溶有碳酸氢钙的水，当从溶洞顶滴到洞底时，水分蒸发或压强减小，以及温度的变化，都会使二氧化碳溶解度减小而析出碳酸钙的沉淀。这些沉淀经过千百万年的积聚，渐渐形成了钟乳石、石笋等。洞顶的钟乳石与地面的石笋连接起来，就会形成奇特的石柱。

在自然界，溶有二氧化碳的雨水，会使石灰石构成的岩层部分溶解，使碳酸钙转变成可溶性的碳酸氢钙，当受热或压强突然减小时溶解的碳酸氢钙会分解重新变成碳酸钙沉淀。大自然长期和多次地重复上述反应，从而形成各种奇特壮观的溶洞。

溶洞的形成并非一朝一夕的事情，它需经历几千万年乃至上亿年时间的打磨。这些经过时间的雕刻，将壮观和神奇呈现在世人面前，让人不得不慨叹大自然的神奇。你见过哪些漂亮的溶洞呢？它周围的环境是否满足上述条件呢？

学习目标 🎯

知识目标：

1. 了解沉淀溶解平衡的特点；
2. 掌握溶度积规则；
3. 掌握银量法的基本原理、滴定条件；
4. 掌握银量法的应用。

能力目标：

1. 能够正确判断沉淀的生成、溶解及转化；
2. 能熟练进行莫尔法、佛尔哈德法、法扬司法标准溶液的配制与标定；
3. 能够正确使用沉淀滴定法测定相关离子的含量。

素养目标：

1. 具备爱国情怀，增强文化自信；
2. 具备积极探索、勇于实践的工作态度；
3. 具备严谨认真、一丝不苟的工作作风。

模块导学

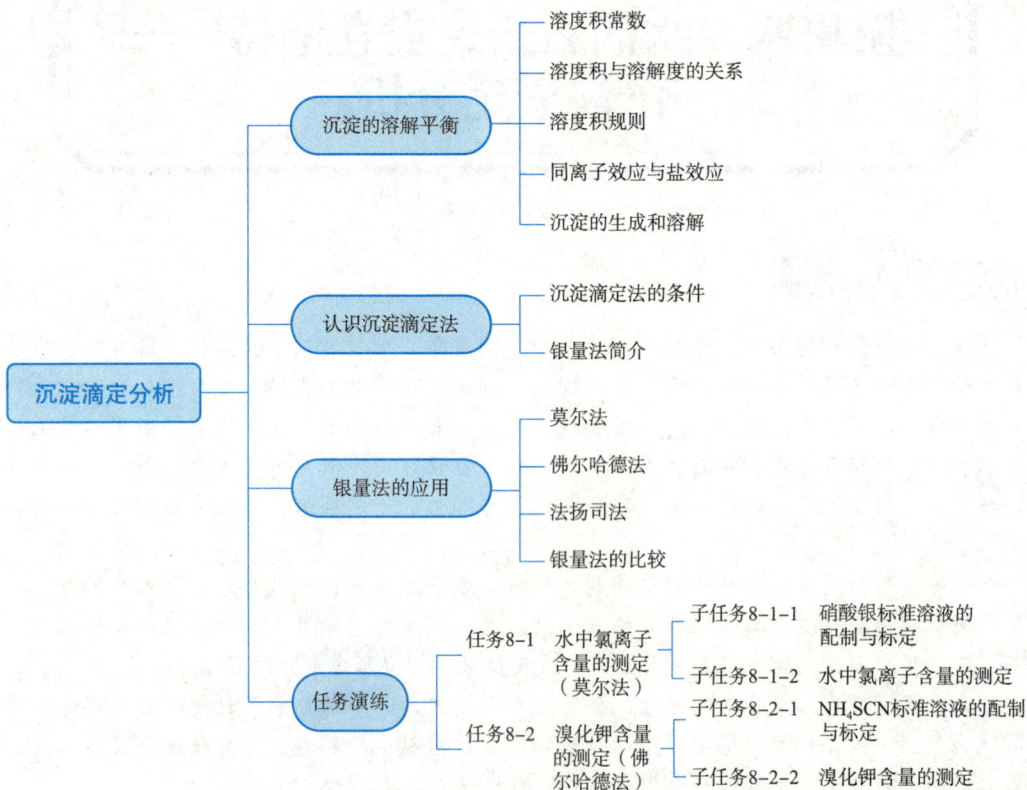

沉淀滴定分析

- 沉淀的溶解平衡
  - 溶度积常数
  - 溶度积与溶解度的关系
  - 溶度积规则
  - 同离子效应与盐效应
  - 沉淀的生成和溶解
- 认识沉淀滴定法
  - 沉淀滴定法的条件
  - 银量法简介
- 银量法的应用
  - 莫尔法
  - 佛尔哈德法
  - 法扬司法
  - 银量法的比较
- 任务演练
  - 任务8-1 水中氯离子含量的测定（莫尔法）
    - 子任务8-1-1 硝酸银标准溶液的配制与标定
    - 子任务8-1-2 水中氯离子含量的测定
  - 任务8-2 溴化钾含量的测定（佛尔哈德法）
    - 子任务8-2-1 NH$_4$SCN标准溶液的配制与标定
    - 子任务8-2-2 溴化钾含量的测定

任务资讯

在生产上，常常要利用沉淀的生成或溶解进行物质的提纯、制备、分离及组成的测定等。掌握影响沉淀生成与溶解平衡的有关因素，才能有效地控制沉淀反应的进行，得到准确的结果。

知识点一　沉淀的溶解平衡

任何电解质在水溶液中都有一定的溶解度，只是溶解的程度不同，有的电解质易溶于水，如 NaCl、KNO$_3$ 等；有的电解质难溶于水，如 AgCl、BaSO$_4$、Mg（OH）$_2$ 等。绝对不溶的电解质是不存在的，人们通常把溶解度小于 0.01g 的物质称为难溶电解质。难溶电解质在水中的溶解能力虽差，但溶解的部分可认为是完全电离的，且以水合离子形式存在，不存在电解质分子；而解离的离子相互碰撞又能重新结合形成沉淀，因而在水中建立一个沉淀溶解平衡。

一、溶度积常数

在一定温度下，将 AgCl 晶体放入水中，晶体表面的 Ag$^+$、Cl$^-$ 在水分子的作用下，脱离晶体进入水溶液，与水分子结合形成自由移动的水合离子，此过程称为物质的溶解。同时，在溶液中不断运动的 Ag^+、Cl^- 又会相互碰撞，重新结合成 AgCl 晶体而沉积到晶体表面，这一过程即是沉淀。在一定温度下，当沉淀和溶解的速率相等时，难溶电解质固体和已解离的离子之间就建立起一个动态平衡状态，称为沉淀溶解平衡。平衡时的溶液也是难溶电解质的饱和溶液，与弱酸、弱碱的化学平衡不同，沉淀溶解平衡是在固体和溶液离子之间建立的，它是一种多相平衡体系。AgCl 的沉淀溶解平衡为

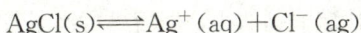

$$AgCl(s) \rightleftharpoons Ag^+(aq) + Cl^-(ag)$$

根据化学平衡原理，平衡时溶液中各物质之间的浓度关系为

$$K^\ominus = \frac{[Ag^+][Cl^-]}{[AgCl]}$$

式中，$[Ag^+]$、$[Cl^-]$ 为 Ag^+、Cl^- 的浓度；$[AgCl]$ 是未溶解的 AgCl 固体的浓度，可视为常数，将其代入平衡常数 $K^\ominus$，则上式可表示为

$$K^\ominus_{sp} = [Ag^+][Cl^-]$$

$K^\ominus_{sp}$ 称为溶度积常数，简称溶度积，它表示在一定温度下，难溶电解质的饱和溶液中，解离出的各离子浓度幂次方的乘积为一常数。与其他平衡常数一样，溶度积常数也只与难溶电解质的本性和温度有关，与溶液中的离子浓度无关。

$K^\ominus_{sp}$ 值的大小反映了难溶物质的溶解能力，$K^\ominus_{sp}$ 越大，溶液中离子浓度越大，难溶物质越易溶解。常见的一些难溶电解质的 $K^\ominus_{sp}$ 可查附录五。

对于一般的难溶电解质 A_mB_n，在一定温度下达到沉淀溶解平衡时，其溶度积常数可表示为

$$A_mB_n(s) \rightleftharpoons mA^{n+}(aq) + nB^{m-}(ag)$$

$$K^\ominus_{sp} = [A^{n+}]^m[B^{m-}]^n$$

二、溶度积与溶解度的关系

难溶电解质的溶度积及溶解度的大小，均反映了该难溶电解质的溶解能力。根据溶度积公式所表示的关系，可以将溶度积和溶解度进行换算。假设难溶电解质为 A_mB_n，在一定温度下其溶解度为 S，根据沉淀—溶解平衡：

$$A_mB_n(s) \rightleftharpoons mA^{n+}(aq) + nB^{m-}(ag)$$

有
$$[A^{n+}] = mS, \quad [B^{m-}] = nS$$

则
$$K^\ominus_{sp} = [A^{n+}]^m[B^{m-}]^n = (mS)^m(nS)^n = m^m n^n S^{m+n}$$

$$S = \sqrt[m+n]{\frac{K^\ominus_{sp}}{m^m n^n}}$$

溶解度习惯上用 100 g 溶剂中所能溶解溶质的质量表示，单位为 g/(100 g)。在利用上述公式进行计算时，需将溶解度的单位转化为物质的量浓度单位 mol/L。

【例 8-1】 已知 298 K 时，碳酸钙的溶度积为 2.9×10^{-9}，氟化钙的溶度积为 2.7×10^{-11}，试通过计算比较两者溶解度的大小。

解：(1)设碳酸钙的溶解度为 S_1。根据沉淀—溶解平衡反应式

$$CaCO_3(s) \rightleftharpoons Ca^{2+} + CO_3^{2-}$$

平衡浓度：　　　　　　　　　　　　　　S_1　　　S_1

$$K^\ominus_{sp} = [Ca^{2+}][CO_3^{2-}] = S_1^2$$

$$S_1 = \sqrt{2.9 \times 10^{-9}} = 5.4 \times 10^{-5} (mol/L)$$

(2)设氟化钙的溶解度为 S_2。

$$CaF_2(s) \Longrightarrow Ca^{2+} + 2F^-$$

平衡浓度：　　　　　　　　　　　　　　　S_2　　$2S_2$

$$K_{sp}^{\ominus} = [Ca^{2+}][F^-]^2 = S_2(2S_2)^2 = 4S_2^3$$

$$S_2 = \sqrt[3]{\frac{2.7 \times 10^{-11}}{4}} = 1.9 \times 10^{-4}(mol/L) > S_1$$

在上例中，氟化钙的溶度积比碳酸钙的小，但溶解度比碳酸钙的大，可见对于不同类型（例如，碳酸钙为 AB 型，氟化钙为 AB_2 型）的难溶电解质，溶度积小的，溶解度却不一定小。因而不能由溶度积直接比较其溶解能力的大小，而必须计算出溶解度才能够比较。对于相同类型的难溶物，则可以由溶度积直接比较其溶解能力的大小。

三、溶度积规则

对于某难溶电解质的溶液，其任意状态下各离子相对浓度幂的乘积称为离子积，用符号 Q 表示。

离子积 Q 具有与溶度积 $K_{sp}^{\ominus}$ 相同的表达式，但概念上有所区别，即在一定温度下，$K_{sp}^{\ominus}$ 为一常数值而 Q 的数值不定，可以说 $K_{sp}^{\ominus}$ 是 Q 中的一个特例。

在任何给定的溶液中，Q 与 $K_{sp}^{\ominus}$ 的大小可能有 3 种情况。

(1)$Q < K_{sp}^{\ominus}$ 时，为不饱和溶液，无沉淀析出，若体系中有固体存在固体将溶解直至饱和为止。

(2)$Q = K_{sp}^{\ominus}$ 时，是饱和溶液，无沉淀析出，沉淀与溶解处于动态平衡。

(3)$Q > K_{sp}^{\ominus}$ 时，为过饱和溶液，有沉淀析出，直至饱和。

上述 3 种情况，概括了 Q 与 $K_{sp}^{\ominus}$ 的关系，称为溶度积规则，用以判断沉淀的生成和溶解。

四、同离子效应与盐效应

影响沉淀溶解度的因素有多种，主要是同离子效应、盐效应、酸效应及配位效应，其次是温度、溶剂、生成沉淀的颗粒大小和结构等因素。

向难溶电解质的溶液中加入与其具有相同离子的可溶性强电解质时，按照平衡移动原理，平衡将向生成沉淀的方向移动。这种因加入含有相同离子的强电解质而使难溶电解质的溶解度减小的现象称为同离子效应。

【例 8-2】 计算 298 K 时 $BaSO_4$ 在纯水中和在 0.1 mol/L Na_2SO_4 溶液中的溶解度，并进行比较。

解：设在纯水中 $BaSO_4$ 的溶解度为 c_1，则 $[Ba^{2+}] = c_1$，$[SO_4^{2-}] = c_1$。

$$K_{sp}^{\ominus}(BaSO_4) = [Ba^{2+}] \cdot [SO_4^{2-}] = c_1^2 = 1.1 \times 10^{-10}$$

$$c_1 = 1.05 \times 10^{-5} \text{ mol/L}$$

设在 0.1 mol/L Na_2SO_4 溶液中 $BaSO_4$ 的溶解度为 c_2，则 $[Ba^{2+}] = c_2$，$[SO_4^{2-}] = 0.1 \text{ mol/L} + c_2$。

由于 $BaSO_4$ 的溶解度非常小，$c_2 \ll 0.1 \text{ mol/L}$，

所以 $[SO_4^{2-}] = 0.1 \text{ mol/L} + c_2 \approx 0.1 \text{ mol/L}$。

$$K_{sp}^{\ominus}(BaSO_4) = [Ba^{2+}] \cdot [SO_4^{2-}] = c_2 \cdot 0.1 = 1.1 \times 10^{-10}$$

$$c_2 = 1.1 \times 10^{-9} \text{ mol/L}$$

比较 $BaSO_4$ 在纯水中和在 0.1 mol/L Na_2SO_4 溶液中的溶解度可以看出，同离子效应使难溶电解质的溶解度大为降低。

同离子效应可以应用在沉淀的洗涤过程中。从溶液中分离出的沉淀物，常常吸附有各种杂质，必须对沉淀进行洗涤。沉淀在水中总有一定程度的溶解，为了减少沉淀的溶解损失，常常用含有与沉淀具有相同离子的电解质稀溶液做洗涤剂对沉淀进行洗涤。例如：在洗涤 $BaSO_4$ 沉淀时，可以用很稀的 H_2SO_4 溶液或很稀的 $(NH_4)_2SO_4$ 溶液洗涤。

当用沉淀反应来分离溶液中的离子时，加入适当过量的沉淀剂可以使难溶电解质沉淀得更加完全。但如果沉淀剂过量太多，超过理论值的 20% 后，沉淀反而会出现溶解现象。

若在难溶电解质溶液中，加入一种与难溶电解质无共同离子的电解质，将使难溶电解质的溶解度增大。这种由于加入了易溶的强电解质而增大难溶电解质溶解度的现象称作盐效应。例如，$AgCl$ 在 KNO_3 溶液中的溶解度就比在纯水中稍大，并且 KNO_3 浓度越大，$AgCl$ 的溶解度也变得越大。

盐效应和同离子效应是影响沉淀溶解度的两个主要因素，同离子效应可以降低难溶电解质的溶解度，盐效应可以增大难溶电解质的溶解度。一般来说，若难溶电解质的溶度积很小，盐效应的影响很小，可忽略不计；若难溶电解质的溶度积较大，溶液中各种离子的总浓度也较大时，就应该考虑盐效应的影响。

五、沉淀的生成和溶解

(一)沉淀的生成

1. 沉淀生成的条件

根据溶度积规则，当 $Q > K_{sp}^{\ominus}$ 时，就会有沉淀生成。一般常用的方法：加入沉淀剂、控制溶液酸度、应用同离子效应等。

【例8-3】　向 10 mL 0.010 mol/L $BaCl_2$ 溶液中加入 30 mL 0.005 0 mol/L Na_2SO_4 溶液，是否有沉淀产生？

解：两种溶液混合后，总体积为 40 mL，则

$$c_{Ba^{2+}} = \frac{0.010 \times 10}{40} = 2.5 \times 10^{-3}(\text{mol/L}),$$

$$c_{SO_4^{2-}} = \frac{0.005\,0 \times 30}{40} = 3.75 \times 10^{-3}(\text{mol/L})$$

离子积 $Q = c_{Ba^{2+}} \cdot c_{SO_4^{2-}} = 2.5 \times 10^{-3} \times 3.75 \times 10^{-3} = 9.4 \times 10^{-6}$

$$K_{sp(BaSO_4)}^{\ominus} = 1.1 \times 10^{-10}$$

因为 $Q > K_{sp}^{\ominus}(BaSO_4)$，所以有 $BaSO_4$ 沉淀生成。

2. 沉淀的完全程度

沉淀完全与否主要根据不同应用领域的允许要求。一般来说，只要沉淀后溶液中被沉淀离子的浓度小于或等于 10^{-5} mol/L，就可以认为该离子被沉淀完全。

【例8-4】　在 0.01 mol/L 的 $FeCl_3$ 溶液中，欲产生 $Fe(OH)_3$ 沉淀，溶液的 pH 最小为多少？若使 $Fe(OH)_3$ 沉淀完全，溶液的 pH 至少为多少？

已知：$K_{sp[Fe(OH)_3]}^{\ominus} = 4.0 \times 10^{-38}$。

解：$Fe(OH)_3$ 沉淀在溶液中存在下列平衡：

$$Fe(OH)_3(s) \Longleftrightarrow Fe^{3+} + 3OH^-$$

根据溶度积规则，欲产生 $Fe(OH)_3$ 沉淀，至少应满足 $Q \geqslant K_{sp}^{\ominus}$。

即　　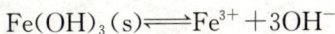 $c_{OH^-} \geqslant \sqrt[3]{\dfrac{K_{sp}^{\ominus}}{[Fe^{3+}]}} = \sqrt[3]{\dfrac{4.0 \times 10^{-38}}{0.01}} = 1.59 \times 10^{-12}(\text{mol/L})$

$$pOH=-lg[OH^-]=11.80$$

则

$$pH=14-11.80=2.20$$

即 pH 不得低于 2.20，否则不会出现 $Fe(OH)_3$ 沉淀。

欲使 $Fe(OH)_3$ 沉淀完全，则沉淀后溶液中 $[Fe^{3+}]\leqslant1\times10^{-5}$ mol/L，此时

$$c_{OH}\geqslant\sqrt[3]{\frac{K_{sp}^{\Theta}}{[Fe^{3+}]}}=\sqrt[3]{\frac{4.0\times10^{-38}}{1.00\times10^{-5}}}=1.59\times10^{-11}(mol/L)$$

$$pOH=-lg[OH^-]=10.80$$

则

$$pH=14-10.80=3.20$$

即 $Fe(OH)_3$ 沉淀完全时，pH 不能小于 3.20。说明 pH＝2.20 时开始沉淀，pH 达到 3.20 时沉淀完全。

(二)分步沉淀

在实际分析工作中，通常溶液中是多种离子共存的，加入沉淀剂，可能有几种离子与之反应产生沉淀，形成沉淀的先后次序就有可能不同，首先析出的是离子积最先达到溶度积的难溶电解质。这种由于难溶电解质溶度积不同，加入同一种沉淀剂后使混合离子按顺序先后沉淀下来的现象称为分步沉淀。

【例 8-5】 向 Cl^- 和 I^- 浓度同为 0.010 mol/L 的溶液中，逐滴加入 $AgNO_3$ 溶液，问哪一种离子先沉淀？第二种离子开始沉淀时，溶液中第一种离子的浓度是多少？两者有无分离的可能？

解：假设计算过程都不考虑加入试剂后溶液体积的变化，根据溶度积规则，首先计算 AgCl 和 AgI 开始沉淀所需的 Ag^+ 浓度分别为

$$[Ag^+]=\frac{K_{sp(AgCl)}^{\Theta}}{[Cl^-]}=\frac{1.8\times10^{-10}}{0.010}$$
$$=1.8\times10^{-8}(mol/L)$$

$$[Ag^+]=\frac{K_{sp(AgI)}^{\Theta}}{[I^-]}=\frac{8.3\times10^{-17}}{0.010}$$
$$=8.3\times10^{-15}(mol/L)$$

AgI 开始沉淀时，需要的 Ag^+ 浓度低，故 I^- 首先沉淀出来。当 Cl^- 开始沉淀时，溶液对 AgCl 来说也已达到饱和，这时 Ag^+ 浓度必须同时满足这两个沉淀溶解平衡，所以：

$$[Ag^+]=\frac{K_{sp(AgCl)}^{\Theta}}{[Cl^-]}=\frac{K_{sp(AgI)}^{\Theta}}{[I^-]}$$

$$\frac{[I^-]}{[Cl^-]}=\frac{K_{sp(AgI)}^{\Theta}}{K_{sp(AgCl)}^{\Theta}}=\frac{8.3\times10^{-17}}{1.8\times10^{-10}}=4.6\times10^{-7}$$

当 AgCl 开始沉淀时，Cl^- 的浓度为 0.010 mol/L，此时溶液中剩余的 I^- 浓度为

$$[I^-]=\frac{K_{sp(AgI)}^{\Theta}\cdot[Cl^-]}{K_{sp(AgCl)}^{\Theta}}=4.6\times10^{-7}\times0.010=4.6\times10^{-9}(mol/L)$$

可见，当 Cl^- 开始沉淀时，I^- 的浓度已小于 10^{-5} mol/L，故两者可以定性分离。

(三)沉淀的溶解

要使沉淀溶解，就要破坏沉淀溶解平衡。根据溶度积规则，沉淀溶解的条件为 $Q<K_{sp}^{\Theta}$。一般常用的方法是生成弱电解质、生成配合物、发生氧化还原反应等。

1. 生成弱电解质使沉淀溶解

(1)生成弱酸使沉淀溶解。由弱酸所形成的难溶性弱酸盐(如 $CaCO_3$、$BaCO_3$ 和 FeS 等)一般都溶于强酸，这是因为这些弱酸盐的酸根阴离子与强酸提供的 H^+ 结合生成微弱解离的弱酸，甚至生成有关气体。溶液中酸根离子浓度减小，使 $Q<K_{sp}^{\Theta}$，于是平衡向沉淀溶解方向移动。只要

有足够的酸，固体就会全部溶解。

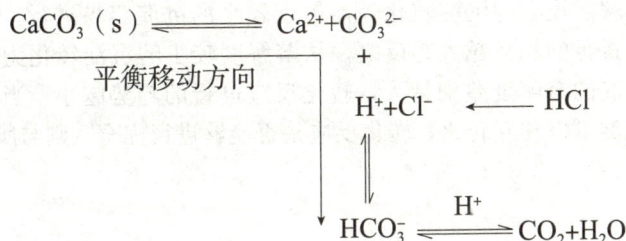

$$CaCO_3（s）\rightleftharpoons Ca^{2+}+CO_3^{2-}$$

$$\underline{\qquad\qquad\qquad\qquad}+$$

平衡移动方向

$$H^++Cl^- \longleftarrow HCl$$

$$HCO_3^- \overset{H^+}{\rightleftharpoons} CO_2+H_2O$$

（2）生成弱碱使沉淀溶解。$Mg(OH)_2$ 可溶解在 NH_4Cl 溶液中，因为 NH_4^+ 也是酸，可导致 OH^- 离子浓度降低，使 $Q<K_{sp}^{\ominus}$，引起沉淀溶解。

$$Mg(OH)_2(s)+2NH_4^+ \longrightarrow Mg^{2+}+2NH_3\cdot H_2O$$

（3）生成弱酸盐使沉淀溶解。在 $PbSO_4$ 沉淀中加入 NH_4Ac，能形成可溶性难解离的 $Pb(Ac)_2$，使溶液中 $[Pb^{2+}]$ 降低，导致 $Q<K_{sp}^{\ominus}$，沉淀溶解。

$$PbSO_4(s)+2Ac^- \longrightarrow Pb(Ac)_2+SO_4^{2-}$$

（4）生成水。在 $Fe(OH)_2$ 中，加入 HCl 后，生成 H_2O，$[OH^-]$ 降低，使 $Q<K_{sp}^{\ominus}$，沉淀溶解。

$$Fe(OH)_2(s)+2H^+ \longrightarrow Fe^{2+}+2H_2O$$

2. 生成配合物使沉淀溶解

许多难溶化合物在配位剂的作用下，能够生成配离子而溶解。

$$AgCl(s)+Cl^- \longrightarrow AgCl_2^-(aq)$$

一般情况下，当难溶化合物的溶度积不是很小，并且配合物的生成常数比较大时，就有利于配位溶解反应的发生。此外，配位剂的浓度也是影响难溶化合物能否发生配位溶解的重要因素之一。

3. 发生氧化还原反应使沉淀溶解

金属硫化物的 $K_{sp}^{\ominus}$ 值相差很大，故其溶解情况大不相同。例如，ZnS、PbS、FeS 等 $K_{sp}^{\ominus}$ 值较大的金属硫化物都能溶于盐酸，HgS、CuS 等 $K_{sp}^{\ominus}$ 值很小的金属硫化物就不能溶于盐酸。在这种情况下，只能通过加入氧化剂，使某一离子发生氧化还原反应而降低其浓度，达到溶解的目的。例如，$CuS(K_{sp}^{\ominus}=1.27\times10^{-36})$ 可溶于 HNO_3，反应如下：

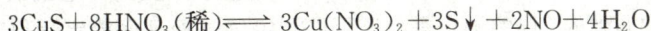

$$3CuS+8HNO_3（稀）\rightleftharpoons 3Cu(NO_3)_2+3S\downarrow+2NO+4H_2O$$

（四）沉淀的转化

在 $AgNO_3$ 溶液中加入淡黄色 K_2CrO_4 溶液后，产生砖红色 Ag_2CrO_4 沉淀，再加入 NaCl 溶液后，溶液中同时存在两种沉淀溶解平衡：

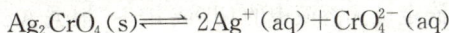

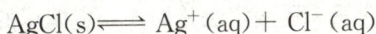

$$Ag_2CrO_4(s)\rightleftharpoons 2Ag^+(aq)+CrO_4^{2-}(aq)$$

$$AgCl(s)\rightleftharpoons Ag^+(aq)+Cl^-(aq)$$

当阴离子浓度相同时，生成 AgCl 沉淀所需的 Ag^+ 浓度较小，在 Ag_2CrO_4 的饱和溶液中，Ag^+ 浓度对于 AgCl 沉淀来说是过饱和的，所以会生成 AgCl 沉淀，同时 Ag^+ 降低；此时的 Ag^+ 浓度对于 Ag_2CrO_4 来说是不饱和，Ag_2CrO_4 沉淀溶解而使 Ag^+ 浓度增加，随后继续生成 AgCl 沉淀。最终，绝大部分砖红色 Ag_2CrO_4 沉淀转化为白色 AgCl 沉淀。这种由一种难溶化合物借助某试剂转化为另一种难溶化合物的过程叫作沉淀的转化。

在生活中有时需要将一种沉淀转化为另一种沉淀。例如，有的地区的水质永久硬度较高，锅炉中会形成主要含 $CaSO_4$ 的锅垢，这种锅垢不溶于酸，不易除去。如果用 Na_2CO_3 溶液处理，

就可以转化成 $CaCO_3$ 沉淀，清除起来就方便多了。

一般来说，从溶解度较大的沉淀转化为溶解度较小的沉淀容易进行，两种沉淀的溶解度差别越大，转化反应进行的趋势越大。反之，从溶解度较小的沉淀转化为溶解度较大的沉淀则难以进行，两种沉淀的溶解度差别越大，转化反应进行的趋势越小。当两种沉淀的溶解度差别不大时，两种沉淀可以相互转化，转化反应是否能够进行完全，则与所用转化溶液的浓度有关。

知识点二　认识沉淀滴定法

一、沉淀滴定法的条件

沉淀滴定法是以沉淀反应为基础的一种滴定分析方法。虽然能形成沉淀的反应很多，但是能用于沉淀滴定的反应并不多，主要是因为很多沉淀反应中沉淀的溶解度较大，达到平衡的速度缓慢；或组成不恒定，共沉淀现象严重；或缺少合适指示终点的方法等。用于沉淀滴定法的反应必须满足下列几个条件。

(1)沉淀的溶解度要小。

(2)反应速度快。

(3)沉淀组成一定，反应物之间有确定的化学计量关系。

(4)生成的沉淀无明显的吸附现象，且无副反应发生。

(5)必须有适当的方法指示测定终点。

目前在生产上应用较广的是生成难溶性银盐的反应。例如：

$$Ag^+ + Cl^- \Longleftrightarrow AgCl \downarrow$$
$$Ag^+ + SCN^- \Longleftrightarrow AgSCN \downarrow$$

二、银量法简介

利用生成难溶银盐反应来进行测定的方法称为银量法。银量法可以测定 Cl^-、Br^-、I^-、Ag^+ 和 SCN^- 等，主要用于化学工业和冶金工业，如食盐水的测定，电解液中 Cl^- 的测定及农业、三废等方面经常遇到的 Cl^- 的测定等，还可以测定经过处理而能定量地产生这些离子的有机物，如 666、二氯酚等有机药物的测定。

银量法根据滴定方式的不同，可分为直接滴定法和返滴定法两类。直接滴定法是利用沉淀剂做标准溶液，直接滴定被测物质的离子。例如，在中性或弱碱性溶液中用 K_2CrO_4 作为指示剂，用 $AgNO_3$ 标准溶液直接滴定被测溶液中的 Cl^- 或 Br^-，根据 $AgNO_3$ 标准溶液的用量和样品质量，即可以计算 Cl^- 或 Br^- 的含量。返滴定法是加入一定体积的过量的沉淀剂标准溶液于被测定物质的溶液中，再利用另外一种标准溶液滴定剩余的沉淀剂标准溶液。例如，在酸性溶液中测定 Cl^- 时，先加入一定体积的过量的 $AgNO_3$ 标准溶液，再以铁铵矾溶液作为指示剂，用 NH_4SCN 标准溶液滴定剩余的 $AgNO_3$，由 $AgNO_3$ 和 NH_4SCN 两种标准溶液所用的体积及样品的质量，即可计算 Cl^- 的含量。

知识点三　银量法的应用

根据选用指示剂的不同，银量法共分为 3 种，分别以创立者的姓名来命名，为莫尔法(铬酸钾指示剂法)、佛尔哈德法(铁铵矾指示剂法)和法扬司法(吸附指示剂法)，下面分别介绍。

一、莫尔法

1. 测定原理

莫尔法是以铬酸钾(K_2CrO_4)作为指示剂，在中性或弱碱性溶液中，用 $AgNO_3$ 标准溶液直接滴定 Cl^-(或 Br^-)的一种分析方法。

根据分步沉淀原理，由于 AgCl(或 AgBr)的溶解度比 Ag_2CrO_4 的小，因此 AgCl(或 AgBr)首先沉淀，待 AgCl(或 AgBr)定量沉淀后，过量一滴 $AgNO_3$ 溶液便与 K_2CrO_4 反应，形成砖红色的 Ag_2CrO_4 沉淀而指示终点。

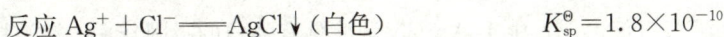

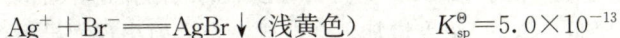

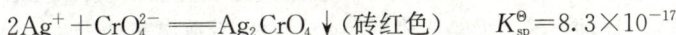

反应　$Ag^+ + Cl^- \Longrightarrow AgCl\downarrow$(白色)　　　　$K_{sp}^{\ominus} = 1.8 \times 10^{-10}$

$Ag^+ + Br^- \Longrightarrow AgBr\downarrow$(浅黄色)　　$K_{sp}^{\ominus} = 5.0 \times 10^{-13}$

$2Ag^+ + CrO_4^{2-} \Longrightarrow Ag_2CrO_4\downarrow$(砖红色)　　$K_{sp}^{\ominus} = 8.3 \times 10^{-17}$

2. 滴定条件

(1)指示剂的用量。K_2CrO_4 指示剂本身呈黄色，它的用量多少会直接影响对终点的判断及滴定误差的大小，为获得比较准确的分析结果，必须控制 K_2CrO_4 的浓度。若 K_2CrO_4 浓度过高，终点将出现过早，且溶液颜色过深，影响终点的观察。而若 K_2CrO_4 浓度过低，终点出现过迟，也影响滴定的准确度。实验证明 K_2CrO_4 的浓度以 0.005 mol/L 为宜。实际滴定时，通常在反应液总体积为 50~100 mL 的溶液中，加入 5% 铬酸钾指示剂 1~2 mL。

(2)溶液的 pH。滴定应控制在中性或弱碱性(pH = 6.5~10.5)条件下进行。若溶液为酸性，CrO_4^{2-} 将和 H^+ 结合生成 $HCrO_4^-$，致使 Ag_2CrO_4 沉淀出现过迟，甚至不会沉淀。若碱性过高，又将出现 Ag_2O 沉淀。

$$2H^+ + 2CrO_4^{2-} \Longrightarrow 2HCrO_4^- \Longrightarrow Cr_2O_7^{2-} + H_2O$$

$$2Ag^+ + 2OH^- \Longrightarrow 2AgOH$$

$$\Big\downarrow Ag_2O + H_2O$$

若溶液的酸性或碱性较强，可用酚酞作为指示剂，以稀 NaOH 溶液或稀 H_2SO_4 溶液调节至酚酞的红色刚好褪去，也可用 $NaHCO_3$、$CaCO_3$ 或 $Na_2B_4O_7$ 等预先中和，然后滴定。

(3)滴定的溶液中不能有氨或其他能与 Ag^+ 生成配合物的物质存在，因为配合物的形成会使 AgCl 和 Ag_2CrO_4 溶解。如果溶液中有氨或其他能与 Ag^+ 生成配合物的物质，必须用酸中和或加入其他试剂消除。控制溶液的 pH 为 6.6~7.2，以防生成的铵盐分解产生氨。

(4)排除干扰离子。莫尔法的选择性较差。凡能与 CrO_4^{2-} 生成沉淀的阳离子如 Ba^{2+}、Pb^{2+}、Hg^{2+} 等，以及与 Ag^+ 生成沉淀的阴离子如 PO_4^{3-}、AsO_4^{3-}、S^{2-}、$C_2O_4^{2-}$ 等，均干扰滴定。滴定前应先除去或掩蔽。

(5)由于 AgCl 对 Cl^- 有强烈的吸附作用，降低 Cl^- 的浓度，使终点提前，因此，在滴定过程中，应剧烈振荡溶液，以减少 AgCl 对 Cl^- 的吸附作用，以便获得准确的滴定终点。此外，莫尔法测定溴化物时，AgBr 也会对 Br^- 产生吸附，而 AgI 和 AgSCN 沉淀吸附 I^- 和 SCN^- 作用更为强烈，对测定结果影响较大，因此莫尔法不适合测定 I^- 和 SCN^-。

3. 应用范围

莫尔法主要适用于氯化物和溴化物的测定及间接测定含氯、溴的一些有机化合物。只能用 Ag^+ 滴定 Cl^-，不能用 Cl^- 滴定 Ag^+，因滴定前生成的 Ag_2CrO_4 沉淀难以转化为 $AgCl$ 而造成滴定误差。

二、佛尔哈德法

在酸性介质中，以铁铵矾[$NH_4Fe(SO_4)_2 \cdot 12H_2O$]作为指示剂的银量法称为佛尔哈德法。根据滴定方式不同，本法又可分为直接滴定法和返滴定法。

1. 直接滴定法测定 Ag^+

在含有 Ag^+ 的酸性溶液中，以铁铵矾为指示剂，用 NH_4SCN（或 $KSCN$、$NaSCN$）的标准溶液滴定。溶液中首先生成白色沉淀 $AgSCN$。滴定到化学计量点附近时，Ag^+ 浓度迅速降低，SCN^- 浓度迅速增加，当过量的 SCN^- 与铁铵矾中 Fe^{3+} 反应生成红色配合物[$FeSCN$]$^{2+}$ 时即为终点。其反应式为

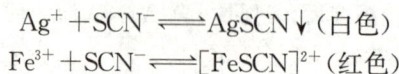

$$Ag^+ + SCN^- \Longrightarrow AgSCN \downarrow（白色）$$
$$Fe^{3+} + SCN^- \Longrightarrow [FeSCN]^{2+}（红色）$$

在滴定过程中不断有 $AgSCN$ 沉淀形成，由于 $AgSCN$ 沉淀具有强烈的吸附作用，溶液中部分 Ag^+ 被吸附在表面，导致 Ag^+ 浓度降低，SCN^- 浓度增加，会造成终点提前出现而导致测定结果偏低。因此，滴定过程中需剧烈摇动溶液，使被吸附的 Ag^+ 及时地释放出来。

2. 返滴定法测定卤素离子

在含有卤素离子的 HNO_3 溶液中，加入过量的 $AgNO_3$ 标准溶液，再以铁铵矾为指示剂，用 NH_4SCN 标准溶液回滴过量的 Ag^+。例如，测定 Cl^- 的反应为

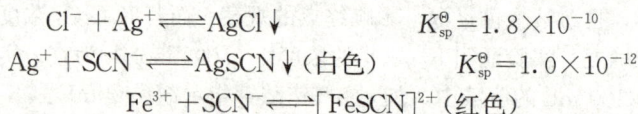

$$Cl^- + Ag^+ \Longrightarrow AgCl \downarrow \qquad K_{sp}^\ominus = 1.8 \times 10^{-10}$$
$$Ag^+ + SCN^- \Longrightarrow AgSCN \downarrow（白色）\qquad K_{sp}^\ominus = 1.0 \times 10^{-12}$$
$$Fe^{3+} + SCN^- \Longrightarrow [FeSCN]^{2+}（红色）$$

注意：

（1）采用本法测定 Cl^- 时，因为 $AgSCN$ 的溶解度小于 $AgCl$ 的溶解度，所以用 NH_4SCN 标准溶液回滴剩余的 Ag^+ 达到化学计量点后，稍微过量的 SCN^- 可能与 $AgCl$ 作用，使 $AgCl$ 转化为 $AgSCN$。

$$AgCl + SCN^- \Longrightarrow AgSCN \downarrow + Cl^-$$

如果剧烈摇动溶液，反应将不断向右进行，直至达到平衡。显然，到达终点时，已多消耗了一部分 NH_4SCN 标准溶液，造成较大误差。为了避免上述误差，通常采用以下两种措施。

1）加热煮沸，使 $AgCl$ 凝聚。在接近化学计量点时，要防止用力振荡，当加入过量的 $AgNO_3$ 标准溶液后，立即将溶液煮沸，使 $AgCl$ 凝聚，以减少 $AgCl$ 沉淀对 Ag^+ 的吸附。滤去沉淀，并用稀 HNO_3 充分洗涤沉淀，然后用 NH_4SCN 标准溶液回滴滤液中的过量 Ag^+。但此法操作繁琐，易丢失 Ag^+，使测定结果偏高。

2）加入有机溶剂。在滴入 NH_4SCN 标准溶液前，加 1～2 mL 硝基苯并且不断摇动，使 $AgCl$ 沉淀进入硝基苯层中而不再与滴定溶液接触，从而避免发生上述 $AgCl$ 沉淀转化为 $AgSCN$ 沉淀的反应，得到较好的效果。

（2）本法测定 Br^- 和 I^- 时，不会发生上述沉淀转化反应。但在测定 I^- 时，应先加 $AgNO_3$ 溶液再加指示剂，以避免发生如下反应：

$$2Fe^{3+} + 2I^- \Longrightarrow 2Fe^{2+} + I_2$$

3. 滴定条件

佛尔哈德法适用于在酸性（稀硝酸）溶液中进行，其酸度通常控制在 0.2～0.5 mol/L。许多

弱酸盐如 PO_4^{3-}、AsO_4^{3-}、S^{2-} 等都不干扰卤素离子的测定，因此佛尔哈德法在酸性（稀硝酸）介质中选择性比较高。而在碱性或中性溶液中，指示剂中的 Fe^{3+} 将发生水解反应，甚至产生沉淀而影响测定结果。另外，氧化剂和氮的氧化物以及铜盐、汞盐可与 SCN^- 作用而干扰测定，必须预先分离除去。

三、法扬司法

1. 测定原理

法扬司法是用 $AgNO_3$ 标准溶液做滴定剂，以吸附指示剂（如荧光黄、曙红等）指示终点的一种银量法。吸附指示剂是一类有色的有机化合物，它的阴离子在溶液中能被胶体沉淀表面吸附，使分子结构发生改变，从而引起颜色的变化，借以指示滴定终点。

例如，用 $AgNO_3$ 标准溶液滴定样品中的 Cl^-，以荧光黄（HFI_n）为指示剂，其反应如下：

$$HFI_n（无色）＝H^+＋FI_n^-　（黄绿色）$$

$$AgCl \cdot Ag^+＋FI_n^-（黄绿色）＝AgCl \cdot Ag \cdot FI_n（粉红色）$$

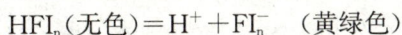

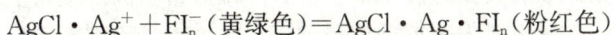

荧光黄为有机弱酸，在溶液中可离解为黄绿色的 FI_n^- 离子，但若溶液的酸度太大，将抑制其离解，使终点不敏锐。所以滴定介质的酸度主要由吸附指示剂的酸离解常数决定。

滴定开始至化学计量点前，由于样品中的 Cl^- 仍大量存在，$AgCl$ 胶粒表面吸附 Cl^- 带负电荷，荧光黄阴离子 FI_n^- 不被 $AgCl$ 胶粒吸附；到达化学计量点后，过量滴一滴 $AgNO_3$ 的标准溶液，使 $AgCl$ 胶粒带正电荷 $(AgCl \cdot Ag^+)^+$，带正电荷的 $(AgCl \cdot Ag^+)^+$ 胶粒强烈吸引 FI_n^-，可能由于在 $AgCl$ 表面形成了荧光黄银化合物，导致颜色发生变化，使沉淀表面呈粉红色，指示滴定终点（图8-1）。

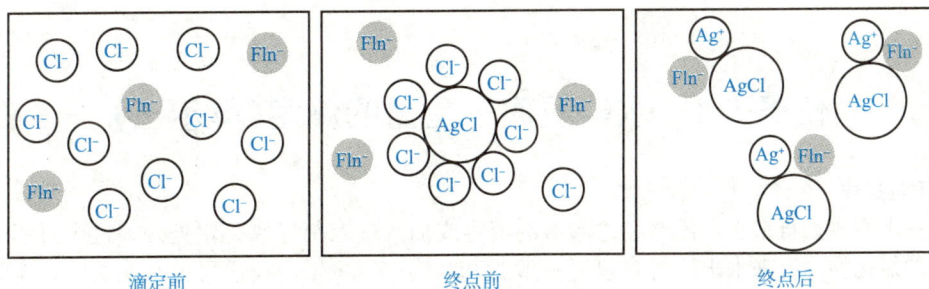

图 8-1　吸附指示剂的作用原理

2. 滴定条件及应用

使用吸附指示剂时要注意以下问题，以使滴定变色敏锐。

（1）吸附指示剂是被吸附在沉淀表面而发生颜色改变，为了使终点颜色变化明显，需要沉淀有较大的表面积。在滴定前应将溶液稀释，并加入糊精、淀粉等高分子化合物以保护胶体，防止沉淀的聚沉现象。

（2）吸附指示剂大多是有机弱酸，它被吸附的是其电离出的阴离子，并且不同指示剂的 pK_a 不同。为了减小指示剂的阴离子与 H^+ 结合成不被吸附的弱酸分子的趋势，就要根据需要控制一定的溶液 pH。

（3）卤化银对光敏感，因此为防止其分解，滴定过程应避免强光照射。

（4）溶液中被滴定的离子的浓度不能太低，因为浓度太低，沉淀太少，观察终点比较困难，如用荧光黄作为指示剂，$AgNO_3$ 作为标准溶液滴定 Cl^- 时，Cl^- 的浓度要求在 0.005 mol/L 以上。

（5）测定 Cl^- 时，不能用曙红作为指示剂，因 $AgCl$ 沉淀对曙红阴离子的吸附能力很强，在化学计量点之前，曙红阴离子就被吸附而发生颜色变化。

吸附指示剂不但可以直接测定 Cl^-、Br^-、I^-、SCN^-、Ag^+，还可以用于测定 Ba^{2+} 及 SO_4^{2-} 等。常见的吸附指示剂及其使用条件见表 8-1。

表 8-1　常用吸附指示剂

指示剂	被测离子	滴定剂	适用 pH 范围
荧光黄	Cl^-	Ag^+	7～10(一般 7～8)
二氯荧光黄	Cl^-	Ag^+	4～10(一般 5～8)
曙红	Br^-、I^-、SCN^-	Ag^+	2～10(一般 3～8)
溴甲酚绿	SCN^-	Ag^+	4～5
甲基紫	SO_4^{2-}、Ag^+	Ba^{2+}、Ag^+	酸性溶液

四、银量法的比较

莫尔法是以硝酸银标准溶液作为滴定剂、铬酸钾作为指示剂的银量法；佛尔哈德法是以硫氰酸铵作为标准溶液、铁铵矾作为指示剂的银量法；法扬司是以硝酸银作为标准溶液、吸附指示剂(如荧光黄)作为指示剂的银量法。

莫尔法适用于 pH 为 6.5～10 的中性及弱碱性溶液，佛尔哈德法适用于酸性溶液，一般以 0.1～1 mol/L 的硝酸作为滴定介质，法扬司法滴定液的 pH 与指示剂的 pK_a 有关，以保证吸附指示剂主要以其酸根离子的形式存在，否则滴定终点变色不明显。

任务演练

任务 8-1　水中氯离子含量的测定(莫尔法)

■任务描述

天然水要成为自来水，需要经过漂白剂消毒或加入凝聚剂三氯化铝处理，这个过程会引入一定量的氯化物，自来水出厂时含氯量一般为 0.3～0.7 mg/L，到达居民水龙头时，含氯量也能保持为 0.3～0.4 mg/L，这是为了防止自来水出厂后可能发生的二次污染，以保持一定量的余氯来确保饮用水的微生物指标安全。但是若水中含氯量超标，不但对人体健康不利，对工农业生产也会造成严重影响。因此国家规定，自来水中含氯量不得超过200 mg/L。你所用的自来水中含氯量是否超标呢？请你检测一下吧。

☀️任务小贴士

在银量法中要使用 $AgNO_3$ 标准溶液，因此在滴定废液中，含有大量的金属银，主要存在形式如 Ag^+、$AgCl$ 沉淀、Ag_2CrO_4 沉淀及 $AgSCN$ 沉淀等。另外，在废弃的定影液中也含有大量金属银，主要以 $Ag(S_2O_3)_2^{3-}$ 配离子形式存在。

银是贵重的金属之一，也属于重金属。如果直接排放实验中产生的这些含银废液，不仅造成经济上的巨大浪费，而且也带来了重金属对环境的污染，严重危害人的身体健康。此外，银氨溶液在适当的条件下会转变成氮化银引起爆炸。因此，将含银废液中的银回收或制备常用试剂硝酸银是很有意义的。而工厂化验室或学校实验室中产生的含银废液共同特点是银含量较低，需要先富集，然后提取、精制。

▌任务分析

(1)国家标准《生活饮用水 卫生标准》(GB 5749—2022)要求饮用水中的氯化物含量不得超过多少？

(2)测定水中氯离子含量的方法有哪些？

▌任务流程

▌任务实施

子任务 8-1-1　硝酸银标准溶液的配制与标定

一、实验原理

$AgNO_3$ 标准溶液可以用经过预处理的基准试剂 $AgNO_3$ 直接配制。但市售的 $AgNO_3$ 常常含有杂质，如银、氧化银、游离硝酸和亚硝酸盐等，所以需要采用间接配制法，先配成近似浓度溶液后，用基准物质 NaCl 标定。

$AgNO_3$ 标准溶液可用莫尔法进行标定，以 NaCl 作为基准物质，溶解后，在中性或弱碱性溶液中，以 K_2CrO_4 作为指示剂，达到化学计量点时，微过量的 Ag^+ 与 CrO_4^{2-} 反应析出砖红色 Ag_2CrO_4 沉淀而指示终点。

$$Ag^+ + Cl^- = AgCl\downarrow（白色）$$
$$2Ag^+ + CrO_4^{2-} = Ag_2CrO_4\downarrow（砖红色）$$

二、仪器、试剂

仪器：电子天平、烧杯、棕色酸式滴定管、锥形瓶、称量瓶、棕色试剂瓶、50 mL 量筒。

试剂：固体 $AgNO_3$（分析纯）、固体 NaCl（基准物质）、5％的 K_2CrO_4 溶液。

三、实验步骤

1. 0.1 mol/L $AgNO_3$ 标准溶液的配制

称取固体 $AgNO_3$ 约 8.5 g 于烧杯中，加入少量不含 Cl^- 的蒸馏水溶解，玻璃棒搅拌，完全溶解后，用不含 Cl^- 的蒸馏水稀释至 500 mL。储存于带玻璃塞的棕色试剂瓶。贴上标签，置于暗处待标定。

2. $AgNO_3$ 标准溶液浓度的标定

准确称取 3 份在 500～600 ℃下烘至恒重的基准物质 NaCl 0.12～0.15 g 于锥形瓶中，加入50 mL 不含 Cl^- 的蒸馏水溶解，加 K_2CrO_4 指示剂 1 mL，在充分摇动下，用配好的 $AgNO_3$ 溶液滴定至溶液出现砖红色沉淀即为终点。记录消耗 $AgNO_3$ 溶液的体积。平行测定 3 次并做空白实验。

四、结果计算

$$c_{AgNO_3} = \frac{m_{NaCl}}{M_{NaCl} \times (V_{AgNO_3} - V_0) \times 10^{-3}}$$

式中　c_{AgNO_3}——$AgNO_3$ 溶液的浓度（mol/L）；

$\quad\quad m_{NaCl}$——氯化钠的质量（g）；

$\quad\quad V_{AgNO_3}$——$AgNO_3$ 溶液的体积（mL）；

$\quad\quad V_0$——空白实验消耗 $AgNO_3$ 溶液体积（mL）；

$\quad\quad M_{NaCl}$——氯化钠的摩尔质量（g/mol）。

实操视频：$AgNO_3$ 标准溶液的配制与标定

五、注意事项

（1）$AgNO_3$ 试剂及其溶液具有腐蚀性，破坏皮肤组织，注意切勿接触皮肤及衣服。

（2）配制 $AgNO_3$ 标准溶液的蒸馏水应无 Cl^-，否则配成的 $AgNO_3$ 溶液会出现白色浑浊，不能使用。

（3）实验完毕后，盛装 $AgNO_3$ 溶液的滴定管应先用蒸馏水洗涤 2～3 次后，再用自来水洗净，以免 AgCl 沉淀残留于滴定管内壁。

六、问题探究

（1）莫尔法标定 $AgNO_3$ 溶液，用 $AgNO_3$ 滴定 NaCl 时，滴定过程中为什么要充分摇动溶液？如果不充分摇动溶液，对测定结果有何影响？

（2）在莫尔法中，为什么溶液的 pH 需控制为 6.5～10.5？

（3）配好的 $AgNO_3$ 溶液应怎样保存？使用时应注意什么？

▋任务报告

1. 数据记录

项目	1	2	3
倾样前称量瓶＋NaCl 的质量/g			
倾样后称量瓶＋NaCl 的质量/g			
基准物质 NaCl 的质量 m/g			
$AgNO_3$ 溶液体积初读数/mL			
$AgNO_3$ 溶液体积终读数/mL			
消耗 $AgNO_3$ 溶液体积 V_{AgNO_3}/mL			
空白实验消耗的 $AgNO_3$ 体积 V_0/mL			
c_{AgNO_3}/(mol·L^{-1})			
$\bar{c}_{AgNO_3}$/(mol·L^{-1})			
相对极差/%			

2. 结果计算

▋任务反思

子任务 8-1-2　水中氯离子含量的测定

一、实验原理

在中性或弱碱性溶液中，以 K_2CrO_4 为指示剂，可用 $AgNO_3$ 标准溶液直接滴定 Cl^-，出现砖红色沉淀时即为终点，其反应式为

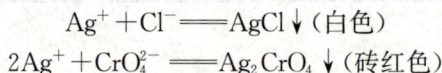

$$Ag^+ + Cl^- \Longrightarrow AgCl\downarrow（白色）$$
$$2Ag^+ + CrO_4^{2-} \Longrightarrow Ag_2CrO_4\downarrow（砖红色）$$

由 $AgNO_3$ 标准溶液消耗的体积可计算出实验中氯化钠的含量。

二、仪器、试剂

仪器：电子天平、棕色酸式滴定管、烧杯、移液管、洗耳球、锥形瓶、量筒。

试剂：水样、0.1 mol/L $AgNO_3$ 标准溶液、5％的 K_2CrO_4 溶液。

三、实验步骤

准确吸取水样 100.00 mL，加入 2 mL 铬酸钾指示剂，在充分摇动下，用标定好的 0.1 mol/L $AgNO_3$ 标准溶液滴定至溶液有砖红色沉淀出现，即为终点。平行测定 3 次。

实操视频：水中氯离子
含量的测定

四、结果计算

$$\rho_{Cl} = \frac{c_{AgNO_3} \times V_{AgNO_3} \times M_{Cl}}{V_{水样}} \times 1\,000$$

式中　ρ_{Cl}——氯离子的质量浓度（mg/L）；

c_{AgNO_3}——$AgNO_3$ 溶液的物质的量浓度（mol/L）；

V_{AgNO_3}——消耗 $AgNO_3$ 溶液的体积（mL）；

M_{Cl}——氯的摩尔质量（g/mol）；

$V_{水样}$——移取的水样的体积（mL）。

五、问题探究

本实验中可能存在哪些离子干扰氯的测定？如何消除干扰？

▌任务报告

1. 数据记录

			1	2	3
c_{AgNO_3}/(mol·L^{-1})					
$V_{水样}$/mL					
AgNO$_3$ 体积/mL	初读数				
	终读数				
	V_{AgNO_3}				
ρ_{Cl}/(g·L^{-1})					
$\overline{\rho}_{Cl}$/(mg·L^{-1})					
相对极差/%					

2. 结果计算

▌任务反思

任务评价表

班级：_____　姓名：_____　学号：_____　成绩：_____

考核项目	考核要点	考核标准	配分	扣分
专业能力(70分)	任务认知程度	认真阅读工作任务单，明确任务内容；分析任务，利用各种学习资源完成相关知识的学习(记笔记、认真听讲、积极讨论等)	10	
		课堂回答、课外作业完成好，并能灵活运用所学知识解答实际问题		
	任务决策计划	计划科学、可行性强	5	
	任务实施过程	实施方案(计划与步骤)详细、可操作性强	5	
		仪器、药品准备充分	3	
		分析天平使用规范，称样量范围≤±5%	5	
		移液管移液、放液等操作规范	5	
		溶液配制正确、规范	5	
		滴定管操作规范，滴定速度适当，终点判断准确	5	
		原始数据记录及时，有效数字、单位正确	5	
	任务检查评价	工作过程有条理，整洁有序、时间安排合理	2	
		计算方法及结果正确	5	
		标定、测定结果精密度、准确度符合要求，报告规范	10	
		任务完成后能进行总结、反思	5	

考核项目	考核要点	考核标准	配分	扣分
职业素质（30分）	工作态度	守纪律(不迟到、早退、喧哗、串岗)、认真仔细、实事求是，无作弊或编造数据等行为	5	
		环保、安全、节约(废纸、废液处理，节约试剂等)	2	
	学习能力	文明操作(实验台整洁、物品摆放合理等)	2	
		运用各种媒体学习、提取信息、获取新知识	2	
	工作能力	学习中能够发现问题、分析问题、归纳总结、解决问题	2	
		按工作任务要求，完成工作任务	2	
		对工作过程和工作质量进行全面、客观的评价	2	
	创新能力	工作过程中组织、协调、应变能力	2	
		学习中能提出不同见解	2	
	团结协作	工作中提出多种解决问题的思路、完成任务的方案等	2	
		服从老师、组长的任务分配，积极参与并按时完成	3	
		能认真对待他人意见，与同学密切协作、互相帮助、互相探讨	2	
		遇到问题商量解决，不互相推诿指责	2	

子任务考核单

班级：_____ 姓名：_____ 学号：_____ 成绩：_____

试题名称	AgNO₃ 标准滴定溶液的标定				考核时间	50 min
考核内容	考核要点	配分	评分标准		扣分	得分
操作前准备	(1)实验仪器、用具与试剂检查与清点	5	未检查与清点扣5分			
	(2)天平的检查和调试	5	(1)未检查天平水平扣3分			
			(2)未调试天平零点扣2分			
	(3)滴定管的准备	5	滴定管未查漏、润洗各扣2.5分			
操作过程	(1)标准溶液保存	5	试剂瓶选择错误扣5分，标签信息不全酌情扣1~4分			
	(2)AgNO₃ 标准溶液的标定	55	(1)NaCl 称量天平选择不正确扣4分			
			(2)NaCl 称量操作不规范扣4分			
			(3)NaCl 称取量偏差过大扣4分			
			(4)NaCl 溶解操作不规范扣4分			
			(5)滴定管装液操作不规范扣4分			
			(6)滴定管未排气泡扣5分			
			(7)滴定管读数错误扣6分			
			(8)滴定速度过快扣3分			
			(9)终点颜色错误扣6分			
			(10)滴定操作不规范扣5分			
			(11)未做平行实验扣5分			
			(12)未做空白实验扣5分			

续表

试题 名称	AgNO₃ 标准滴定溶液的标定			考核 时间	50 min
考核 内容	考核要点	配分	评分标准	扣分	得分
结果 计算	(1)原始记录	5	原始数据记录不规范、信息不全酌情 扣 1~5 分		
	(2)测定结果	15	(1)实验极差＞0.000 5 mol/L 扣 5 分		
			(2)计算未减空白扣 5 分		
			(3)结果不准确酌情扣 2~5 分		
文明 操作	(1)仪器、设备、用具及实验台面整理	3	实验结束后未整理扣 3 分，未全部归 位酌情扣 1~2 分		
	(2)仪器使用登记	2	未登记有关仪器使用记录扣 2 分		
安全及 其他	(1)不得损坏仪器、设备及用具或发生 事故	—	损坏玻璃仪器按每件 10 分从总分中扣 除，发生事故停止操作		
	(2)废液处理	—	废液未放入指定废液杯中从总分中扣 5 分		
	(3)在规定时间内完成操作	—	每超时 1 min 从总分中扣 3 分，超时达 5 min 停止操作		
合计		100			

任务考核单

班级：_____　姓名：_____　学号：_____　成绩：_____

试题名称		水中氯离子含量的测定		考核 时间	50 min	
操作项目		具体内容	技能要求	配分	扣分	得分
准备(2)		着装	穿实验用工作服，干净整洁	2		
溶液配制 (8)		称量	天平操作正确，读数、记录准确	4		
		保存	试剂瓶选择正确，贴标签	4		
酸式滴定管 的使用(8)		检漏	检漏方法准确	2		
		润洗	蒸馏水冲洗，待测溶液润洗 3 遍	2		
		排气泡	正确排气泡	2		
		调零	操作准确	2		
标准溶液标定 (20)		基准物质称量	称量操作准确	8		
		滴定速度	滴定速度适中，2 滴/秒	3		
		终点判定	终点颜色正确	5		
		读数	读数准确，保留位数准确	4		
样品 测定 (29)	移液管 的使用 (12)	润洗	蒸馏水冲洗，待测溶液润洗 3 遍	3		
		吸液	吸液操作准确	5		
		放液	放液操作准确	4		
样品 测定 (29)	样品 测定 (17)	加入标准溶液体积	加入体积准确	5		
		滴定速度	滴定速度适中，2 滴/秒	3		
		终点判定	终点颜色正确	5		
		读数	读数准确，保留位数准确	4		

续表

试题名称		水中氯离子含量的测定	考核时间	50 min	
操作项目	具体内容	技能要求	配分	扣分	得分
实验结果 （25）	原始数据	数据记录准确、完整	5		
	计算	公式正确，计算结果准确	10		
	有效数字	保留位数准确	5		
	精密度	误差≤2%	5		
文明操作 （8）	整理	废液处理，清洗实验仪器，整理实验药品，清理台面	4		
	实验室安全	安全操作，完成实验后断水、断电	4		
总分			100		

任务 8-2　溴化钾含量的测定（佛尔哈德法）

▌任务描述

溴化钾是典型的碱金属卤化物光学晶体，熔点低，热导率低，热膨胀系数高，硬度小。在光学方面，具有波段宽、高透过、低吸收等优良的红外光学性能，透过范围为 30～34 000 nm，本征吸收系数非常小，产品在红外器件、分光和红外线传递等方面得到广泛应用。我国的溴化钾产销量连年居世界第一，小 M 所在的公司就生产溴化钾产品，公司 2023 年的目标是要实现产品出口，这就要求其溴化钾产品性能指标应达到或优于国外产品，为此公司组织了研发团队，以提高产品的技术水平和国际竞争力，小 M 就是研发成员之一，这天，他兴奋地拿着团队研发的新产品，请你检测该样品中溴化钾的含量。

☀任务小贴士

未来的中国产业，无论是制造业还是服务业，它们的竞争力不应该建立在劳动力的低价上，而应该建立在生产与服务的技术领先和效率领先上。作为企业眼睛的质检人员，无论何时何地都应当严于律己，对实验投以百分之百的专注度，对每个检验细节都谨慎对待，做到实验数据的准确、客观、公正，以保证高质量引领产业发展。

▌任务分析

（1）测定溴化钾含量的方法有哪些？

（2）不同检测方法的区别有哪些？

▌**任务流程**

▌**任务实施**

子任务 8-2-1　NH_4SCN 标准溶液的配制与标定

一、实验原理

市售的 NH_4SCN 试剂一般含有杂质，如硫酸盐、氯化物等，纯度仅在 98% 以上，因此 NH_4SCN 标准溶液要用间接配制法制备，即先配成近似浓度的溶液，再用基准物质 $AgNO_3$ 标定或用已知准确浓度的 $AgNO_3$ 标准溶液标定(本实验选用 $AgNO_3$ 标准溶液标定)。标定方式可以采用佛尔哈德法的直接滴定法或返滴定法。直接滴定法以铁铵矾为指示剂，用配好的 NH_4SCN 溶液滴定一定体积的 $AgNO_3$ 标准溶液，由 $[Fe(SCN)]^{2+}$ 离子的红色指示终点。反应式为

$$Ag^+ + SCN^- \rightleftharpoons AgSCN\downarrow（白色）$$

$$Fe^{3+} + SCN^- \rightleftharpoons [FeSCN]^{2+}（红色）$$

指示剂浓度对滴定有影响，一般控制浓度 0.015 mol/L 为宜，滴定时，溶液酸度应保持为 $0.1 \sim 1$ mol/L。

二、仪器、试剂

仪器：托盘天平、电子天平、称量瓶、烧杯、棕色酸式滴定管、量筒、25 mL 移液管、洗耳球。

试剂：NH_4SCN(分析纯)、0.1 mol/L $AgNO_3$ 标准溶液、400 g/L $NH_4Fe(SO_4)_2$ 指示液(配制方法：40 g 硫酸高铁铵$[NH_4Fe(SO_4)_2 \cdot 12H_2O]$溶于水中，加浓 HNO_3 至溶液接近无色，稀释至 100 mL)、硝酸溶液(1+3)。

三、实验步骤

1. 0.1 mol/L NH_4SCN 标准溶液的配制

称取 3.8 g NH_4SCN 于烧杯中，加少量不含 Cl^- 的蒸馏水溶解，继续加不含 Cl^- 的蒸馏水稀释至 500 mL，摇匀，装入试剂瓶，贴上标签待标定。

2. 0.1 mol/L NH_4SCN 标准溶液的标定

准确移取已标定浓度的 $AgNO_3$(c 约为 0.1 mol/L)标准溶液 25 mL，放于锥形瓶。加 70 mL 水、1 mL 硫酸高铁铵指示液和 10 mL 硝酸溶液。在摇动下，用配好的 NH_4SCN 标准滴定溶液滴定。终点前摇动溶液至完全清亮后，继续滴定至溶液呈浅红色保持 30 s 不褪色即为终点。记录消耗 NH_4SCN 标准滴定溶液的体积。平行测定 3 次，同时做空白实验。

实操视频：NH_4SCN 标准溶液的配制与标定

四、结果计算

$$c_{NH_4SCN} = \frac{c_{AgNO_3} \times V_{AgNO_3}}{V_{NH_4SCN} - V_0}$$

式中 c_{NH_4SCN}——硫氰酸铵的浓度(mol/L);

c_{AgNO_3}—— $AgNO_3$ 的浓度(mol/L);

V_{AgNO_3}—— $AgNO_3$ 溶液的体积(mL);

V_0——空白实验消耗的 NH_4SCN 溶液体积(mL);

V_{NH_4SCN}——硫氰酸铵溶液体积(mL)。

五、注意事项

由于 AgCl 沉淀显著地吸附 Cl^-,导致 AgSCN 沉淀过早地出现。因此,滴定时必须充分摇动,使被吸附的 Cl^- 释放出来,以获得准确的结果。

六、问题探究

(1)配制硫酸高铁铵指示液为什么要加酸?标定 NH_4SCN 溶液时为什么还要加酸?

(2)佛尔哈德法的滴定酸度条件是什么?能否在碱性条件下进行?

(3)盛装 $AgNO_3$ 标准溶液的滴定管,在使用完毕后应如何洗涤?

任务报告

1. 数据记录

项目		1	2	3
$c_{AgNO_3}/(mol \cdot L^{-1})$				
V_{AgNO_3}/mL				
NH_4SCN 体积/mL	初读数			
	终读数			
	V_{NH_4SCN}			
V_0/mL				
$c_{NH_4SCN}/(mol \cdot L^{-1})$				
$\overline{c}_{NH_4SCN}/(mol \cdot L^{-1})$				
相对极差/%				

2. 结果计算

任务反思

子任务 8-2-2　溴化钾含量的测定

一、实验原理

在 0.1~1 mol/L 的 HNO_3 介质中，加入过量的 $AgNO_3$ 标准溶液，加铁铵矾指示剂，用 NH_4SCN 标准滴定溶液返滴定过量的 $AgNO_3$ 至出现$[Fe(SCN)]^{2+}$红色指示终点。

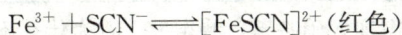

$$Br^- + Ag^+（过量）\Longrightarrow AgBr\downarrow（淡黄色）$$
$$Ag^+（剩余量）+ SCN^- \Longrightarrow AgSCN\downarrow（白色）$$
$$Fe^{3+} + SCN^- \Longrightarrow [FeSCN]^{2+}（红色）$$

二、仪器、试剂

仪器：电子天平、烧杯、250 mL 容量瓶、玻璃棒、25 mL 移液管、洗耳球、棕色酸式滴定管、量筒。

试剂：溴化钾样品、6 mol/L HNO_3 溶液、0.1 mol/L NH_4SCN 标准溶液、400 g/L 铁铵矾

指示液(配制方法：40 g 硫酸高铁铵[$NH_4Fe(SO_4)_2 \cdot 12H_2O$]溶于水中，加浓 HNO_3 至溶液接近无色，稀释至 100 mL)。

三、实验步骤

准确称取溴化钾样品 1.2 g 于烧杯中，加入蒸馏水溶解后转移至 250 mL 容量瓶中，稀释至刻度，摇匀。

准确移取 25.00 mL KBr 试液于锥形瓶中，加入 $AgNO_3$ 标准滴定溶液 25.00 mL，6 mol/L HNO_3 5 mL，蒸馏水 25 mL，铁铵矾指示剂 2 mL，在充分摇动下，用 NH_4SCN 标准滴定溶液滴定至溶液呈淡红色即为终点。记录消耗的 NH_4SCN 标准滴定溶液体积，平行测定 3 次。

实操视频：KBr 含量的测定

四、结果计算

$$w_{KBr} = \frac{(c_{AgNO_3} \times V_{AgNO_3} - c_{NH_4SCN} \times V_{NH_4SCN}) \times M_{KBr}}{m_{样品} \times \dfrac{25.00}{250.00} \times 1\,000} \times 100\%$$

式中　　w_{KBr}——溴化钾的质量分数；

c_{NH_4SCN}——硫氰酸铵的浓度(mol/L)；

c_{AgNO_3}—— $AgNO_3$ 的浓度(mol/L)；

V_{AgNO_3}—— $AgNO_3$ 溶液的体积(mL)；

V_{NH_4SCN}——硫氰酸铵溶液的体积(mL)；

M_{KBr}——溴化钾的摩尔质量(g/mol)；

$m_{样品}$——称取的样品质量(g)。

五、注意事项

操作过程中应避免阳光直接照射。

六、问题探究

(1)用佛尔哈德法测定卤化物时，为什么要 HNO_3 酸化溶液？用 HCl 或 H_2SO_4 行吗？

(2)佛尔哈德法测定 Cl^- 时需加入硝基苯，测定 Br^- 时为什么不加硝基苯？

▌任务报告

1. 数据记录

项目		1	2	3
$m_{样品}/g$				
$c_{NH_4SCN}/(mol \cdot L^{-1})$				
$c_{AgNO_3}/(mol \cdot L^{-1})$				
V_{AgNO_3}/mL				
NH_4SCN 体积/mL	初读数			
	终读数			
	V_{NH_4SCN}			
$w_{KBr}\%$				
$\overline{w}_{KBr}\%$				
相对极差/%				

2. 结果计算

▌任务反思

任务评价表

班级：_____　　姓名：_____　　学号：_____　　成绩：_____

考核项目	考核要点	考核标准	配分	扣分
专业能力（70分）	任务认知程度	认真阅读工作任务单，明确任务内容；分析任务，利用各种学习资源完成相关知识的学习（记笔记、认真听讲、积极讨论等）	10	
		课堂回答、课外作业完成好，并能灵活运用所学知识解答实际问题		
	任务决策计划	计划科学、可行性强	5	
	任务实施过程	实施方案（计划与步骤）详细、可操作性强	5	
		仪器、药品准备充分	3	
		分析天平使用规范，称样量范围≤±5%	5	

续表

考核项目	考核要点	考核标准	配分	扣分
专业能力(70分)	任务实施过程	移液管移液、放液等操作规范	5	
		溶液配制正确、规范	5	
		滴定管操作规范，滴定速度适当，终点判断准确	5	
		原始数据记录及时，有效数字、单位正确	5	
	任务检查评价	工作过程有条理，整洁有序、时间安排合理	2	
		计算方法及结果正确	5	
		标定、测定结果精密度、准确度符合要求、报告规范	10	
		任务完成后能进行总结、反思		
职业素质(30分)	工作态度	守纪律(不迟到、早退、喧哗、串岗)、认真仔细、实事求是，无作弊或编造数据等行为	5	
		环保、安全、节约(废纸、废液处理，节约试剂等)	2	
	学习能力	文明操作(实验台整洁、物品摆放合理等)	2	
		运用各种媒体学习、提取信息、获取新知识	2	
	工作能力	学习中能够发现问题、分析问题、归纳总结、解决问题	2	
		按工作任务要求，完成工作任务	2	
		对工作过程和工作质量进行全面、客观的评价	2	
	创新能力	工作过程中组织、协调、应变能力	2	
		学习中能提出不同见解	2	
	团结协作	工作中提出多种解决问题的思路、完成任务的方案等	2	
		服从老师、组长的任务分配，积极参与并按时完成	3	
		能认真对待他人意见，与同学密切协作、互相帮助、互相探讨	2	
		遇到问题商量解决，不互相推诿指责	2	

子任务考核单

班级：＿＿＿＿＿ 姓名：＿＿＿＿＿ 学号：＿＿＿＿＿ 成绩：＿＿＿＿＿

试题名称	NH_4SCN 标准滴定溶液的标定				考核时间	50 min
考核内容	考核要点	配分	评分标准		扣分	得分
操作前准备	(1)实验仪器、用具与试剂检查与清点	5	未检查与清点扣5分			
	(2)天平的检查和调试	5	(1)未检查天平水平扣3分			
			(2)未调试天平零点扣2分			
	(3)滴定管的准备	5	滴定管未查漏、润洗各扣2.5分			
操作过程	(1)标准溶液保存	5	试剂瓶选择错误扣5分，标签信息不全酌情扣1~4分			
	(2)NH_4SCN 标准溶液的标定	55	(1)$AgNO_3$ 移取容器选择不正确扣4分			
			(2)移液管移液操作不规范扣4分			
			(3)移液管放液不规范扣4分			
			(4)移液管管尖液体未停留扣4分			
			(5)滴定管装液操作不规范扣4分			
			(6)滴定管未排气泡扣5分			
			(7)滴定管读数错误扣6分			

续表

试题名称	NH₄SCN 标准滴定溶液的标定			考核时间	50 min
考核内容	考核要点	配分	评分标准	扣分	得分
操作过程	(2)NH₄SCN 标准溶液的标定	55	(8)滴定速度过快扣 3 分		
			(9)终点颜色错误扣 6 分		
			(10)滴定操作不规范扣 5 分		
			(11)未做平行实验扣 5 分		
			(12)未做空白实验扣 5 分		
结果计算	(1)原始记录	5	原始数据记录不规范、信息不全酌情扣 1～5 分		
	(2)测定结果	15	(1)实验极差＞0.000 5 mol/L 扣 5 分		
			(2)计算未减空白扣 5 分		
			(3)结果不准确酌情扣 2～5 分		
文明操作	(1)仪器、设备、用具及实验台面整理	3	实验结束后未整理扣 3 分，未全部归位酌情扣 1～2 分		
	(2)仪器使用登记	2	未登记有关仪器使用记录扣 2 分		
安全及其他	(1)不得损坏仪器、设备及用具或发生事故	—	损坏玻璃仪器按每件 10 分从总分中扣除，发生事故停止操作		
	(2)废液处理	—	废液未放入指定废液杯中从总分中扣 5 分		
	(3)在规定时间内完成操作	—	每超时 1 min 从总分中扣 3 分，超时达 5 min 停止操作		
合计		100			

任务考核单

班级：＿＿＿＿　　姓名：＿＿＿＿　　学号：＿＿＿＿　　成绩：＿＿＿＿

试题名称	溴化钾含量的测定			考核时间	50 min
操作项目	具体内容	技能要求	配分	扣分	得分
准备(2)	着装	穿实验用工作服，干净整洁	2		
溶液配制(8)	称量	天平操作正确，读数、记录准确	4		
	保存	试剂瓶选择正确，贴标签	4		
酸式滴定管的使用(8)	检漏	检漏方法准确	2		
	润洗	蒸馏水冲洗，待测溶液润洗 3 遍	2		
	排气泡	正确排气泡	2		
	调零	操作准确	2		
标准溶液标定(20)	基准物质称量	称量操作准确	4		
	滴定速度	滴定速度适中，2 滴/秒	4		
	指示剂的使用	加入淀粉指示剂的时间正确	4		
	终点判定	终点颜色准确	4		
	读数	读数准确，保留位数准确	4		

续表

试题名称		溴化钾含量的测定		考核时间	50 min	
操作项目	具体内容	技能要求	配分	扣分	得分	
样品测定 (29)	加入标准溶液体积	加入体积准确	5			
	滴定速度	滴定速度适中，2滴/秒	5			
	指示剂的使用	加入淀粉指示剂的时间正确	5			
	终点判定	终点颜色准确	10			
	读数	读数准确，保留位数准确	4			
实验结果 (25)	原始数据	数据记录准确、完整	5			
	计算	公式正确，计算结果准确	10			
	有效数字	保留位数准确	5			
	精密度	误差≤2%	5			
文明操作 (8)	整理	废液处理，清洗实验仪器，整理实验药品，清理台面	4			
	实验室安全	安全操作，完成实验后断水、断电	4			
总分			100			

拓展资源

龋齿的形成——沉淀溶解平衡

龋齿是指因口腔不清洁，食物渣滓发酵产生酸性物质，侵蚀牙齿的釉质而形成空洞的牙齿，俗称"虫牙""蛀牙"。你知道吗？龋齿与沉淀溶解平衡有着密切关系。

牙齿是人体中最坚硬的器官，其表面有一层牙釉质保护层，主要成分是羟基磷酸钙 $[Ca_5(PO_4)_3OH]$，也称羟基磷灰石，它是一种很坚硬的难溶化合物。由于溶度积小，在一般情况下，它是难以溶解的，故能起着保护牙齿的作用。

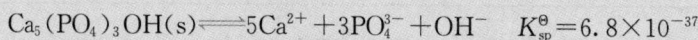

$$Ca_5(PO_4)_3OH(s) \rightleftharpoons 5Ca^{2+} + 3PO_4^{3-} + OH^- \quad K_{sp}^{\ominus} = 6.8 \times 10^{-37}$$

为什么我们总要强调少吃糖、少吃甜食呢？糖在酶的作用下产生一种有机弱酸，有机弱酸 H^+ 和上面方程式中的产物 OH^- 相结合形成弱电解质水，OH^- 的量减少，使羟基磷灰石的溶解沉淀平衡被破坏，反应向右边正方向移动，以固体形式存在的羟基磷灰石溶解程度变大，这就是所谓的"牙齿被侵袭，产生脱矿"的原因。一旦部分釉质遭到破坏，龋齿便开始了。

$$Ca_5(PO_4)_3OH(s) + 7H^+ \rightarrow 5Ca^{2+} + 3H_2PO_4^- + H_2O$$

防止龋齿最好的方法是吃低糖的食物和坚持饭后立即刷牙。涂氟防龋（用 NaF 溶液或 NaF 甘油膏涂在牙齿的表面），作为口腔保健的一种措施，也可获得良好效果。用含氟牙膏刷牙也有相同的作用。这些氟化物的作用是 F^- 取代了羟基磷灰石中的 OH^-，生成氟磷灰石 $[Ca_5(PO_4)_3F]$。因后者的溶度积（$K_{sp}^{\ominus} = 1 \times 10^{-60}$）比羟基磷灰石的溶度积小，所以易发生如下沉淀的转化反应：

$$Ca_5(PO_4)_3OH(s) + F^- \rightarrow Ca_5(PO_4)_3F(s) + OH^-$$

一旦牙齿釉质的成分变成氟磷灰石，因其溶度积小，且溶解下来的 F^- 比羟基磷灰石溶解下来的 OH^- 碱性弱，所以牙齿的抗酸能力增强了。氟可以增强牙齿钙的抗酸性，同时抑制细菌发酵产生酸，因此能够坚固骨骼和牙齿，预防龋齿。但高浓度的氟对人体的危害很大，轻则影响牙齿和骨头的发育，出现氟化骨症、氟斑牙等慢性氟中毒，使骨头过硬，很容易产生骨折。

巩固练习

一、单选题

1. 在 AgCl 水溶液中，其 $[Ag^+]=[Cl^-]=1.34\times10^{-5}$ mol/L，AgCl 的 $K_{sp}=1.8\times10^{-10}$，该溶液为（　　）。

　　A. 氯化银沉淀溶解　B. 不饱和溶液　　　　C. $c_{Ag^+}>c_{Cl^-}$　　　　D. 饱和溶液

2. 25 ℃时，AgCl 在纯水中的溶解度为 1.34×10^{-5} mol/L，则该温度下 AgCl 的 K_{sp} 为（　　）。

　　A. 8.8×10^{-10}　　　B. 5.6×10^{-10}　　　C. 3.5×10^{-10}　　　D. 1.8×10^{-10}

3. 对于一难溶电解质 $A_nB_m(S)\Longleftrightarrow nA^{m+}+mB^{n-}$，要使沉淀从溶液中析出，则必须（　　）。

　　A. $[A^{m+}]^n[B^{n-}]^m=K_{sp}$　　　　　　　　B. $[A^{m+}]^n[B^{n-}]^m>K_{sp}$

　　C. $[A^{m+}]^n[B^{n-}]^m<K_{sp}$　　　　　　　　D. $[A^{m+1}]>[B^{n-1}]$

4. 已知 25 ℃时，Ag_2CrO_4 的 $K_{sp}=1.1\times10^{-12}$，则该温度下 Ag_2CrO_4 的溶解度为（　　）mol/L。

　　A. 6.5×10^{-5}　　　B. 1.05×10^{-6}　　　C. 6.5×10^{-6}　　　D. 1.05×10^{-5}

5. 难溶化合物 $Fe(OH)_3$ 溶度积的表达式为（　　）。

　　A. $K_{sp}=[Fe^{3+}][OH^-]$　　　　　　　　　B. $K_{sp}=[Fe^{3+}][3OH^-]$

　　C. $K_{sp}=[Fe^{3+}][3OH^-]^3$　　　　　　　　D. $K_{sp}=[Fe^{3+}][OH^-]^3$

6. 在含有 0.01 mol/L 的 I^-、Br^-、Cl^- 溶液中，逐渐加入 $AgNO_3$ 试剂，先出现的沉淀是（　　）$[K_{sp(AgCl)}>K_{sp(AgBr)}>K_{sp(AgI)}]$。

　　A. AgI　　　　　　　B. AgBr　　　　　　　C. AgCl　　　　　　　D. 同时出现

7. 用莫尔法测定纯碱中的氯化钠，应选择的指示剂是（　　）。

　　A. $K_2Cr_2O_7$　　　　　B. K_2CrO_4　　　　　C. KNO_3　　　　　D. $KClO_3$

8. 法扬司法采用的指示剂是（　　）。

　　A. 铬酸钾　　　　　　B. 铁铵矾　　　　　　C. 吸附指示剂　　　　D. 自身指示剂

9. 采用佛尔哈德法测定水中 Ag^+ 含量时，终点颜色为（　　）。

　　A. 红色　　　　　　　B. 纯蓝色　　　　　　C. 黄绿色　　　　　　D. 蓝紫色

10. 以铁铵钒为指示剂，用硫氰酸铵标准滴定溶液滴定银离子时，应在条件（　　）下进行。

　　A. 酸性　　　　　　　B. 弱酸性　　　　　　C. 碱性　　　　　　　D. 弱碱性

11. 某氢氧化物沉淀，既能溶于过量的氨水，又能溶于过量的 NaOH 溶液的离子是（　　）。

　　A. Sn^{4+}　　　　　　B. Pb^{2+}　　　　　　C. Zn^{2+}　　　　　　D. Al^{3+}

12. 沉淀滴定中的莫尔法指的是（　　）。

　　A. 以铬酸钾作为指示剂的银量法

　　B. 以 $AgNO_3$ 为指示剂，用 K_2CrO_4 标准溶液滴定试液中的 Ba^{2+} 的分析方法

　　C. 用吸附指示剂指示滴定终点的银量法

　　D. 以铁铵矾作为指示剂的银量法

13. 莫尔法测 Cl^- 含量，要求介质的 pH 为 6.5～10.0，若酸度过高，则（　　）。

　　A. AgCl 沉淀不完全　　　　　　　　　B. AgCl 沉淀易胶溶

　　C. AgCl 沉淀对 Cl^- 吸附增强　　　　　D. Ag_2CrO_4 沉淀不易形成

14. 莫尔法采用 $AgNO_3$ 标准溶液测定 Cl^- 时，其滴定条件是（　　）。

　　A. pH=2.0～4.0　　　　　　　　　　B. pH=6.5～10.5

　　C. pH=4.0～6.5　　　　　　　　　　D. pH=10.0～12.0

15. 用莫尔法测定氯离子时，终点颜色为（　　）。

    A. 白色　　　　　　　B. 砖红色　　　　　　C. 灰色　　　　　　D. 蓝色

16. 用铬酸钾作为指示剂测定氯离子时，终点颜色为（　　）。

    A. 白色　　　　　　　B. 砖红色　　　　　　C. 灰色　　　　　　D. 蓝色

17. $AgCl$ 和 Ag_2CrO_4 的溶度积分别为 1.8×10^{-10} 和 2.0×10^{-12}，则面面叙述中正确的是（　　）。

    A. $AgCl$ 与 Ag_2CrO_4 的溶解度相等

    B. $AgCl$ 的溶解度大于 Ag_2CrO_4

    C. 两者类型不同，不能由溶度积大小直接判断溶解度大小

    D. 都是难溶盐，溶解度无意义

18. 下列说法正确的是（　　）。

    A. 莫尔法能测定 Cl^-、I^-、Ag^+

    B. 佛尔哈德法能测定的离子有 Cl^-、Br^-、I^-、SCN^-、Ag^+

    C. 佛尔哈德法能测定的离子只有 Cl^-、Br^-、I^-、SCN^-

    D. 沉淀滴定中吸附指示剂的选择，要求沉淀胶体微粒对指示剂的吸附能力应略大于对待测离子的吸附能力

19. 用佛尔哈德法测定 Cl^- 时，如果不加硝基苯（或邻苯二甲酸二丁酯），会使分析结果（　　）。

    A. 偏高　　　　　　　　　　　　　　B. 偏低

    C. 无影响　　　　　　　　　　　　　D. 可能偏高也可能偏低

20. 用法扬司法测定氯含量时，在荧光黄指示剂中加入糊精的目的是（　　）。

    A. 加快沉淀凝聚　　　　　　　　　　B. 减小沉淀比表面积

    C. 加大沉淀比表面积　　　　　　　　D. 加速沉淀的转化

二、多选题

1. 在含有固体 $AgCl$ 的饱和溶液中加入（　　）物质，能使 $AgCl$ 的溶解度减小。

    A. 盐酸　　　　　　　B. $AgNO_3$　　　　　　C. KNO_3

    D. 氨水　　　　　　　E. 水

2. 在含有同浓度的氯离子和碘离子的溶液中滴加硝酸铅溶液，则下列现象正确的是（　　）$[K_{sp(PbCl_2)} > K_{sp(PbI_2)}]$。

    A. $PbCl_2$ 先沉淀　　　B. PbI_2 后沉淀　　　C. $PbCl_2$ 后沉淀　　　D. PbI_2 先沉淀

3. 在 $AgCl$ 水溶液中，其 $[Ag^+]=[Cl^-]=1.34 \times 10^{-5}$ mol/L，K_{sp} 为 1.8×10^{-10}，该溶液为（　　）。

    A. 氯化银沉淀—溶解平衡　　　　　　B. 不饱和溶液

    C. $c_{Ag^+} > c_{Cl^-}$　　　　　　　　　　D. 饱和溶液

    E. 过饱和溶液

4. 根据确定终点的方法不同，银量法分为（　　）。

    A. 莫尔法　　　　　　B. 佛尔哈德法　　　　C. 碘量法　　　　　D. 法扬司法

5. 莫尔法主要用于测定（　　）。

    A. Cl^-　　　　　　　B. Br^-　　　　　　　C. I^-　　　　　　D. Na^+

6. 用莫尔法测定溶液中 Cl^- 含量，下列说法正确的是（　　）。

    A. 标准滴定溶液是 $AgNO_3$ 溶液

    B. 指示剂为铬酸钾

    C. $AgCl$ 的溶解度比 Ag_2CrO_4 的溶解度小，因而终点时 Ag_2CrO_4（砖红色）转变为 $AgCl$（白色）

    D. $n_{Cl^-} = n_{Ag^+}$

7. 佛尔哈德法测定 I⁻ 含量时，下面步骤正确的是(　　)。

A. 在 HNO_3 介质中进行，酸度控制为 $0.1\sim1$ mol/L

B. 加入铁铵矾指示剂后，加入过量的 $AgNO_3$ 标准溶液

C. 用 NH_4SCN 标准滴定溶液滴定过量的 Ag^+

D. 至溶液成红色时，停止滴定，根据消耗标准溶液的体积进行计算

8. 下列叙述中(　　)是沉淀滴定反应必须符合的条件。

A. 沉淀反应要迅速、定量地完成　　　B. 沉淀的溶解度要不受外界条件的影响

C. 要有确定滴定反应终点的方法　　　D. 沉淀要有颜色

9. 关于莫尔法的条件选择，下列说法正确的是(　　)。

A. 指示剂 K_2CrO_4 的用量应大于 0.01 mol/L，避免终点拖后

B. 溶液 pH 控制为 $6.5\sim10.5$

C. 接近终点时应剧烈摇动，减少 $AgCl$ 沉淀对 Cl^- 的吸附

D. 含铵盐的溶液 pH 控制为 $6.5\sim7.2$

10. 用法扬司法测定溶液中的 Cl^- 含量，下列说法正确的是(　　)。

A. 标准滴定溶液是 $AgNO_3$ 溶液

B. 滴定化学计量点前 $AgCl$ 胶体沉淀表面不带电荷，不吸附指示剂

C. 化学计量点后微过量的 Ag^+ 使 $AgCl$ 胶体沉淀表面带正电荷，指示剂被吸附，呈现粉红色指示终点

D. 计算：$n_{Cl^-}=n_{Ag^+}$

三、判断题

1. 硝酸银标准溶液应装在棕色碱式滴定管中进行滴定。　　　　　　　　　　　　(　　)

2. $K_{sp(Ag_2CrO_4)}=2.0\times10^{-12}$ 小于 $K_{sp(AgCl)}=1.8\times10^{-10}$，因此在 CrO_4^{2-} 和 Cl^- 浓度相等时，滴加硝酸盐，铬酸银首先沉淀下来。　　　　　　　　　　　　　　　　　　　　　　(　　)

3. 欲使沉淀溶解，应设法降低有关离子的浓度，保持 $Q_i<K_{sp}$，沉淀即不断溶解，直至消失。　　　　　　　　　　　　　　　　　　　　　　　　　　　　　　　　　　　(　　)

4. 佛尔哈德法是以 NH_4SCN 为标准滴定溶液，铁铵矾为指示剂，在稀硝酸溶液中进行滴定。　　　　　　　　　　　　　　　　　　　　　　　　　　　　　　　　　　　　　(　　)

5. 莫尔法可以用于样品中 I⁻ 的测定。　　　　　　　　　　　　　　　　　　　(　　)

6. 根据同离子效应，可加入大量沉淀以降低沉淀在水中的溶解度。　　　　　　　(　　)

7. 以 SO_4^{2-} 沉淀 Ba^{2+} 时，加入过量的 SO_4^{2-} 可以使 Ba^{2+} 离子沉淀更完全。这是利用同离子效应。　　　　　　　　　　　　　　　　　　　　　　　　　　　　　　　　　(　　)

8. 分析纯的 NaCl 试剂，如不做任何处理，用来标定 $AgNO_3$ 溶液的浓度，结果会偏高。

(　　)

9. 吸附指示剂是利用指示剂与胶体沉淀表面的吸附作用，引起结构变化，导致指示剂的颜色发生变化的。　　　　　　　　　　　　　　　　　　　　　　　　　　　　　　(　　)

10. 佛尔哈德法通常在 $0.1\sim1$ mol/L 的 HNO_3 溶液中进行。　　　　　　　　(　　)

四、计算题

1. 将 30.00 mL $AgNO_3$ 溶液作用于 0.135 7 g NaCl，过量的银离子需用 2.50 mL NH_4SCN 滴定至终点。预先知道滴定 20.00 mL $AgNO_3$ 溶液需要 19.85 mL NH_4SCN 溶液。试计算：①$AgNO_3$ 溶液的浓度；②NH_4SCN 溶液的浓度。

2. 将 0.115 9 mol/L $AgNO_3$ 溶液 30.00 mL 加入含有氯化物试样 0.225 5 g 的溶液中，然后用 3.16 mL 0.103 3 mol/L NH_4SCN 溶液滴定过量的 $AgNO_3$。计算试样中氯的质量分数。

模块九　不差累黍，不失毫厘——重量分析

案例引入

俗话说"十人九胃"。如果饮食不慎或者胃出现问题，严重的还可能会发展成其他疾病，因此经常感觉胃部不舒服的人，可以通过胃肠道检查的方式来查明原因，而消化道钡餐造影检查就是胃部疾病的有效检查方式之一。

钡餐是一种显影剂，用于消化道检查的钡餐是硫酸钡混悬剂，它不溶于水和脂质，也不溶于胃内其他物质，不会被胃肠道黏膜吸收，会被直接排出体外，对人体基本无毒性。X线检查时，因为人体各器官组织的密度和厚度不同，所以显示出黑白的自然层次对比。但腹部的几种组织器官密度相似，不易辨认，所以在检查前口服钡餐，就像吃饭一样，把硫酸钡喝下去，之后顺着消化道下行，X线无法透过硫酸钡，人为地提高了显示对比度，从而达到检查的目的。

近年来，生活、工作压力大、饮食不规律等不健康的生活方式影响着大家的健康，坚持好的生活习惯才能让我们更健康。

学习目标

知识目标：

1. 了解重量分析的原理及特点；
2. 掌握沉淀剂及沉淀条件的选择；
3. 掌握重量分析操作技术；
4. 掌握重量分析法的应用。

能力目标：

1. 能够正确选择沉淀剂及沉淀条件；
2. 能够熟练进行沉淀的制备、过滤、洗涤、灼烧及恒重等基本操作；
3. 能够正确使用重量分析法检测相关物质的含量。

素养目标：

1. 具备严谨的科学态度、精益求精的职业操守；
2. 具备安全实验、规范操作的实验意识；
3. 具备团结协作的集体意识。

模块导学

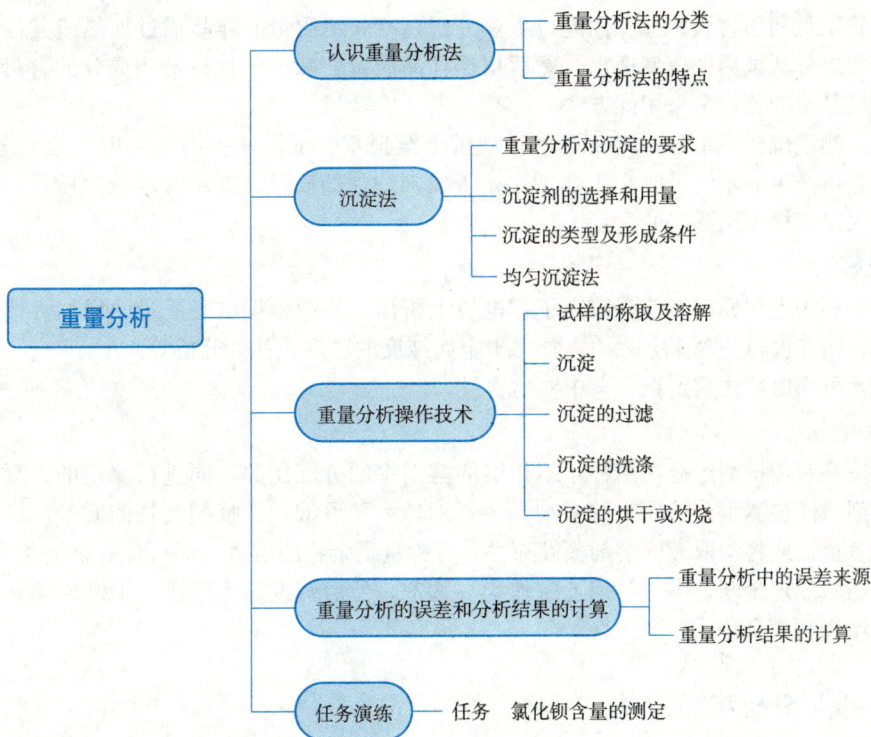

任务资讯

重量分析法是通过称量物质的质量进行含量测定的方法。测定时，先用适当的方法使被测组分与试样中其他组分分离转化为一定的称量形式，然后称其质量，最后由称得的质量计算该组分的含量。

知识点一　认识重量分析法

一、重量分析法的分类

重量分析法是定量分析的重要方法之一。根据被测组分与试样中其他组分的分离方法不同，通常可分为沉淀法、挥发法、电解法和萃取法。

1. 沉淀法

沉淀法是利用沉淀反应，使被测组分生成难溶化合物的沉淀析出，再将沉淀过滤、洗涤、烘干或灼烧，使之转化为具有一定化学组成的化合物，然后称其质量后，计算被测组分含量的方法。

例如，测定某样品中硫酸盐含量时，可加入过量的 $BaCl_2$ 试剂，利用 Ba^{2+} 与 SO_4^{2-} 反应析

出 $BaSO_4$ 沉淀，再将沉淀经过过滤、洗涤、烘干、灼烧得到纯净的 $BaSO_4$，最后用分析天平称量其质量，由此计算出 SO_4^{2-} 的含量。

2. 挥发法(或气化法)

挥发法正是利用物质的挥发性进行重量分析，将一定质量的样品通过加热或其他适当的方法，使被测成分从试样中挥发逸出，然后根据样品质量的减少值计算被测成分的含量。试样中湿存水或结晶水的测定多采用此方法。

例如，测定试样中结晶水时，可将试样烘干至恒重。试样减少的质量即所含水分的质量。也可将加热后产生的水汽吸收在干燥剂中，干燥剂增加的质量，即所含水分的质量，根据称量结果，可求得试样中结晶水的含量。

3. 电解法

电解法利用电解原理，使金属离子在电极上析出，然后根据电极质量的增加，计算金属离子的含量，精确度可达到千分之一，常用于金属纯度的鉴定、仲裁分析等。

例如，可用电解法测定铜合金中铜的含量。

4. 萃取法

萃取法是利用被测组分在两种互不相溶的溶剂中的分配比的不同进行测定的。测定时加入某种萃取剂，使被测组分从原来的溶剂中定量地转入萃取液，称量剩余物的质量，可计算出被测组分的含量，或将萃取液的溶剂蒸发除去，再称量剩余物的质量，即可计算被测组分的含量。例如，粗脂肪的定量测定中，常用乙醚作为提取剂，然后蒸发除去乙醚，干燥后称量，即可得到样品中粗脂肪的含量。

二、重量分析法的特点

重量分析法是经典的化学分析法，因其仪器设备简单、结果准确、应用范围广泛等特点，一直被分析工作者视为很有效的分析方法，可用于测定含量大于 1% 的常量组分的测定。但重量分析法的操作比较麻烦，程序多，周期长，不能满足生产上快速分析的要求，同时重量分析法灵敏度低，不适用于微量组分的分析，这是重量分析法的主要缺点。目前主要用于原材料的分析、标样检测和仲裁分析。校对其他分析方法准确度时，也常用重量分析法。

知识点二　沉淀法

沉淀法是利用沉淀反应进行重量分析，根据所得沉淀的质量计算分析结果的。所以，该方法对沉淀有较高的要求。

将合适的沉淀剂加入试液，被测组分就以一定的"沉淀形式"沉淀出来，沉淀经过滤、洗涤、烘干或灼烧成为适当的"称量形式"后称重。"沉淀形式"和"称量形式"有时相同，有时不相同。例如，用 $BaSO_4$ 重量分析法测定 Ba^{2+} 或 SO_4^{2-} 时，沉淀形式和称量形式都是 $BaSO_4$，两者相同，而用氨水作为沉淀剂测定 Al^{3+} 时，沉淀形式为 $Al(OH)_3$，沉淀灼烧后成为 Al_2O_3，所以称量形式是 Al_2O_3，两者不相同。

一、重量分析对沉淀的要求

(一)对沉淀形式的要求

(1)沉淀的溶解度必须很小，才能保证被测组分定量地沉淀完全。所谓沉淀完全，是要求在整个分析过程中沉淀溶解损失不超过 0.000 2 g。

(2)沉淀必须纯净，易于过滤和洗涤。如果是晶形沉淀，希望获得较为粗大的沉淀颗粒；如果是非晶形沉淀，则希望获得尽可能紧密的沉淀。

(3)沉淀形式易于转化为称量形式。

(二)对称量形式的要求

(1)称量形式必须具有确定的化学组成，并与化学式完全相符。这是对称量形式最基本的要求。

例如，$Fe(OH)_3$ 沉淀中水分是不定的（$Fe_2O_3 \cdot nH_2O$），物质组成与化学式不相符合。所以不能作为称量形式。只有将它灼烧后，成为组成一定的、与化学式完全相符的 Fe_2O_3，才能作为称量形式。

(2)称量形式必须十分稳定，不易吸收空气中的水分和 CO_2，也不易被空气中的氧所氧化。

(3)称量形式的相对分子量要大，使被测组分在称量形式中所占份额较少。这样由称量误差引起的相对误差就较小，从而保证分析结果的准确度。

例如，用重量分析法测定 Al^{3+} 时，可以用氨水沉淀为 $Al(OH)_3$ 后，灼烧成 Al_2O_3，称重。也可以用 8-羟基喹啉沉淀为 8-羟基喹啉铝[$(C_9H_6NO)_3Al$]，烘干后称重。按这两种称量形式计算，0.100 0 g Al^{3+} 可获得 0.188 9 g Al_2O_3 或 1.703 6 g $(C_9H_6NO)_3Al$，若称量误差为 ± 0.2 mg，对于这两种称量形式，称量的相对误差分别为

$$相对误差(Al_2O_3) = \frac{\pm 0.000\ 2}{0.188\ 9} \times 100\% \approx \pm 0.1\%$$

$$相对误差[(C_9H_6NO)_3Al] = \frac{\pm 0.000\ 2}{1.703\ 6} \times 100\% \approx \pm 0.01\%$$

显然，用 8-羟基喹啉铝作为称量形式测定铝的准确度比用 Al_2O_3 高。

二、沉淀剂的选择和用量

(一)沉淀剂的选择

重量分析所用的沉淀剂，首先应根据对沉淀形式和称量形式的要求来选择，其次还应考虑以下问题。

(1)具有良好的选择性。要求沉淀剂只与被测组分生成沉淀，而不与试液中其他组分作用。例如，H_2S 和丁二酮肟都能与 Ni^{2+} 作用生成沉淀，但 H_2S 能与多种金属离子反应生成沉淀，选择性较差，故常用丁二酮肟与 Ni^{2+} 反应，而不用 H_2S 作为沉淀剂。

(2)具有较好的挥发性。为使沉淀反应进行完全，需要加入过量沉淀剂。因此，在沉淀中不可避免地含有部分沉淀剂。为在烘干或灼烧时除去过量的沉淀剂，沉淀剂最好具有挥发性。例如，沉淀 Fe^{3+} 时常选用 $NH_3 \cdot H_2O$ 而不用 $NaOH$ 作为沉淀剂，就缘于此。

为满足重量分析对"沉淀形式"和"称量形式"的要求，有机沉淀剂的应用逐渐广泛，与无机沉淀剂相比，有机沉淀剂有以下一些特点。

(1)选择性好。试剂种类多，性质各异，能根据不同的分析要求，选择不同的试剂，可大大提高沉淀反应的选择性。

(2)溶解度小。因有机沉淀憎水性强，故在水溶液中的溶解度小，有利于被测组分的沉淀完全。

(3)吸附杂质少。因沉淀表面不带电荷，对无机杂质吸附能力弱，易于获得纯净沉淀。

(4)相对分子量大。使生成沉淀的相对分子量较大，被测组分在称量形式中所占的份额少，

可减小称量误差。

(5)挥发性好。能在低温下烘干后称重，不用灼烧，可简化操作手续，提高分析速度。但有机沉淀也存在不足之处，如沉淀剂本身在水中溶解度较小，易夹杂在沉淀中，有的沉淀仍需要灼烧成无机物后称重等。

(二)沉淀剂的用量

在重量分析中，沉淀的溶解损失除了取决于沉淀自身的溶解度，还与沉淀剂的用量有关。根据溶度积原理，适当增加沉淀剂用量，利用同离子效应可以使被测组分沉淀更为完全。操作时一般先根据沉淀反应方程式和所取的试样及试样中被测组分的大约含量，求出沉淀剂的理论用量，然后确定实际用量。对于挥发性较好的沉淀剂可过量多些，不具有挥发性的沉淀剂不宜过量太多。另外，过量的沉淀剂有时会因为生成配合物或产生盐效应反而使沉淀的溶解度增大，如 $AgCl+Cl^-=AgCl_2^-$。因此，沉淀剂的实际用量通常是理论用量的 $1.2\sim1.5$ 倍。

【例 9-1】 测定硫酸钠含量时，采用硫酸钡沉淀法，若称取 $0.4\ g\ Na_2SO_4$，则

(1)理论上应加 $50\ g/L$ 的 $BaCl_2$ 溶液多少毫升？

(2)若溶液的总体积为 $200\ mL$ 时，此时溶解损失的质量有多少？

(3)若过量 50% 的沉淀剂，沉淀的溶解损失又是多少？

解：(1)$BaCl_2$ 溶液的理论用量可由下式计算求得

(设用量为 X mL)：

$$Na_2SO_4 \cdot 10H_2O + BaCl_2 \cdot 2H_2O = 2NaCl + BaSO_4 \downarrow + 12H_2O$$

$$322.2 \qquad\qquad 244.3$$

$$0.4 \qquad\qquad \frac{X}{1\ 000}\times 50$$

$$X = \frac{244.3\times 0.4\times 1\ 000}{322.2\times 50} = 6(mL)$$

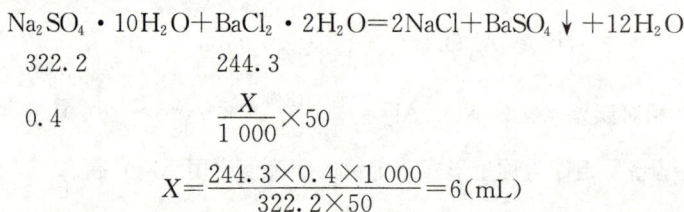

(2)加入 $6\ mL$ 的沉淀剂时，溶液中 Ba^{2+} 的浓度与 SO_4^{2-} 的浓度接近相等，其浓度的乘积应等于 $BaSO_4$ 沉淀的溶度积：

$$[Ba^{2+}]\times[SO_4^{2-}] = K_{sp} = 1.1\times 10^{-10}$$

$$[Ba^{2+}] = [SO_4^{2-}] = 1.05\times 10^{-5}(mol/L)$$

设沉淀时溶液的总体积为 $200\ mL$，不难算出溶解损失量为

$$1.05\times 10^{-5}\times 233.5\times 200/1\ 000 = 5\times 10^{-4}(g) = 0.5\ mg$$

$$M_{BaSO_4} = 233.5\ g/mol$$

此溶解损失量是允许损失量($0.2\ mg$)的 2.5 倍。可见，根据计量关系加入理论用量的沉淀剂时，沉淀作用达不到重量分析的实际要求。如果加入过量的沉淀剂，则由于同离子效应，可使沉淀作用趋于完全。

(3)当加入过量 50% 的沉淀剂时，沉淀的溶解损失量可计算如下。

加入 $9\ mL\ BaCl_2$ 试液，有 $6\ mL$ 结合成沉淀，尚余 $3\ mL$，因此在 $200\ mL$ 溶液中剩余 $BaCl_2$ 浓度应为

$$\frac{3\times 0.05}{244.3\times 0.2} = 0.003(mol/L)$$

$BaCl_2$ 为强电解质，溶液中 Ba^{2+} 浓度也等于 $0.003\ mol/L$，故溶液中 SO_4^{2-} 的浓度应为

$$[SO_4^{2-}] = K_{sp}/[Ba^{2+}] = 1.1\times 10^{-10}/(3\times 10^{-3}) = 3.6\times 10^{-8}(mol/L)$$

因此 $BaSO_4$ 溶解损失的量为

$$3.6\times 10^{-8}\times 233.5\times 200/1\ 000 = 1.7\times 10^{-6}(g) = 1.7\times 10^{-3}\ mg$$

这一损失量远小于所允许的称量误差。可见过量 50% 的沉淀剂已能使沉淀作用完全，符合分析要求。

但是，如果沉淀剂不具有挥发性，则不宜过量太多，一般以过量 20%～30% 为宜。

三、沉淀的类型及形成条件

重量分析除了要求沉淀完全，还要求沉淀尽可能纯净，并且易于过滤和洗涤。因此，我们必须了解沉淀的形成过程和沉淀类型，从而选择合适的沉淀条件，以获得符合重量分析要求的沉淀。

(一)沉淀的形成过程

在"沉淀滴定分析"模块，我们已经讨论了溶液中形成沉淀的必要条件，即当构成沉淀的离子(简称构晶离子)浓度的乘积大于沉淀的溶度积 K_{sp} 时，才能产生沉淀。沉淀反应开始时，构晶离子相互聚集形成微小的晶核，随后构晶离子从溶液中沉积到晶核上，晶核逐渐长大。因此，沉淀的形成过程可分为晶核生成和晶体成长两个阶段。沉淀颗粒的大小则取决于这两过程速度的相对大小。

通常把构晶离子聚集成晶核的速度称为"聚集速度"。把晶核形成后，构晶离子在静电引力作用下，按一定晶格结点进行有规则排列，使晶核逐渐长大的速度，即构晶离子定向排列的速度称为"定向速度"。

如果聚集速度比定向速度慢，溶液中形成晶核少，构晶离子有足够的时间在晶核上有规则地排列，晶体逐渐长大，形成大颗粒晶形沉淀。若聚集速度比定向速度快，构晶离子来不及有规则地排列成晶体，因此易形成大量的晶核，得到颗粒细小，结构疏松，体积庞大的非晶形沉淀。

沉淀过程的定向速度取决于沉淀物质的性质。极性较强的盐类，如 $BaSO_4$ 等，定向速度较快，容易形成晶形沉淀；而极性较弱的化合物，如 $Fe(OH)_3$、$Al(OH)_3$ 等，定向速度较慢，一般形成非晶形沉淀。

聚集速度与沉淀的溶解度及沉淀的条件有关。溶解度大的物质聚集速度慢，易形成晶形沉淀；溶解度小的物质聚集速度较快，易形成非晶形沉淀。

聚集速度还与溶液的相对过饱和程度成正比，可用经验公式表示如下：

$$聚集速度 = K \times \frac{Q-S}{S}$$

式中　S——沉淀的溶解度；

Q——开始沉淀瞬间溶质的总浓度；

$Q-S$——过饱和度；

K——相对过饱和度，K 为常数，它与沉淀的性质、温度、介质等有关。

溶液的相对过饱和度越小，晶核形成速度越慢，可望得到大颗粒沉淀。

由以上分析可以看出，沉淀的性状除了与物质的本性有关，也与外界条件有关。因此，在实际工作中，可以通过创造适宜的条件，使沉淀形式更好地满足重量分析的要求。

(二)沉淀形成条件

根据沉淀的物理性状，沉淀可粗略地分为两类：一类是晶形沉淀，如 $BaSO_4$、CaC_2O_4 等；另一类是非晶形沉淀，如 $Fe_2O_3 \cdot nH_2O$ 及硫化物等。它们之间的主要区别是颗粒大小不同，直径为 $0.1～1\ \mu m$ 的颗粒为晶形沉淀；直径小于 $0.1\ \mu m$ 的称为非晶形沉淀，其中把颗粒直径为 $0.02～0.1\ \mu m$ 的称为凝乳状沉淀，如 AgCl；直径小于 $0.02\ \mu m$ 的称为无定形沉淀。

为了获得纯净、易于过滤和洗涤的沉淀，对于不同类型的沉淀，应当采取不同的操作条件。

1. 晶形沉淀的沉淀条件

溶解度较大的物质一般易生成晶形沉淀，如 $BaSO_4$、$PbCrO_4$、CaC_2O_4、$MgNH_4PO_4$ 等。对于晶形沉淀来说：一方面应考虑沉淀反应是否定量地进行完全及在过滤、洗涤过程中如何减少沉淀的溶解损失；另一方面应考虑如何获得较大颗粒的沉淀，使所得的沉淀比较纯净，且易于过滤和洗涤。

(1)沉淀应在适当稀释的溶液中进行，尽量降低溶液的相对过饱和程度，以控制聚集速度。

(2)沉淀过程一般在热溶液中进行，可以适当增加沉淀的溶解度，有效地减小溶液的过饱和度，降低聚集速度，以获得大颗粒晶体，同时又能减少杂质的吸附。

(3)在充分搅拌下，缓慢地加入沉淀剂的稀溶液，以避免溶液局部浓度过大。

(4)将沉淀放置陈化。陈化就是指沉淀完全后，让初生的沉淀与母液一起放置一段时间。

陈化过程中，细小的晶粒逐渐溶解，大晶粒进一步长大。因为同一溶液中，小晶粒与大晶粒的溶解度不同。如果母液对大颗粒沉淀是饱和的，那么对小颗粒沉淀是不饱和的，小颗粒沉淀就会溶解。小颗粒沉淀溶解的结果，使溶液中构晶离子浓度由未饱和状态(相对于大颗粒沉淀)转变为过饱和状态，于是溶液中的离子就要在大颗粒沉淀的表面沉积下来。这样，溶液对小颗粒沉淀来说又不饱和了，小颗粒沉淀继续溶解。如此持续进行，就使小颗粒沉淀逐渐消失，而大颗粒沉淀不断长大。陈化过程如图 9-1 所示。

陈化可使晶形沉淀的颗粒更加粗大，晶体结构更加完整，同时使原来吸附、包藏的杂质都转入溶液，易于过滤和洗涤，使沉淀更加纯净。一般在室温下陈化需几个小时到 10 多个小时，加热和搅拌可以加速陈化，陈化时间缩短为 1~2 h。

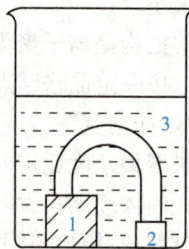

图 9-1　陈化过程示意
1—大颗粒；2—小颗粒；3—溶液

2. 非晶形沉淀的沉淀条件

溶解度小的物质一般易形成非晶形沉淀，如 $Fe_2O_3 \cdot nH_2O$、$Al_2O_3 \cdot nH_2O$、$SiO_2 \cdot nH_2O$ 等。非晶形沉淀颗粒细小，吸附杂质多，沉淀疏松，体积庞大，含水率大，易形成胶体溶液，不易过滤和洗涤。因此，对于非晶形沉淀，主要考虑如何加速沉淀的凝聚，使沉淀紧密，减少杂质的吸附和避免形成胶体溶液。至于沉淀的溶解损失则可忽略。因此，非晶形沉淀的沉淀条件如下：

(1)在较浓的溶液中进行沉淀，并在不断搅拌下较快地加入沉淀剂。这样，可使沉淀反应快速完成，减小离子的水合程度，沉淀比较紧密。但是，由于溶液较浓，沉淀吸附杂质较多，在沉淀完全后，应立即用大量热水稀释，并充分搅拌，使一部分杂质转入溶液。

(2)在热溶液中进行沉淀，以减小离子的水合程度，防止生成胶体，减少杂质的吸附作用，还能使沉淀较快地聚沉，结构也更为紧密。

(3)沉淀时加入适量的强电解质，以防止沉淀形成胶体溶液。在重量分析中，一般加入灼烧时易挥发的酸或铵盐。洗涤沉淀时，也常用电解质的稀溶液。

(4)不必陈化。沉淀完毕后趁热过滤。陈化会使沉淀逐渐失去水分而紧密聚集起来，吸附的杂质更难洗去。

对以上讨论的晶形沉淀和非晶形沉淀的沉淀条件，可以简单地用 10 个字来概括。

(1)晶形沉淀："稀、热、搅、慢、陈"。

(2)非晶形沉淀："浓、热、搅、快、电"。

四、均匀沉淀法

在生成晶形沉淀的反应中，尽管沉淀剂是在搅拌下缓慢加入的，但仍难以避免沉淀剂在溶液中局部过浓的现象。为此，人们研发了新的沉淀方法——均匀沉淀法。

均匀沉淀法与普通沉淀法的最大区别是沉淀剂不是由外界直接加入，而是通过缓慢的化学反应过程，逐步地、均匀地在溶液中产生沉淀剂，使沉淀在整个溶液中均匀、缓慢地形成，因而生成的沉淀颗粒较大，结构紧密、纯净、易过滤，但沉淀时间较长。

例如：在酸性含有 Ca^{2+} 的试液中加入过量草酸，利用尿素水解产生的 NH_3 逐渐提高溶液的 pH，使 CaC_2O_4 均匀、缓慢地形成。

知识点三　重量分析操作技术

在重量分析中，一般先称取一定质量的试样，并将试样溶解，然后进行沉淀、过滤、洗涤，经干燥或灼烧后再称重，最后根据称量形式的质量计算被测组分的含量。因此，正确掌握操作技术，是获得准确结果的前提。

一、试样的称取及溶解

试样按检测要求不同，分为"干基"和"湿基"两种。若用"干基"计算，应先将水分烘干至恒重，再取样分析；若用"湿基"计算，则要取湿样先测水分，另取试样进行分析。"干基含量"与"湿基含量"的换算关系如下：

$$\frac{湿基的质量分数}{1-水分的质量分数}＝干基的质量分数$$

取样量要适当，过多会产生大量沉淀，使操作困难，过少则称量误差大，所以一般沉淀称量形式的适宜质量：晶形沉淀 $0.5\ g$，非晶形沉淀 $0.1\sim0.3\ g$。

试样称取后，选用适当的溶剂，如水、酸、碱或氧化还原剂等进行溶解。

二、沉淀

沉淀操作是将被测组分完全转变为沉淀的形式，因而沉淀完全和纯净是沉淀法的关键。

根据沉淀的原理和要求，选择合适的沉淀条件(如温度、浓度、酸度、沉淀剂等)，按照国家颁布的标准方法进行。

三、沉淀的过滤

沉淀在溶液中析出后，还需经过过滤、洗涤。过滤的目的是将沉淀与母液分离，过滤操作可用滤纸或微孔玻璃滤器(坩埚式或漏斗式)。

滤纸分为定性滤纸和定量滤纸。前者灰分多，只用于定性分析过滤用；后者经盐酸和氢氟酸处理，灼烧后灰分很少(不超过 $0.1\ mg$)，常称为无灰滤纸，并有快速、中速和慢速三种规格，操作时根据沉淀类型，选用不同的滤纸。如非晶形沉淀 $Fe(OH)_3$、$Al(OH)_3$ 等，应选用疏松的快速滤纸，以防过滤太慢；粗粒的晶形沉淀，如 $MgNH_4PO_4$、CaC_2O_4 等，应选用较紧密的中速滤纸；细粒的晶形沉淀，如 $BaSO_4$，则应用最紧密的慢速滤纸，以防沉淀穿过滤纸。

对于只需干燥而不需灼烧的沉淀，一般用微孔玻璃坩埚(或漏斗)过滤，按孔径大小，微孔玻璃坩埚分为1~6号六种规格。标号大的孔径小。即"1"号孔径最大，"6"号孔径最小。重量分析法常用3、4、5号3种规格。这种过滤器在使用之前需用强酸（HCl 或 HNO_3）处理，再用水洗净、并烘干，烘干温度与烘干沉淀时的温度相同，然后置于干燥器内冷却至室温，准确称量直至恒重才能使用。此滤器接上抽气装置，能进行减压过滤。

四、沉淀的洗涤

洗涤沉淀是为了洗去沉淀表面吸附的杂质和混杂在沉淀中的母液。不同类型的沉淀应选用不同的洗涤剂。选择原则：对溶解度较大的晶形沉淀，应选用沉淀剂的稀溶液洗涤；对溶解度很小又不易形成胶体的沉淀，可用蒸馏水（或去离子水）洗涤；对溶解度很小又易形成胶体的沉淀，应用易分解、挥发的稀、热强电解质溶液洗涤，以免在洗涤过程中发生胶溶，如用 NH_4NO_3 溶液洗涤 $Al(OH)_3$；对于易水解的沉淀，采用有机溶剂的溶液进行洗涤，可以防止水解，减小溶解损失。洗涤剂最好是挥发性物质。

五、沉淀的烘干或灼烧

烘干或灼烧的目的都是除去沉淀中的水分和易挥发、易分解的杂质，使沉淀转变为称量形式。沉淀物不同，其烘干或灼烧的温度也不同。只需干燥的沉淀，经洗涤后，可将盛有沉淀的微孔玻璃滤器放入烘箱中干燥。用滤纸过滤的沉淀，要转入瓷坩埚中进行干燥和灼烧。沉淀在灼烧前必须先烘干，以防冷热不均，损坏瓷坩埚，同时也防止水分急剧汽化时，将沉淀溅出而造成损失。

沉淀经烘干或灼烧后，置于干燥器内冷却至室温后称量。再将沉淀烘干或灼烧、冷却、称量，反复进行直至恒重。相邻两次称量结果的差值在 0.3 mg 以内，认为已达恒重。

知识点四　重量分析的误差和分析结果的计算

一、重量分析中的误差来源

完整的沉淀法操作需经过称量、沉淀、过滤、洗涤、烘干（灼烧）、称量等一系列过程，误差来源可概括为以下四个方面。

（一）称量

重量分析是依据分析天平的称量获得分析结果的。为了减小称量的相对误差，同时考虑沉淀和洗涤的操作难度，重量分析对称量形式的质量大小有一定要求。对于晶形沉淀，称量形式的质量以 0.5 g 为宜；对于非晶形沉淀，称量形式的质量以 0.1~0.3 g 为宜。根据称量形式的质量及被测物质的大致组成，可以估算所需称量的试样质量。

（二）溶解损失

在沉淀法中，由沉淀溶解而引起的误差主要有以下两种情况。

（1）沉淀溶解度较大而沉淀剂的加入量不足（指过量不够）。

（2）在沉淀生成、洗涤过程中，溶液体积过大或洗涤液用量过多时，使沉淀的溶解损失增大。

因此，为了减小因沉淀不完全或沉淀溶解而引起的误差，要严格控制溶液的体积和沉淀剂的用量。

(三)共沉淀的影响

所谓共沉淀现象，是指当一种难溶化合物从溶液中析出时，常会使溶液中本来不应生成沉淀的可溶性组分带入沉淀而一起沉降下来，这是重量分析的重要误差来源。具体又可分为下面三种情况：

(1)表面吸附。表面吸附是共沉淀现象的主要因素。沉淀颗粒是按一定规律排列的晶体。例如，在 $BaSO_4$ 沉淀内部，每一个 Ba^{2+}（或 SO_4^{2-}）的上、下、左、右、前、后都被 SO_4^{2-}（或 Ba^{2+}）所包围。因此，沉淀内部的构晶离子处于静电平衡状态。但是处于沉淀表面的 Ba^{2+} 或 SO_4^{2-}，至少有一面没有被构晶离子所包围，由于静电引力作用，它们有吸引相反电荷离子的能力。一般来说，沉淀表面首先吸附过量的构晶离子。例如，以 H_2SO_4 沉淀 Ba^{2+} 时，因为溶液中有过量的 Ba^{2+}，所以沉淀表面首先吸附的是 Ba^{2+}。其次，某些与构晶离子半径相近、电荷相同的离子，也可能被吸附。例如，$BaSO_4$ 沉淀的表面可以吸附溶液中的 Pb^{2+}。

吸附杂质的多少与下列因素有关：沉淀的比表面积（单位质量沉淀的表面积）越大，杂质离子的浓度越大，吸附杂质的量越多；溶液的温度越高，吸附杂质的量越少。如非晶形沉淀的颗粒细小，单位质量的总表面积大，它们吸附杂质的现象就比较严重。

(2)吸留。吸留现象是指在沉淀过程中，特别是沉淀剂加入过快时，晶核迅速长大，使得吸附在沉淀表面的杂质离子来不及离开，而被包夹在沉淀内部的现象。吸留的杂质离子不易用洗涤方法除去。

(3)混晶。混晶是指与构晶离子半径相近、电荷相同、能形成相同晶体结构的杂质离子，在沉淀形成的过程中，占据构晶离子在晶格中的位置而生成的晶体。如 Pb^{2+} 与 Ba^{2+} 电荷相同，离子半径相近，$BaSO_4$ 和 $PbSO_4$ 的晶体结构相同，Pb^{2+} 就可能混入 $BaSO_4$ 的晶格，与 $BaSO_4$ 形成混晶而被共沉淀。混晶造成的共沉淀，也不能用洗涤的方法除去杂质离子。

(四)后沉淀

当沉淀析出后与母液一同放置时，溶液中的某些杂质离子可能沉淀到原沉淀表面上的现象，称为后沉淀现象。这是由于沉淀表面吸附了构晶离子，构晶离子再吸附溶液中带相反电荷的杂质离子时，在表面附近形成了过饱和溶液，从而使杂质沉淀到原沉淀的表面上。例如，在含有 Ca^{2+}、Mg^{2+} 的溶液中，若加入 $(NH_4)_2C_2O_4$ 沉淀剂，则有 CaC_2O_4 沉淀析出。如果 Mg^{2+} 的浓度不大，它们会留在溶液中。但是，由于 CaC_2O_4 表面吸附 $C_2O_4^{2-}$ 后，在吸附的表面上若 $[Mg^{2+}][C_2O_4^{2-}] > K_{sp(MgC_2O_4)}$，$MgC_2O_4$ 就会沉淀析出。

后沉淀与共沉淀的区别在于，后沉淀随放置时间增长、杂质引入量增多而增多，而共沉淀有时减少。因此，操作时如有后沉淀现象发生，所得沉淀应立即过滤、洗涤，不宜放置时间过长。

对于共沉淀和后沉淀现象所引起的误差，一般需通过控制反应条件和操作程序加以控制，例如：

(1)选择适当的分析程序。当溶液中同时存在含量相差很大的两种离子时，为了防止含量低的离子因共沉淀而损失，应先沉淀含量低的离子。

(2)降低易被吸附的杂质离子浓度。对于易被吸附的杂质离子，必要时应分离除去或加以掩蔽。例如，沉淀 $BaSO_4$ 时，Fe^{3+} 易被吸附，可预先将 Fe^{3+} 还原为比较不易被吸附的 Fe^{2+}，或加入掩蔽剂(酒石酸)使 Fe^{3+} 生成稳定的配离子，以减少共沉淀。

(3)选择适当的洗涤剂进行洗涤。洗涤可使沉淀上吸附的杂质进入洗涤液，从而达到沉淀纯净的目的。所选择的洗涤剂必须是在灼烧或烘干时容易挥发除去的物质。

(4)进行再沉淀。将沉淀过滤洗涤后，再重新溶解，使沉淀中残留的杂质进入溶液，然后进行第二次沉淀。再沉淀对于除去吸留的杂质特别有效。

（5）选择适当的沉淀条件。沉淀的吸附作用与沉淀颗粒的大小、沉淀的类型、温度、介质酸碱性、试剂加入次序和陈化过程等都有关系。因此，要获得纯净的沉淀，应根据沉淀的具体情况，选择适宜的条件。

至于共沉淀和后沉淀现象对分析结果的影响程度，要看杂质的性质和它在称量形式中所占量的相对大小，可能引起正误差，也可能引起负误差，还可能没有误差，总之不能一概而论。例如，$BaSO_4$ 沉淀中包藏了 $BaCl_2$，对于测定 SO_4^{2-} 来说，这部分 $BaCl_2$ 是外来的杂质，它使沉淀的质量增加，引入了正误差，但对于测定 Ba^{2+} 来说，$BaCl_2$ 的相对摩尔质量小于 $BaSO_4$ 的相对摩尔质量而使沉淀质量减少，引入了负误差。若 $BaSO_4$ 沉淀中包藏了 H_2SO_4，灼烧沉淀时变成 SO_4^{2-} 挥发，则对硫的测定产生负误差，而对钡的测定没有影响。

二、重量分析结果的计算

重量分析按下式计算被测组分的含量（质量分数）：

$$w_B = \frac{被测组分质量}{试样质量}$$

如果得到的称量形式就是待测组分的形式，则分析结果的计算比较简单。但在许多情况下，沉淀的称量形式与要求的待测组分的表示形式不一致，这就需要由称量形式的质量换算为待测组分的质量，因此需借助重量因子（也称换算因数）进行计算。

$$w_B = \frac{称量形式质量 \times 重量因子}{试样的质量}$$

应用重量因子可以很方便地从称量形式的质量计算被测组分的含量。需要注意的是，当被测组分和称量形式中主体元素的原子数目不等时，应乘以适当的系数，使分子和分母中某一被测主体元素的原子数目相等。

重量因子值可从化学手册中查到，也可以自行计算（表 9-1）。

表 9-1　重量因子实例

被测组分	称量形式	重量因子
Fe	Fe_2O_3	$\frac{2 \times M_{Fe}}{M_{Fe_2O_3}}$
Fe_2O_3	Fe_2O_3	$\frac{2 \times M_{Fe_3O_4}}{3 \times M_{Fe_2O_3}}$
Ba	$BaSO_4$	$\frac{M_{Ba}}{M_{BaSO_4}}$
MgO	$Mg_2P_2O_7$	$\frac{2 \times M_{MgO}}{M_{Mg_2P_2O_7}}$
P_2O_5	$Mg_2P_2O_7$	$\frac{M_{P_2O_5}}{M_{Mg_2P_2O_7}}$

【例 9-2】　称取花生米试样 0.524 8 g，用乙醚提取其中的植物脂肪后，剩余残渣 0.205 6 g，

计算花生米中脂肪的质量分数。

解：$w=\dfrac{0.524\ 8-0.205\ 6}{0.524\ 8}=0.608\ 2$

【例9-3】　称取过磷酸钙肥料试样 0.489 1 g，经一系列处理之后得到 $Mg_2P_2O_7$ 0.113 6 g，计算试样中用 P_2O_5 和 P 表示的质量分数。

解：(1)用 P_2O_5 表示的质量分数：

重量因子 $=M_{P_2O_5}/M_{Mg_2P_2O_7}=142.0/222.6=0.637\ 9$

$w_{P_2O_5}=\dfrac{0.113\ 6\times0.637\ 9}{0.489\ 1}=0.148\ 2$

(2)用 P 表示的质量分数：

重量因子 $=\dfrac{2\times M_P}{M_{Mg_2P_2O_7}}=0.278\ 3$

$w_P=\dfrac{0.113\ 6\times0.278\ 3}{0.489\ 1}=0.064\ 6$

【例9-4】　分析铁矿石，取试样 0.500 0 g，得到称量形式 Fe_2O_3 0.412 5 g，试计算铁矿石中 Fe 及 Fe_3O_4 的质量分数。

解：(1)用 Fe 表示的质量分数：

重量因子 $=\dfrac{2\times M_{Fe}}{M_{Fe_2O_3}}=0.699\ 5$

$w_{Fe}=\dfrac{0.412\ 5\times0.699\ 5}{0.500\ 0}=0.577\ 1$

(2)用 Fe_3O_4 表示的质量分数：

重量因子 $=\dfrac{2\times M_{Fe_3O_4}}{3\times M_{Fe_2O_3}}=0.966\ 6$

$w_{Fe_3O_4}=\dfrac{0.412\ 5\times0.966\ 6}{0.500\ 0}=0.797\ 4$

任务演练

任务　氯化钡含量的测定

■任务描述

工业氯化钡的分子式为 $BaCl_2\cdot H_2O$，为白色颗粒，单斜晶体，有毒；燃点 962 ℃，溶于水，几乎不溶于盐酸，主要用于制钡盐原料、盐水精制除硫酸根、棉花还原印染、皮革工业、制药、杀鼠剂等。某公司刚采购一批工业氯化钡，投入生产线前需对其进行品质检验，测定其中氯化钡的含量，并出具检验报告，时间比较紧张。假如你是检测中心的负责人，接到此任务后，请你和团队成员共同完成此项检测任务。

☀任务小贴士

$BaCl_2$ 溶液有毒，润洗液及剩余试液不可直接排放，应集中回收。实验中要遵守安全规程，文明操作，规范填写原始数据记录。

任务分析

(1)工业氯化钡含量一般为多少？从哪里可以获得此信息？

(2)本任务需要用到哪些仪器和试剂？

任务流程

任务实施

一、实验原理

$BaCl_2$ 溶于水后，加稀盐酸，加热近沸，在不断搅拌下，缓慢加入热的稀硫酸溶液。Ba^{2+} 和 SO_4^{2-} 作用，生成 $BaSO_4$ 沉淀，其反应如下：

$$BaCl_2 + H_2SO_4 = BaSO_4 \downarrow + 2HCl$$

$BaSO_4$ 的溶解度较小（2.4 mg/L，25 ℃），在过量沉淀剂存在时溶解度更小，一般可忽略不计。$BaSO_4$ 化学性质稳定，灼烧后组成不变。

在 0.05 mL/L 左右的盐酸介质中进行沉淀，是为了防止碳酸钡、磷酸钡及氢氧化钡的共沉淀，同时适当提高酸度，稍微增大 $BaSO_4$ 的溶解度，以便获得较好的晶形沉淀。

用稀硫酸作为沉淀剂，可过量 50%～100%，因高温下 H_2SO_4 可挥发除去，不至于引起误差。

$BaSO_4$ 是一种晶形沉淀，在沉淀过程中必须严格按照晶形沉淀的条件进行操作。

二、仪器、试剂

仪器：电子天平、称量瓶、烧杯、表面皿、玻璃棒、马沸炉、瓷坩埚、坩埚钳、干燥器、慢速定量滤纸、玻璃漏斗、水浴锅。

试剂：$BaCl_2 \cdot 2H_2O$ 试样、HCl 溶液 2 mol/L、H_2SO_4 1 mol/L 和 0.1 mol/L、$AgNO_3$ 溶液 0.1 mol/L、HNO_3 溶液 3 mol/L。

三、实验步骤

1. 沉淀的生成、过滤和洗涤

准确称取 0.4～0.6 g $BaCl_2 \cdot 2H_2O$ 试样，置于 250 mL 烧杯中，加水约 70 mL，加

2～3 mL 2 mol/L 的盐酸，盖上表面皿，加热近沸，但勿使溶液沸腾，以防溅失；同时，另取 3～4 mL 1 mol/L 硫酸，置于 250 mL 烧杯，加水 30 mL，并加热近沸，然后趁热将 H_2SO_4 溶液在不断搅拌下，缓慢地加入热的钡盐溶液。待沉淀下沉后，再沿烧杯壁小心地滴入 2 滴稀 H_2SO_4（0.1 mol/L），仔细观察沉淀是否完全，如表层无浑浊现象，表明已沉淀完全。

沉淀完全后，将玻璃棒靠在烧杯嘴边（切勿将玻璃棒拿出杯外，以免损失沉淀），置于水浴上加热，陈化 1 h 左右，并不断搅拌（或在室温下放置过夜）。溶液冷却后，用慢速定量滤纸过滤，先将上层清液倾注在滤纸上，再以稀 H_2SO_4 洗涤液（用 2 mL 1 mol/L H_2SO_4 稀释至 200 mL）洗涤沉淀 3～4 次，每次用约 10 mL，均用倾泻法过滤。然后将沉淀小心全部转移至滤纸上，并用折叠滤纸时撕下的小片滤纸擦净杯壁，将滤纸片放在漏斗内的滤纸上，再用稀硫酸洗涤沉淀，直到滤液中不含氯离子为止。检查方法：用干净的小试管承接滤液 1 mL，加 3 mol/L 硝酸 1 滴和 $AgNO_3$ 溶液 2 滴，如无浑浊现象，则表明无氯离子，否则应继续洗涤。洗涤液总用量最好控制在 100 mL 以内。

2. 瓷坩埚的准备

将瓷坩埚洗净、烘干，然后在高温 800～850 ℃下灼烧，第一次灼烧 30 min，取出稍冷片刻，转入干燥器中冷至室温后称重。第二次灼烧 15～20 min，取出稍冷，转入干燥器中冷至室温后，再称重，两次结果相差在 0.3 mg 以内，即已恒重。否则应重复以上操作，直至恒重为止。

3. 烘干、灼烧沉淀

将沉淀和滤纸置于已恒重的瓷坩埚中，在可调温电炉上，先用较低温度烘干沉淀和滤纸，逐步升高温度，直至滤纸炭化，最后灰化为止。然后将瓷坩埚移入高炉电炉，在850 ℃灼烧至恒重。灼烧时应特别注意坩埚盖不能盖严，否则因缺氧，$BaSO_4$ 将与炭素直接作用而被还原，造成测定结果误差。

四、结果计算

$$w_{BaCl_2 \cdot 2H_2O} = \frac{m_{BaSO_4} \times \dfrac{M_{BaCl_2 \cdot 2H_2O}}{M_{BaSO_4}}}{m_{样品}} \times 100\%$$

式中　$w_{BaCl_2 \cdot 2H_2O}$——$BaCl_2 \cdot 2H_2O$ 的含量；

m_{BaSO_4}——硫酸钡的质量（g）；

$M_{BaCl_2 \cdot 2H_2O}$——氯化钡的摩尔质量（g/mol）；

M_{BaSO_4}——硫酸钡的摩尔质量（g/mol）；

$m_{样品}$——$BaCl_2 \cdot 2H_2O$ 试样的质量（g）。

五、注意事项

(1)在滤纸炭化时，火焰不宜太高，防止着火，如遇滤纸着火，可用坩埚盖盖住，使坩埚内火焰熄灭，同时移去电炉，切不可用嘴吹。温度不宜升高太快，否则滤纸会生成整块的炭，需较长时间才能将其完全灰化。在炭化接近完全后，可加大火焰加热至全部灰化。

(2)滤纸灰化时空气一定要充足，要灰化到基本完全后，才能放入马弗炉（灼烧温度不能超过 950 ℃，否则，可能有部分 $BaSO_4$ 分解，使结果降低），否则 $BaSO_4$ 易被滤纸的炭还原，影响结果准确度。

(3)实验中加入 HCl 增加了 Cl^- 的浓度，从而减小了 Ba^{2+} 的溶度积，使沉淀更完全，同时防止产生 $BaCO_3$ 沉淀，以及防止生成 $Ba(OH)_2$ 共沉淀。在不断搅拌下，逐滴加入沉淀剂，主要是防止局部过浓现象，形成大量的晶核，并且在热溶液中进行，可以使沉淀的溶解度增加，降低相对过饱和度，有利于晶核成长为大颗粒晶体，同时也减少杂质的吸附现象。

(4)沉淀在热溶液中进行时，沉淀的溶解度略有增加，这样可以降低溶液的过饱和度，以利于生成粗大的结晶颗粒，同时可以减少沉淀对杂质的吸附；过滤时，温度较高溶解度会增加，为了防止沉淀在热溶液中的损失，应当在沉淀作用完毕后，将溶液冷却至室温，然后过滤；陈化可以使小晶体消失，大晶粒不断长大。

(5)为了洗去沉淀表面所吸附的杂质和残留的母液，以得到纯净的沉淀，需要洗涤沉淀，但洗涤不可避免地要造成部分沉淀的溶解。因此，洗涤沉淀要采用适当的方法以提高洗涤效率，尽可能地减少沉淀的溶解损失。因此同体积的洗涤液应分多次洗涤，每次用 15～20 mL 洗涤液。

六、问题探究

(1)为什么要在稀盐酸介质中沉淀 $BaSO_4$？不断搅拌的目的是什么？

(2)为什么沉淀 $BaSO_4$ 要在热溶液中进行而在冷却后过滤？趁热过滤或者强制冷却是否可以？

(3)洗涤沉淀时为什么洗涤液和水都要少量多次？

(4)本实验为什么称取 0.4～0.6 g $BaCl_2 \cdot 2H_2O$ 试样？称样过多或过少有什么影响？

█ 任务报告

1. 数据记录

项目		1	2	3
倾样前称量瓶＋$BaCl_2 \cdot 2H_2O$试样的质量/g				
倾样后称量瓶＋$BaCl_2 \cdot 2H_2O$试样的质量/g				
$BaCl_2 \cdot 2H_2O$试样的质量 m/g				
空瓷坩埚的质量(恒重)/g				
（坩埚＋$BaSO_4$）恒重质量/g	第一次灼烧/g			
	第二次灼烧/g			
	两次误差/g			
$BaSO_4$ 的质量/g				
$w_{BaCl_2 \cdot 2H_2O}$/%				
$\overline{w}_{BaCl_2 \cdot 2H_2O}$/%				
相对极差/%				

2. 结果计算

█ 任务反思

任务评价表

班级：＿＿＿＿＿＿＿　姓名：＿＿＿＿＿＿＿　学号：＿＿＿＿＿＿＿　成绩：＿＿＿＿＿＿＿

考核项目	考核要点	考核标准	配分	扣分
专业能力（70分）	任务认知程度	认真阅读工作任务单，明确任务内容；分析任务，利用各种学习资源完成相关知识的学习(记笔记、认真听讲、积极讨论等)	10	
		课堂回答、课外作业完成好，并能灵活运用所学知识解答实际问题		

续表

考核项目	考核要点	考核标准	配分	扣分
专业能力（70分）	任务决策计划	计划科学、可行性强	5	
	任务实施过程	实施方案（计划与步骤）详细、可操作性强	5	
		仪器、药品准备充分	3	
		分析天平使用规范，称样量范围≤±5％	5	
		称量、溶解等操作规范	5	
		干燥器、电炉等使用规范	5	
		沉淀过滤、洗涤操作规范	5	
		原始数据记录及时，有效数字、单位正确	5	
	任务检查评价	工作过程有条理，整洁有序、时间安排合理	2	
		计算方法及结果正确	5	
		测定结果精密度、准确度符合要求，报告规范	10	
		任务完成后能进行总结、反思	5	
职业素质（30分）	工作态度	守纪律（不迟到、早退、喧哗、串岗）、认真仔细、实事求是，无作弊或编造数据等行为	5	
		环保、安全、节约（废纸、废液处理，节约试剂等）	2	
		文明操作（实验台整洁、物品摆放合理等）	2	
	学习能力	运用各种媒体学习、提取信息、获取新知识	2	
		学习中能够发现问题、分析问题、归纳总结、解决问题	2	
	工作能力	按工作任务要求，完成工作任务	2	
		对工作过程和工作质量进行全面、客观的评价	2	
		工作过程中组织、协调、应变能力	2	
	创新能力	学习中能提出不同见解	2	
		工作中提出多种解决问题的思路、完成任务的方案等	2	
	团结协作	服从老师、组长的任务分配，积极参与并按时完成	3	
		能认真对待他人意见，与同学密切协作、互相帮助、互相探讨	2	
		遇到问题商量解决，不互相推诿指责	2	

任务考核单

班级：_____　姓名：_____　学号：_____　成绩：_____

试题名称	氯化钡含量的测定			考核时间	120 min
考核内容	考核要点	配分	评分标准	扣分	得分
操作前准备	(1)实验仪器、用具与试剂检查与清点	5	未检查与清点扣5分		
	(2)天平的检查和调试	5	(1)未检查天平水平扣3分		
			(2)未调试天平零点扣2分		

续表

试题名称			氯化钡含量的测定		考核时间	120 min
考核内容	考核要点	配分	评分标准		扣分	得分
操作前准备	(3)瓷坩埚的准备	7	(1)瓷坩埚清洗不干净扣2分			
			(2)瓷坩埚未标记扣2分			
			(3)瓷坩埚未灼烧至恒重扣3分			
操作过程	(1)称量操作	8	(1)称量操作不正确扣4分			
			(2)倾出试样不符合要求扣4分			
	(2)沉淀生成、测定操作	50	(1)试样的溶解、酸化不正确扣5分			
			(2)滤纸折叠不规范扣5分			
			(3)过滤操作不规范扣5分			
			(4)陈化操作不规范扣5分			
			(5)沉淀洗涤操作不规范扣5分			
			(6)沉淀转移至瓷坩埚有损失扣5分			
			(7)灰化操作不规范扣5分			
			(8)灼烧操作不规范扣5分			
			(9)冷却操作不规范扣5分			
			(10)质量不恒重扣5分			
结果计算	(1)原始记录	5	原始数据记录不规范、信息不全酌情扣1~5分			
	(2)测定结果	15	(1)计算公式错误扣5分			
			(2)结果不准确酌情扣5~10分			
文明操作	(1)仪器、设备、用具及实验台面整理	3	实验结束后未整理扣3分，未全部归位酌情扣1~2分			
	(2)仪器使用登记	2	未登记有关仪器使用记录扣2分			
安全及其他	(1)不得损坏仪器、设备及用具或发生事故	—	损坏玻璃仪器按每件10分从总分中扣除，发生事故停止操作			
	(2)废液处理	—	废液未放入指定废液杯中从总分中扣5分			
	(3)在规定时间内完成操作	—	每超时1 min从总分中扣3分，超时达5 min停止操作			
合计		100				

拓 展 资 源

"机器化学家"推动科研范式变革

在中国科学技术大学的机器化学家实验室，质量达200 kg但动作灵活的机器人"小来"在10余个操作台之间穿梭，忙于芬顿催化剂的相关研究。

它的定位操作精度为 0.1 mm，进样精度为 0.1 mg，数据 100％可追溯，全局优化准确率 90％……与人相比，"小来"精准度更高。

据介绍，这位"机器化学家"是由化学大脑、机器人实验员和智能化学工作站三部分组成的。其中最核心的"化学大脑"通过分析大量化学实验和理论数据，建立知识图谱，实现了阅读理解文献、设计化学实验、自主优化方案的能力，并配备了人机交互的操作系统。它可以通过阅读 16 000 篇论文，自主遴选出 5 种非贵金属元素，从 55 万种可能的金属配比中找出最优的组合进行高熵产氧催化剂创制，传统的"试错法"研究约需 1 400 年，而它仅需 5 周。

化学是一门基础科学，是多学科交叉的聚焦点和出发地，在能源、环境、材料、生物等领域扮演重要角色。近年来，随着新一轮科技革命和产业变革的突飞猛进，"'人工智能＋大数据'推动科研范式变革"成为热门话题，"机器化学家"成果引领化学研究朝着知识理解数字化、操作指令化、创制智能化的未来趋势前进，将对化学科学产生巨大影响。未来，人类科学家可以与智能化学家 CO-PI 合作，一起讨论科学方案，实现人与机器人的无缝合作。

巩 固 练 习

一、单选题

1. 在重量分析中灼烧沉淀，测定灰分常用（   ）。
   A. 电加热套　　　　B. 电热板　　　　C. 马弗炉　　　　D. 电炉

2. 不属于重量分析法的是（   ）。
   A. 气化法　　　　B. 沉淀法　　　　C. 电解法　　　　D. 沉淀滴定法

3. 下列选项中属于重量分析法特点的是（   ）。
   A. 需要基准物质做参比
   B. 需配制标准溶液
   C. 经过处理，可直接通过称量得到分析结果
   D. 适用于微量组分的测定

4. 下述说法正确的是（   ）。
   A. 称量形式和沉淀形式应该相同
   B. 称量形式和沉淀形式必须不同
   C. 称量形式和沉淀形式可以不同
   D. 称量形式和沉淀形式中都不能含有水分子

5. 晶形沉淀的沉淀条件是（   ）。
   A. 稀、热、快、搅、陈　　　　　　　B. 浓、热、快、搅、陈
   C. 稀、冷、慢、搅、陈　　　　　　　D. 稀、热、慢、搅、陈

6. 过滤大颗粒晶形沉淀应选用（   ）。
   A. 快速滤纸　　　　　　　　　　　B. 中速滤纸
   C. 慢速滤纸　　　　　　　　　　　D. 4 号玻璃砂芯坩埚

7. 用洗涤的方法能有效地提高沉淀纯度的是（   ）。
   A. 后沉淀　　　　B. 混晶共沉淀　　　　C. 包藏共沉淀　　　　D. 吸附共沉淀

8. 沉淀重量法中，称量形式的摩尔质量越大，（   ）。
   A. 沉淀越易于过滤洗涤　　　　　　B. 沉淀越纯净
   C. 沉淀的溶解度越小　　　　　　　D. 测定结果准确度越高

9. 若沉淀中杂质含量太高，则应采用（　　）的措施使沉淀纯净。

    A. 再沉淀   B. 提高沉淀体系温度

    C. 增加陈化时间   D. 减小沉淀的比表面积

10. 在重量分析中，待测物质中含的杂质与待测物的离子半径相近，在沉淀过程中往往形成（　　）。

    A. 混晶   B. 包藏   C. 吸留   D. 后沉淀

二、多选题

1. 用重量分析法测定 SO_4^{2-} 含量，$BaSO_4$ 沉淀中有少量 $Fe_2(SO_4)_3$，则对结果的影响为（　　）。

    A. 正误差   B. 负误差   C. 对准确度有影响   D. 对精密度有影响

2. 用重量分析法测定草酸根含量，在草酸钙沉淀中有少量草酸镁沉淀，对测定结果的影响为（　　）。

    A. 产生正误差   B. 产生负误差   C. 降低准确度   D. 对结果无影响

3. 沉淀重量法测定溶液中 Ba^{2+} 含量，沉淀时应该（　　）。

    A. 加入的 SO_4^{2-} 量与 Ba^{2+} 恰好完全反应   B. 加入沉淀剂的速度尽量慢

    C. 沉淀完成后立即过滤   D. 沉淀在热溶液中进行

4. 下列属于沉淀重量法对沉淀形式要求的是（　　）。

    A. 沉淀的溶解度小   B. 沉淀纯净

    C. 沉淀颗粒易于过滤和洗涤   D. 沉淀的摩尔质量大

5. （　　）是沉淀重量法具备的特点。

    A. 操作烦琐   B. 分析周期长   C. 准确度高

    D. 可适用于微量或痕量组分的测定   E. 测量相对误差一般小于 0.1%

三、判断题

1. 沉淀重量法测定中，要求沉淀式和称量式相同。   （　　）

2. 共沉淀引入的杂质量，随陈化时间的增加而增多。   （　　）

3. 由于混晶而带入沉淀中的杂质通过洗涤是不能除掉的。   （　　）

4. 用洗涤液洗涤沉淀时，要少量、多次，为保证 $BaSO_4$ 沉淀的溶解损失不超过 0.1%，洗涤沉淀每次用 $15\sim20\ mL$ 洗涤液。   （　　）

5. 晶形沉淀用热水洗涤，非晶形沉淀用冷水洗涤。   （　　）

附　录

附录一　弱酸和弱碱的解离常数

酸

名称	温度/℃	解离常数 K_a	pK_a
砷酸（H_3AsO_4）	18	$K_{a_1}=5.6\times10^{-3}$	2.25
		$K_{a_2}=1.7\times10^{-7}$	6.77
		$K_{a_3}=3.0\times10^{-12}$	11.50
硼酸（H_3BO_3）	20	$K_a=5.7\times10^{-10}$	9.24
氢氰酸（HCN）	25	$K_a=6.2\times10^{-10}$	9.21
碳酸（H_2CO_3）	25	$K_{a_1}=4.2\times10^{-7}$	6.38
		$K_{a_2}=5.6\times10^{-11}$	10.25
铬酸（H_2CrO_4）	25	$K_{a_1}=1.8\times10^{-1}$	0.74
		$K_{a_2}=3.2\times10^{-7}$	6.49
氢氟酸（HF）	25	$K_a=3.5\times10^{-4}$	3.46
亚硝酸（HNO_2）	25	$K_a=4.6\times10^{-4}$	3.37
磷酸（H_3PO_4）	25	$K_{a_1}=7.6\times10^{-3}$	2.12
		$K_{a_2}=6.3\times10^{-8}$	7.20
		$K_{a_3}=4.4\times10^{-13}$	12.36
硫化氢（H_2S）	25	$K_{a_1}=1.3\times10^{-7}$	6.89
		$K_{a_2}=7.1\times10^{-15}$	14.15
亚硫酸（H_2SO_3）	18	$K_{a_1}=1.5\times10^{-2}$	1.82
		$K_{a_2}=1.0\times10^{-7}$	7.00
硫酸（H_2SO_4）	25	$K_a=1.0\times10^{-2}$	1.99
甲酸（HCOOH）	20	$K_a=1.8\times10^{-4}$	3.74
醋酸（CH_3COOH）	20	$K_a=1.8\times10^{-5}$	4.74
一氯乙酸（$CH_2ClCOOH$）	25	$K_a=1.4\times10^{-3}$	2.86
二氯乙酸（$CHCl_2COOH$）	25	$K_a=5.0\times10^{-2}$	1.30
三氯乙酸（CCl_3COOH）	25	$K_a=0.23$	0.64

名称	温度/℃	解离常数 K_a	pK_a
草酸（$H_2C_2O_4$）	25	$K_{a_1}=5.9\times10^{-2}$	1.23
		$K_{a_2}=6.4\times10^{-5}$	4.19
琥珀酸[（CH_2COOH）$_2$]	25	$K_{a_1}=6.4\times10^{-5}$	4.19
		$K_{a_2}=2.7\times10^{-6}$	5.57
酒石酸 [$CH(OH)COOH$ $CH(OH)COOH$]	25	$K_{a_1}=9.1\times10^{-4}$	3.04
		$K_{a_2}=4.3\times10^{-5}$	4.37
柠檬酸[CH_2COOH $C(OH)COOH$ CH_2COOH]	18	$K_{a_1}=7.4\times10^{-4}$	3.13
		$K_{a_2}=1.7\times10^{-5}$	4.76
		$K_{a_3}=4.0\times10^{-7}$	6.40
苯酚（C_6H_5OH）	20	$K_a=1.1\times10^{-10}$	9.95
苯甲酸（C_6H_5COOH）	25	$K_a=6.2\times10^{-5}$	4.21
水杨酸[$C_6H_4(OH)COOH$]	18	$K_{a_1}=1.07\times10^{-3}$	2.97
		$K_{a_2}=4\times10^{-14}$	13.40
邻苯二甲酸[$C_6H_4(COOH)_2$]	25	$K_{a_1}=1.1\times10^{-3}$	2.95
		$K_{a_2}=2.9\times10^{-6}$	5.54

碱

名称	温度/℃	解离常数 K_b	pK_b
氨水（$NH_3\cdot H_2O$）	25	$K_b=1.8\times10^{-5}$	4.74
羟胺（NH_2OH）	20	$K_b=9.1\times10^{-9}$	8.04
苯胺（$C_6H_5NH_2$）	25	$K_b=4.6\times10^{-10}$	9.34
乙二胺（$H_2NCH_2CH_2NH_2$）	25	$K_{b_1}=8.5\times10^{-5}$	4.07
		$K_{b_2}=7.1\times10^{-8}$	7.15
六甲基四胺[（CH_2）$_6N_4$]	25	$K_b=1.4\times10^{-9}$	8.85
![吡啶] N	25	$K_b=1.7\times10^{-9}$	8.77

附录二　常用的缓冲溶剂

1. 几种常用缓冲溶液的配制

pH	配制方法
0	1 mol/L　HCl①
1	0.1 mol/L　HCl
2	0.01 mol/L　HCl
3.6	NaAc·3H_2O 8 g，溶于适量水中，加 6 mol/L HAc 134 mL，稀释至 500 mL
4.0	NaAc·3H_2O 20 g，溶于适量水中，加 6 mol/L HAc 134 mL，稀释至 500 mL
4.5	NaAc·3H_2O 32 g，溶于适量水中，加 6 mol/L HAc 68 mL，稀释至 500 mL
5.0	NaAc·3H_2O 50 g，溶于适量水中，加 6 mol/L HAc 34 mL，稀释至 500 mL
5.7	NaAc·3H_2O 100 g，溶于适量水中，加 6 mol/L HAc 13 mL，稀释至 500 mL
7	NH_4Ac 77 g，用水溶解后，稀释至 500 mL
7.5	NH_4Cl 60 g，溶于适量水中，加 15 mol/L 氨水 1.4 mL，稀释至 500 mL
8.0	NH_4Cl 50 g，溶于适量水中，加 15 mol/L 氨水 3.5 mL，稀释至 500 mL
8.5	NH_4Cl 40 g，溶于适量水中，加 15 mol/L 氨水 8.8 mL，稀释至 500 mL
9.0	NH_4Cl 35 g，溶于适量水中，加 15 mol/L 氨水 24 mL，稀释至 500 mL
9.5	NH_4Cl 30 g，溶于适量水中，加 15 mol/L 氨水 65 mL，稀释至 500 mL
10.0	NH_4Cl 27 g，溶于适量水中，加 15 mol/L 氨水 197 mL，稀释至 500 mL
10.5	NH_4Cl 9 g，溶于适量水中，加 15 mol/L 氨水 175 mL，稀释至 500 mL
11	NH_4Cl 3 g，溶于适量水中，加 15 mol/L 氨水 207 mL，稀释至 500 mL
12	0.01 mol/L NaOH②
13	0.1 mol/L NaOH

①Cl^- 对测定有妨碍时，可用 HNO_3。
②Na^+ 对测定有妨碍时，可用 KOH。

2. 不同温度下，标准缓冲溶液的 pH

温度 /℃	0.05 mol/L 草酸三氢钾	25 ℃饱和酒石酸氢钾①	0.05 mol/L 邻苯二甲酸氢钾①	0.025 mol/L KH_2PO_4 + 0.025 mol/L $Na_2HPO_4$①	0.008 695 mol/L KH_2PO_4 + 0.030 43 mol/L $Na_2HPO_4$①	0.01 mol/L 硼砂①	25 ℃饱和氢氧化钙
10	1.670	—	3.998	6.923	7.472	9.332	13.011
15	1.672	—	3.999	6.900	7.448	9.276	12.820
20	1.675	—	4.002	6.881	7.429	9.225	12.637
25	1.679	3.559	4.008	6.865	7.413	9.180	12.460
30	1.683	3.551	4.015	6.853	7.400	9.139	12.292
40	1.694	3.547	4.035	6.838	7.380	9.068	11.975
50	1.707	3.555	4.060	6.833	7.367	9.011	11.697
60	1.723	3.573	4.091	6.836	—	8.962	11.426

①国际上规定的标准缓冲溶液

附录三　常用基准物质的干燥条件和应用

基准物质		干燥后组成	干燥条件/℃	标定对象
名称	分子式			
碳酸氢钠	$NaHCO_3$	Na_2CO_3	270～300	酸
十水合碳酸氢钠	$Na_2CO_3 \cdot 10H_2O$	Na_2CO_3	270～300	酸
硼砂	$Na_2B_4O_7 \cdot 10H_2O$	$Na_2B_4O_7 \cdot 10H_2O$	放在含 NaCl 和蔗糖饱和液的干燥容器中	酸
碳酸氢钾	$KHCO_3$	K_2CO_3	270～300	酸
草酸	$H_2C_2O_4 \cdot 2H_2O$	$H_2C_2O_4 \cdot 2H_2O$	室温，空气干燥	碱或 $KMnO_4$
邻苯二甲酸氢钾	$KHC_8H_4O_4$	$KHC_8H_4O_4$	110～120	碱
重铬酸钾	$K_2Cr_2O_7$	$K_2Cr_2O_7$	140～150	还原剂
溴酸钾	$KBrO_3$	$KBrO_3$	130	还原剂
碘酸钾	KIO_3	KIO_3	130	还原剂
铜	Cu	Cu	室温，干燥器中保存	还原剂
三氧化二砷	As_2O_3	As_2O_3	室温，干燥器中保存	氧化剂
草酸钠	$Na_2C_2O_4$	$Na_2C_2O_4$	130	氧化剂
碳酸钙	$CaCO_3$	$CaCO_3$	110	EDTA
锌	Zn	Zn	室温，干燥器中保存	EDTA
氧化锌	ZnO	ZnO	900～1 000	EDTA
氯化钠	NaCl	NaCl	500～600	$AgNO_3$
氯化钾	KCl	KCl	500～600	$AgNO_3$
硝酸银	$AgNO_3$	$AgNO_3$	225～250	氯化物

附录四　金属配合物的稳定常数

金属离子	离子强度/$(mol \cdot L^{-1})$	n	$\lg\beta_n$
氨配合物			
Ag^+	0.1	1, 2	3.40, 7.40
Cd^{2+}	0.1	1, …, 6	2.60, 4.65, 6.04, 6.92, 6.6, 4.9
Co^{2+}	0.1	1, …, 6	2.05, 3.62, 4.61, 5.31, 5.43, 4.75
Cu^{2+}	2	1, …, 4	4.13, 7.61, 10.48, 12.59
Ni^{2+}	0.1	1, …, 6	2.75, 4.95, 6.64, 7.79, 8.50, 8.49
Zn^{2+}	0.1	1, …, 4	2.27, 4.61, 7.01, 9.06

续表

金属离子	离子强度/(mol·L⁻¹)	n	$\lg\beta_n$
氟配合物			
Al^{3+}	0.53	1，…，6	6.1，11.15，15.0，17.7，19.4，19.7
Fe^{3+}	0.5	1，2，3	5.2，9.2，11.9，
Th^{4+}	0.5	1，2，3	7.7，13.5，18.0
TiO^{2+}	3	1，…，4	5.4，9.8，13.7，17.4
Sn^{4+}	①	6	25
Zr^{4+}	2	1，2，3	8.8，16.1，21.9
氯配合物			
Ag^+	0.2	1，…，4	2.9，4.7，5.0，5.9
Hg^{2+}	0.5	1，…，4	6.7，13.2，14.1，15.1
碘配合物			
Cd^{2+}	①	1，…，4	2.4，3.4，5.0，6.15
Hg^{2+}	0.5	1，…，4	12.9，23.8，27.6，29.8
氰配合物			
Ag^+	0～0.3	1，…，4	—，21.1，21.8，20.7
Cd^{2+}	3	1，…，4	5.5，10.6，15.3，18.9
Cu^+	0	1，…，4	—，24.0，28.6，30.3
Fe^{2+}	0	6	35.4
Fe^{3+}	0	6	43.6
Hg^{2+}	0.1	1，…，4	18.0，34.7，38.5，41.5
Ni^{2+}	0.1	4	31.3
Zn^{2+}	0.1	4	16.7
硫氰酸配合物			
Fe^{3+}		1，…，5	2.3，4.2，5.6，6.4，6.4
Hg^{2+}	1	1，…，4	—，16.1，19.0，20.9
硫代硫酸配合物			
Ag^+	0	1，2	8.82，13.5
Hg^{2+}	0	1，2	29.86，32.26
柠檬酸配合物			
Al^{3+}	0.5	1	20.0
Cu^{2+}	0.5	1	18
Fe^{3+}	0.5	1	25
Ni^{2+}	0.5	1	14.3
Pb^{2+}	0.5	1	12.3
Zn^{2+}	0.5	1	11.4
磺基水杨酸配合物			
Al^{3+}	0.1	1，2，3	12.9，22.9，29.0
Fe^{3+}	3	1，2，3	14.4，25.2，32.2

续表

金属离子	离子强度/(mol·L⁻¹)	n	$\lg\beta_n$
乙酰丙酮配合物			
Al^{3+}	0.1	1, 2, 3	8.1, 15.7, 21.2
Cu^{2+}	0.1	1, 2	7.8, 14.3
Fe^{3+}	0.1	1, 2, 3	9.3, 17.9, 25.1
邻二氮菲配合物			
Ag^+	0.1	1, 2	5.02, 12.07
Cd^{2+}	0.1	1, 2, 3	6.4, 11.6, 15.8
Co^{2+}	0.1	1, 2, 3	7.0, 13.7, 20, 1①
Cu^{2+}	0.1	1, 2, 3	9.1, 15.8, 21.0
Fe^{2+}	0.1	1, 2, 3	5.9, 11.1, 21.3
Hg^{2+}	0.1	1, 2, 3	—, 19.65, 23.35
Ni^{2+}	0.1	1, 2, 3	8.8, 17.1, 24.8
Zn^{2+}	0.1	1, 2, 3	6.4, 12.15, 17.0
乙二胺配合物			
Ag^+	0.1	1, 2	4.7, 7.7
Cd^{2+}	0.1	1, 2	5.47, 10.02
Cu^{2+}	0.1	1, 2	10.55, 19.60
Co^{2+}	0.1	1, 2, 3	5.89, 10.72, 13.82
Hg^{2+}	0.1	2	23.42
Ni^{2+}	0.1	1, 2, 3	7.66, 14.06, 18.59
Zn^{2+}	0.1	1, 2, 3	5.71, 10.37, 12.08

①离子强度不定

附录五　难溶化合物的溶度积常数(298.15 K)

难溶电解质	$K_{sp}^{\ominus}$	难溶电解质	$K_{sp}^{\ominus}$
$AgCl$	1.77×10^{10}	$BaCrO_4$	1.17×10^{-10}
$AgBr$	5.35×10^{-13}	$Ba_3(PO_4)_2$	3.4×10^{-23}
AgI	8.52×10^{-17}	$Be(OH)_2$	6.92×10^{-22}
$AgOH$	2.0×10^{-8}	$B(OH)_3$	6.0×10^{-31}
Ag_2SO_4	1.20×10^{-5}	$BiOCl$	1.8×10^{-31}
Ag_2SO_3	1.50×10^{-1}	$BiO(NO_3)$	2.82×10^{-3}
Ag_2S	6.3×10^{-50}	Bi_2S_3	1×10^{-97}
Ag_2CO_3	8.46×10^{-12}	$CaSO_4$	4.93×10^{-5}
$Ag_2C_2O_4$	5.40×10^{-12}	$CaCO_3$	2.8×10^{-9}
Ag_2CrO_4	1.12×10^{-12}	$Ca(OH)_2$	5.5×10^{-6}
$Ag_2Cr_2O_7$	2.0×10^{-7}	CaF_2	5.2×10^{-9}
Ag_2PO_4	8.89×10^{-17}	$CaC_2O_4\cdot H_2O$	2.32×10^{-9}

续表

难溶电解质	$K_{sp}^{\ominus}$	难溶电解质	$K_{sp}^{\ominus}$
$Al(OH)_3$	1.3×10^{-33}	$Ca_3(PO_4)_2$	2.07×10^{-29}
As_2S_3	2.1×10^{-22}	$Cd(OH)_2$	7.2×10^{-15}
BaF_2	1.84×10^{-7}	CdS	8.0×10^{-27}
$Ba(OH)_2\cdot8H_2O$	2.55×10^{-4}	$Cr(OH)_3$	6.3×10^{-31}
$BaSO_4$	1.08×10^{-10}	$Co(OH)_2$	5.92×10^{-15}
$BaSO_3$	5.0×10^{10}	$Co(OH)_3$	1.6×10^{-44}
$BaCO_3$	2.58×10^{-9}	$CoCO_3$	1.4×10^{-13}
BaC_2O_4	1.6×10^{-7}	$\alpha-CoS$	4.0×10^{-21}
$\beta-CoS$	2.0×10^{-25}	$MnS(结晶)$	2.5×10^{-13}
$CuOH$	1×10^{-14}	$MnCO_3$	2.34×10^{-11}
$Cu(OH)_2$	2.2×10^{-20}	$Ni(OH)_2(新析出)$	5.5×10^{-16}
$CuCl$	1.72×10^{-7}	$NiCO_3$	1.42×10^{-7}
$CuBr$	6.27×10^{-9}	$\alpha-NiS$	3.2×10^{-19}
CuI	1.27×10^{-12}	$Pb(OH)_2$	1.43×10^{-15}
Cu_2S	2.5×10^{-48}	$Pb(OH)_4$	3.2×10^{-66}
CuS	6.3×10^{-36}	PbF_2	3.3×10^{-8}
$CuCO_3$	1.4×10^{-10}	$PbCl_2$	1.70×10^{-5}
$Fe(OH)_2$	4.87×10^{-17}	$PbBr_2$	6.60×10^{-6}
$Fe(OH)_3$	2.79×10^{-39}	PbI_2	9.8×10^{-9}
$FeCO_3$	3.13×10^{-11}	$PbSO_4$	2.53×10^{-8}
FeS	6.3×10^{-18}	$PbCO_3$	7.4×10^{-14}
$Hg(OH)_2$	3.0×10^{-26}	$PbCrO_4$	2.8×10^{-13}
Hg_2Cl_2	1.43×10^{-18}	PbS	8.0×10^{-28}
Hg_2Br_2	6.4×10^{-23}	$Sn(OH)_2$	5.45×10^{-28}
Hg_2I_2	5.2×10^{-29}	$Sn(OH)_4$	1.0×10^{-56}
Hg_2CO_3	3.6×10^{-17}	SnS	1.0×10^{-25}
$HgBr_2$	6.2×10^{-20}	$SrCO_3$	5.60×10^{-10}
HgI_2	2.8×10^{-29}	$SrCrO_4$	2.2×10^{-5}
Hg_2S	1.0×10^{-47}	$Zn(OH)_2$	3.0×10^{-17}
$HgS(红)$	4×10^{-53}	$ZnCO_3$	1.46×10^{-17}
$HgS(黑)$	1.6×10^{-52}	$\alpha-ZnS$	1.6×10^{-24}
$K_2[PtCl_6]$	7.4×10^{-6}	$\beta-ZnS$	2.5×10^{-22}
$Mg(OH)_2$	5.61×10^{-12}	$CsClO_4$	3.95×10^{-3}
$MgCO_3$	6.82×10^{-6}	$Au(OH)_3$	5.5×10^{-46}
$Mn(OH)_2$	1.9×10^{-13}	$La(OH)_3$	2.0×10^{-19}
$MnS(无定形)$	2.5×10^{-10}	LiF	1.84×10^{-3}

附录六　国际相对原子质量表(IUPAC 2001 年)

符号	名称	相对原子质量	符号	名称	相对原子质量	符号	名称	相对原子质量	符号	名称	相对原子质量
Ac	锕	227.03	Er	铒	167.259	Mn	锰	54.938 05	Ru	钌	101.07
Ag	银	107.868 2	Es	锿	252.08	Mo	钼	95.94	S	硫	32.066
Al	铝	26.981 54	Eu	铕	151.964	N	氮	14.006 7	Sb	锑	121.760
Am	镅	243.06	F	氟	18.998 40	Na	钠	22.989 77	Sc	钪	44.955 91
Ar	氩	39.948	Fe	铁	55.845	Nb	铌	92.906 38	Se	硒	78.96
As	砷	74.921 60	Fm	镄	257.1	Nd	钕	144.24	Si	硅	28.085 5
At	砹	209.99	Fr	钫	223.02	Ne	氖	20.1797	Sm	钐	150.36
Au	金	196.966 55	Ga	镓	69.723	Ni	镍	58.693 4	Sn	锡	118.710
B	硼	10.811	Gd	钆	157.25	No	锘	259.10	Sr	锶	87.62
Ba	钡	137.327	Ge	锗	72.64	Np	镎	237.05	Ta	钽	180.947 9
Be	铍	9.012 182	H	氢	1.007 94	O	氧	15.999 4	Tb	铽	158.925 34
Bi	铋	208.980 38	He	氦	4.002 602	Os	锇	190.23	Tc	锝	98.907
Bk	锫	247.07	Hf	铪	178.49	P	磷	30.973 76	Te	碲	127.60
Br	溴	79.904	Hg	汞	200.59	Pa	镤	231.035 88	Th	钍	232.038 1
C	碳	12.0107	Ho	钬	164.930 32	Pb	铅	207.2	Ti	钛	47.867
Ca	钙	40.078	I	碘	126.904 47	Pd	钯	106.42	Tl	铊	204.383 3
Cd	镉	112.411	In	铟	114.818	Pm	钷	144.91	Tm	铥	168.934 21
Ce	铈	140.116	Ir	铱	192.217	Po	钋	208.98	U	铀	238.028 91
Cf	锎	251.08	K	钾	39.098 3	Pr	镨	140.907 65	V	钒	50.941 5
Cl	氯	35.453	Kr	氪	83.798	Pt	铂	795.078	W	钨	183.84
Cm	锔	247.07	La	镧	138.905 5	Pu	钚	244.06	Xe	氙	131.293
Co	钴	58.933 20	Li	锂	6.941	Ra	镭	226.03	Y	钇	88.905 85
Cr	铬	51.996 1	Lr	铹	260.11	Rb	铷	85.467 8	Yb	镱	173.04
Cs	铯	132.905 45	Lu	镥	174.967	Re	铼	186.207	Zn	锌	65.409
Cu	铜	63.546	Md	钔	258.10	Rh	铑	102.905 50	Zr	锆	91.224
Dy	镝	162.500	Mg	镁	24.305 0	Rn	氡	222.02			

附录七　一些化合物的相对分子质量

化合物	相对分子质量	化合物	相对分子质量
AgBr	187.78	$C_6H_4COOHCOOK$（邻苯二甲酸氢钾）	204.23
AgCl	143.32	C_6H_5OH	94.11
AgI	234.77	$(C_9H_7N)_3H_3(PO_4 \cdot 12MoO_3)$（磷钼酸喹啉）	2 212.74
$AgNO_3$	169.87	CCl_4	153.81
Al_2O_3	101.96	CO_2	44.01
$Al_2(SO_4)_3$	342.15	CuO	79.54
As_2O_3	197.84	Cu_2O	143.09
As_2O_5	229.84	$CuSO_4$	169.61
$BaCO_3$	197.34	$CuSO_4 \cdot 5H_2O$	249.69
BaC_2O_4	225.35	$FeCl_3$	162.21
$BaCl_2$	208.24	$FeCl_3 \cdot 6H_2O$	270.30
$BaCl_2 \cdot 2H_2O$	244.27	FeO	71.85
$BaCrO_4$	253.32	Fe_2O_3	159.69
$BaSO_4$	233.39	Fe_3O_4	231.54
$CaCO_3$	100.09	$FeSO_4 \cdot H_2O$	169.93
CaC_2O_4	128.10	$FeSO_4 \cdot 7H_2O$	278.02
$CaCl_2$	110.99	$Fe_2(SO_4)_3$	399.89
$CaCl_2 \cdot H_2O$	129.00	$FeSO_4 \cdot (NH_4)_2SO_4 \cdot 6H_2O$	392.14
CaO	56.08	H_3BO_3	61.83
$Ca(OH)_2$	74.09	HBr	80.91
$CaSO_4$	136.14	H_2CO_3	62.03
$Ca_3(PO_4)_2$	310.18	$H_2C_2O_4$	90.04
$Ce(SO_4)_2 \cdot 2(NH_4)_2SO_4 \cdot 2H_2O$	632.54	$H_2C_2O_4 \cdot 2H_2O$	126.07
CH_3COOH	60.05	$HCOOH$	46.03
CH_3OH	32.04	HCl	36.46
CH_3COCH_3	58.08	$HClO_4$	100.46
C_6H_5COOH	122.12	Na_2S	78.05
CH_3COONa	82.03	$KIO_3 \cdot HIO_3$	389.92
HF	20.01	$KMnO_4$	158.04
HI	127.91	KNO_2	85.10
HNO_2	47.01	KOH	56.11
HNO_3	63.01	$KSCN$	97.18

续表

化合物	相对分子质量	化合物	相对分子质量
H_2O	18.02	K_2SO_4	174.26
H_2O_2	34.02	$MgCO_3$	84.32
H_3PO_4	98.00	$MgCl_2$	95.21
H_2S	34.08	$MgNH_4PO_4$	137.33
H_2SO_3	82.08	MgO	40.31
H_2SO_4	98.08	$Mg_2P_2O_7$	222.60
$HgCl_2$	271.50	MnO_2	86.94
Hg_2Cl_2	472.09	$Na_2B_4O_7 \cdot 10H_2O$	381.37
$KAl(SO_4)_2 \cdot 12H_2O$	474.39	$NaBiO_3$	279.97
$K[B(C_6H_5)_4]$	358.33	$NaBr$	102.90
KBr	119.01	Na_2CO_3	105.99
$KBrO_3$	167.01	$Na_2C_2O_4$	134.00
K_2CO_3	138.21	$NaCl$	58.44
KCl	74.56	NaF	41.99
$KClO_3$	122.55	$NaHCO_3$	84.01
$KClO_3$	138.55	NaH_2PO_4	119.98
K_2CrO_4	194.20	Na_2HPO_4	141.96
$K_2Cr_2O_7$	294.19	$Na_2H_2Y \cdot 2H_2O(EDTA 二钠盐)$	372.26
$KHC_2O_4 \cdot H_2C_2O_4 \cdot 2H_2O$	254.19	NaI	149.89
KI	166.01	$NaNO_2$	69.00
KIO_3	214.00	$Na_2S \cdot 9H_2O$	240.18
Na_2O	61.98	P_2O_5	141.95
$NaOH$	40.01	$PbCrO_4$	323.19
Na_3PO_4	163.94	PbO	223.19
Na_2SO_3	126.04	PbO_2	239.19
Na_2SO_4	142.04	Pb_3O_4	685.57
$Na_2SO_4 \cdot 10H_2O$	322.20	$PbSO_4$	303.26
$Na_2S_2O_3$	158.11	SO_2	64.06
$Na_2S_2O_3 \cdot 5H_2O$	248.19	SO_3	80.06
$NH_2OH \cdot HCl$	69.49	Sb_2O_3	291.52
NH_3	17.03	Sb_2S_3	339.72
NH_4Cl	53.49	SiF_4	104.08
$(NH_4)_2C_2O_4 \cdot H_2O$	142.11	SiO_2	60.08
$NH_3 \cdot H_2O$	35.05	$SnCl_2$	189.62
$NH_4Fe(SO_4)_2 \cdot 12H_2O$	482.20	TiO_2	79.88
$(NH_4)_2HPO_4$	132.05	$ZnCl_2$	136.30
$(NH_4)_3PO_4 \cdot 12MoO_3$	1876.35	ZnO	81.39
NH_4SCN	76.12	$ZnSO_4$	161.45
$(NH_4)_2SO_4$	132.14		
$C_8H_{14}N_4NiO_4(丁二酮肟镍)$	288.91		

参考文献

[1] 符明淳，王霞. 分析化学[M]. 2版. 北京：化学工业出版社，2015.

[2] 尚华. 分析检验综合技能实训[M]. 北京：北京理工大学出版社，2021.

[3] 李晓莉. 分析化学[M]. 北京：中国轻工业出版社，2017.

[4] 李丹莹. 化学分析检验技术[M]. 北京：化学工业出版社，2014.

[5] 胡伟光，张文英. 定量化学分析实验[M]. 4版. 北京：化学工业出版社，2020.

[6] 刘丹赤. 基础化学[M]. 2版. 北京：中国轻工业出版社，2019.

[7] 陈奕曼. 实验室基本知识与操作[M]. 北京：化学工业出版社，2014.

[8] 王静. 无机及分析化学[M]. 北京：高等教育出版社，2016.

[9] 钟彤. 分析化学(实训篇)[M]. 大连：大连理工大学出版社，2006.

[10] 朱爱军. 分析化学基础[M]. 3版. 北京：人民卫生出版社，2016.

[11] 方芜生. 分析化学[M]. 北京：中国财政经济出版社，1998.

[12] 中华人民共和国国家粮食局人事司. 粮油质量检验员职业操作技能考试手册[M]. 北京：中国劳动社会保障出版社，2008.

[13] 王炳强，曾玉香. 化学检验工职业技能鉴定试题集[M]. 北京：化学工业出版社，2015.